U0116231

会声会影X2中文版
从入门到精通

张云杰 等编著

电子工业出版社
Publishing House of Electronics Industry
北京·BEIJING

内 容 简 介

　　会声会影是专为视频爱好者或一般家庭用户打造的操作简便、功能强劲的视频编辑软件，适合任何想用简便方法制作出视频、相册和DVD的用户。会声会影X2中文版是该软件推出的最新版本。本书汇集了作者多年的实际使用经验，从设计和实用的角度介绍了会声会影的使用方法，并结合大量实例介绍了其主要功能。全书分为三篇，共14章，从会声会影入门知识开始，详细介绍了其影片向导、编辑器、视频捕获、视频编辑、影片输出、视频滤镜、转场效果、覆叠效果、标题设计和字幕、音乐和声音合成等内容。

　　本书结构严谨、内容翔实、知识全面、可读性强，设计实例的实用性和专业性较强，步骤简单明确，是广大读者快速掌握会声会影中文版的自学实用指导书，也可以作为大专院校相关专业及数码影片制作培训班的指导教材。

未经许可，不得以任何方式复制或抄袭本书之部分或全部内容。

版权所有，侵权必究。

图书在版编目（CIP）数据

会声会影X2中文版从入门到精通/张云杰等编著.—北京：电子工业出版社，2010.4
ISBN 978-7-121-10465-7

Ⅰ. 会… Ⅱ. 张… Ⅲ. 图形软件，会声会影X2 Ⅳ. TP391.41

中国版本图书馆CIP数据核字（2010）第035005号

责任编辑：李红玉
文字编辑：易　昆
印　　刷：北京天竺颖华印刷厂
装　　订：三河市鑫金马印装有限公司
出版发行：电子工业出版社
　　　　　北京市海淀区万寿路173信箱　邮编：100036
　　　　　北京市海淀区翠微东里甲2号　邮编：100036
开　　本：787×1092 1/16　印张：22.25　字数：560千字
印　　次：2010年4月第1次印刷
定　　价：42.00元

凡所购买电子工业出版社图书有缺损问题，请向购买书店调换。若书店售缺，请与本社发行部联系，联系及邮购电话：（010）88254888。

质量投诉请发邮件至zlts@phei.com.cn，盗版侵权举报请发邮件至dbqq@phei.com.cn。

服务热线：（010）88258888。

前 言

在众多的影视后期处理软件中，会声会影以其直观的操作、人性化的设计以及强大的功能，在家用数码视频编辑市场独占鳌头。新推出的会声会影X2中文版更是开创了个人数码视频编辑的先河，它充分发挥了中高档DV 720线、1080线的高清摄像优势，详细地再现每一个细节，通过多声道环绕支持，重现现场气氛，辅以众多的特效以及完美的输出支持，让你可以轻松制作出匠心独到的家庭影片，并输出至MP4、手机、网络、光盘等媒介与亲友共享。

为了使大家尽快掌握会声会影X2中文版的使用和编辑方法，笔者集多年使用会声会影的设计经验，编写了本书。本书以会声会影X2中文版为平台，详细地诠释了应用会声会影X2中文版进行视频编辑的方法和技巧。全书分为三篇，共14章，主要包括以下内容：第1篇是入门篇，主要包括影片向导、编辑器、捕获视频、编辑视频、输出影片方面的内容；第2篇是精通篇，主要包括使用视频滤镜、添加转场效果、使用覆叠效果、设计标题和字幕、音乐和声音合成方面的内容；第3篇是综合篇，主要为两个综合设计范例。笔者希望能够以点带面，展现出会声会影X2中文版的精髓，进一步加深读者对会声会影编辑方法的理解和认识，从而能够在以后进行熟练的应用。

本书结构严谨、内容丰富、语言规范，实例侧重于实际设计，实用性强，使读者能够按照书中介绍的内容完整地编辑和制作影片，掌握影片制作过程中的各个技术要领。除详细讲解会声会影的常规应用之外，本书还提供了大量的视频处理技巧，使有一定基础的用户能提升到更高水平。

本书由张云杰编著，参加编写的还有尚蕾、穆艳、张云静、郝利剑、贺安、祁兵、董闯、宋志刚、刘海、李海霞等。书中设计范例和配套资料中的实例效果均由北京云杰漫步多媒体科技有限公司设计制作。

由于时间仓促，在本书编写过程中难免有疏漏之处，望广大读者不吝赐教，对书中的不足之处予以指正。

为方便读者阅读，若需要本书配套资料，请登录"北京美迪亚电子信息有限公司"（http://www.medias.com.cn），在"资料下载"页面进行下载。

目　　录

第1篇　入　门　篇

第1章　会声会影X2入门 1

1.1　DV使用基础 1
 1.1.1　视频画面构成 1
 1.1.2　基本拍摄技术 5
 1.1.3　一般拍摄姿势 6
 1.1.4　常用拍摄方式 7

1.2　视频编辑基础 9
 1.2.1　常用的电视制式 9
 1.2.2　常用的视频类型 10
 1.2.3　视频编辑术语 10

1.3　安装会声会影X2 12
 1.3.1　系统需求 12
 1.3.2　安装会声会影X2 13

1.4　会声会影X2的新增功能 15

1.5　会声会影X2的启动界面 16
 1.5.1　启动软件 16
 1.5.2　退出软件 17
 1.5.3　会声会影编辑器 17
 1.5.4　影片向导 18
 1.5.5　DV转DVD向导 18
 1.5.6　显示或取消启动界面 19

1.6　本章小结 20

第2章　使用影片向导快速制作影片 21

2.1　启动影片向导 21

2.2　捕获 22
 2.2.1　从DV捕获视频 22
 2.2.2　从DV捕获单帧画面 23
 2.2.3　捕获设置 24

2.3　导览面板功能详解 28

2.4　插入视频和图像 28
 2.4.1　插入视频 28
 2.4.2　插入图像 30

2.5　媒体素材列表上方的功能按钮
  详解 31
 2.5.1　修复DVB-T视频 31
 2.5.2　使用多重视频修整功能 31
 2.5.3　按场景分割 36
 2.5.4　排序 37
 2.5.5　逆时针旋转90° 37
 2.5.6　顺时针旋转90° 37
 2.5.7　素材属性 37
 2.5.8　删除素材 38

2.6　从移动设备导入 39

2.7　使用素材库 40
 2.7.1　将视频素材导入到素材库 40
 2.7.2　将图像素材导入到素材库 40
 2.7.3　从素材库中删除素材 41

2.8　应用预设的主题模板 42
 2.8.1　套用主题模板 42
 2.8.2　修改模板元素 43
 2.8.3　保存项目文件 48

2.9　输出编辑完成的影片 49
 2.9.1　创建视频文件 49
 2.9.2　创建光盘 50
 2.9.3　在Corel会声会影编辑器中
   编辑 52

2.10　本章小结 53

第3章　会声会影编辑器的操作 54

3.1　会声会影编辑器的操作界面 54

3.2　会声会影编辑器的步骤面板 56

3.3　会声会影编辑器的导览面板 56

3.4　视图模式 57
 3.4.1　故事板视图 57
 3.4.2　时间轴视图 58

3.4.3 音频视图 59
3.5 使用素材库 59
  3.5.1 素材库上的功能按钮 59
  3.5.2 将素材添加到素材库 61
  3.5.3 重命名与删除素材 62
  3.5.4 在素材库中对素材排序 62
  3.5.5 使用【库创建者】 63
  3.5.6 将视频嵌入到网页中 64
  3.5.7 用电子邮件发送影片 65
  3.5.8 创建视频贺卡 66
  3.5.9 将视频设置为桌面屏幕保护 .. 66
3.6 常用项目操作 67
  3.6.1 新建项目 67
  3.6.2 打开项目 68
  3.6.3 保存项目 69
  3.6.4 另存项目 69
3.7 播放素材和项目 70
  3.7.1 播放素材库中的素材 70
  3.7.2 播放故事板上的素材 70
  3.7.3 播放时间轴上的素材 71
  3.7.4 在故事板模式下播放项目 71
  3.7.5 在时间轴模式下播放项目 71
  3.7.6 播放指定区间的项目 72
3.8 时间轴上方的功能按钮 73
  3.8.1 调整时间轴的显示比例 75
  3.8.2 撤销和重复操作 76
  3.8.3 使用智能代理管理器 77
  3.8.4 使用成批转换功能 78
  3.8.5 使用轨道管理器 80
  3.8.6 使用绘图创建器 80
3.9 会声会影编辑器的参数设置 84
  3.9.1 设置【参数选择】 85
  3.9.2 设置【项目属性】 90
3.10 DV转DVD向导操作 91
  3.10.1 DV转DVD向导的工作流程 ... 91
  3.10.2 启动DV转DVD向导 92
  3.10.3 刻录整个DV带 92
  3.10.4 使用场景检测 94
3.11 本章小结 96

第4章 捕获视频 97
4.1 捕获视频前的准备工作 97
  4.1.1 设置声音属性 97
  4.1.2 检查硬盘空间 98
  4.1.3 关闭其他程序 99
  4.1.4 设置捕获参数 99
  4.1.5 捕获注意事项 99
  4.1.6 捕获视频过程中应注意的问
      题 102
4.2 选择捕获的7种视频格式 102
4.3 捕获的选项设置 104
4.4 从DV捕获视频 106
  4.4.1 制作DVD影片的流程 106
  4.4.2 从DV捕获视频 107
  4.4.3 捕获视频素材时的技巧 108
  4.4.4 从移动设备导入 110
4.5 本章小结 111

第5章 编辑视频素材 112
5.1 添加素材 112
  5.1.1 从素材库中添加视频素材 ... 112
  5.1.2 从文件中添加视频素材 114
  5.1.3 添加图像素材 115
  5.1.4 添加色彩素材 117
  5.1.5 添加Flash动画素材 117
5.2 【编辑】步骤的选项面板 118
  5.2.1 【视频】选项卡 118
  5.2.2 【图像】选项卡 120
  5.2.3 【色彩】选项卡 120
  5.2.4 【属性】选项卡 121
5.3 编辑素材 122
  5.3.1 调整播放顺序 122
  5.3.2 用略图修整素材 123
  5.3.3 用区间修整素材 124
  5.3.4 用飞梭栏和预览栏修整素材 .. 125
  5.3.5 保存修整后的视频 127
  5.3.6 删除素材 127
  5.3.7 分割素材 127
  5.3.8 按场景分割 129
  5.3.9 多重修整视频 130

5.3.10 从影片中分离音频 130
5.3.11 调整回放速度 131
5.3.12 反转视频 131
5.3.13 保存为静态图像 131
5.3.14 视频色彩校正 132
5.3.15 调整白平衡 133
5.3.16 变形素材 135
5.4 本章小结 137

第6章 输出影片和创建光盘 138
6.1 【分享】步骤选项面板 138
6.2 创建并保存视频文件 141
6.2.1 输出整部影片 141
6.2.2 输出指定范围的影片内容 ... 141
6.2.3 单独输出项目中的声音 143
6.2.4 单独输出项目中的视频 144

6.2.5 输出自定义的RM文件 144
6.2.6 创建5.1声道的视频文件 145
6.3 项目回放 146
6.4 DV录制 147
6.5 HDV录制 147
6.6 导出到移动设备 148
6.7 输出智能包 148
6.8 创建光盘 149
6.8.1 影音光盘基础知识 149
6.8.2 设置光盘基本属性 149
6.8.3 设置菜单属性 154
6.8.4 将影片刻录到光盘上 158
6.8.5 制作光盘镜像文件 161
6.8.6 创建DVD文件夹 162
6.9 本章小结 163

第2篇 精 通 篇

第7章 使用视频滤镜 165
7.1 视频滤镜简介 165
7.2 视频滤镜的使用方法 165
7.3 自定义滤镜属性 166
7.4 视频滤镜详解 168
7.4.1 抵消摇动 168
7.4.2 自动曝光 168
7.4.3 自动调配 169
7.4.4 平均 169
7.4.5 模糊 169
7.4.6 亮度和对比度 170
7.4.7 气泡 170
7.4.8 炭笔 172
7.4.9 云彩 172
7.4.10 色彩平衡 173
7.4.11 色彩偏移 173
7.4.12 色彩笔 174
7.4.13 漫画 175
7.4.14 修剪 175
7.4.15 去除马赛克 176
7.4.16 降噪 176
7.4.17 去除雪花 176

7.4.18 光芒 177
7.4.19 发散光晕 177
7.4.20 双色调 178
7.4.21 浮雕 179
7.4.22 改善光线 179
7.4.23 摄影机 180
7.4.24 胶片损坏 180
7.4.25 情景模板 181
7.4.26 胶片外观 181
7.4.27 综合变化 182
7.4.28 鱼眼 182
7.4.29 幻影动作 183
7.4.30 色调和饱和度 183
7.4.31 反转 184
7.4.32 万花筒 184
7.4.33 镜头闪光 184
7.4.34 光线 185
7.4.35 闪电 186
7.4.36 镜像 187
7.4.37 单色 187
7.4.38 马赛克 187
7.4.39 油画 188

7.4.40 老电影 188
7.4.41 往内挤压 188
7.4.42 往外扩张 189
7.4.43 雨点 190
7.4.44 涟漪 190
7.4.45 锐化 191
7.4.46 星形 191
7.4.47 频闪动作 192
7.4.48 波纹 192
7.4.49 视频摇动和缩放 193
7.4.50 肖像画 193
7.4.51 水流 194
7.4.52 水彩 194
7.4.53 漩涡 194
7.4.54 微风 195
7.4.55 缩放动作 196
7.5 本章小结 196

第8章 添加转场效果 197
8.1 自动添加转场效果 197
8.2 转场效果的基本应用 198
8.2.1 手动添加转场效果 198
8.2.2 删除转场效果 199
8.3 调整转场效果 199
8.3.1 调整转场效果的位置 199
8.3.2 调整转场效果的播放时间 200
8.3.3 设置转场效果的属性 200
8.4 收藏和使用收藏的转场 201
8.5 转场效果介绍 201
8.5.1 【三维】转场 201
8.5.2 【相册】转场 202
8.5.3 【取代】转场 203
8.5.4 【时钟】转场 204
8.5.5 【过滤】转场 204
8.5.6 【胶片】转场 205
8.5.7 【闪光】转场 205
8.5.8 【遮罩】转场 206
8.5.9 【果皮】转场 206
8.5.10 【推动】转场 206
8.5.11 【卷动】转场 207

8.5.12 【旋转】转场 207
8.5.13 【滑动】转场 207
8.5.14 【伸展】转场 208
8.5.15 【 擦 拭 .】.......转....场.208
8.6 转场效果应用 209
8.6.1 【三维】-【飞行折叠】效
果 209
8.6.2 【过滤】-【遮罩】效果 210
8.6.3 【胶片】-【对开门】效果 211
8.6.4 【遮罩】-【遮罩C3】效果 212
8.6.5 【擦拭】-【搅拌】效果 212
8.7 本章小结 213

第9章 使用覆叠效果 214
9.1 添加与删除覆叠素材 214
9.1.1 将素材库的文件添加到覆叠
轨上 214
9.1.2 从文件添加视频 215
9.1.3 删除覆叠素材 215
9.2 【覆叠】参数设置 215
9.3 【覆叠】的典型应用 217
9.3.1 对象覆叠 217
9.3.2 自定义透空对象 218
9.3.3 边框覆叠 219
9.3.4 调整覆叠素材的大小和位置 .. 220
9.3.5 给覆叠素材添加边框 221
9.3.6 画面叠加 222
9.3.7 覆叠素材变形 223
9.3.8 覆叠素材的运动 224
9.3.9 覆叠素材旋转运动 226
9.3.10 视频滤镜的应用 227
9.3.11 色度键透空覆叠 229
9.3.12 遮罩透空叠加 230
9.3.13 Flash透空覆叠 231
9.3.14 多轨覆叠 232
9.4 覆叠效果应用 233
9.4.1 添加装饰对象 233
9.4.2 添加flash动画 233
9.4.3 半透明叠加效果 234
9.4.4 制作遮罩效果 235

9.4.5 让覆叠素材动起来 236

9.5 本章小结 236

第10章 设计标题和字幕 237

10.1 将预设标题添加到影片中 237

10.2 【标题】的选项面板 238

10.3 在影片中添加标题 241

10.3.1 添加单个标题 241

10.3.2 添加多个标题 242

10.4 使用字幕文件 244

10.4.1 下载音乐文件 244

10.4.2 下载LRC字幕 245

10.4.3 将LRC字幕转换为UTF字幕 246

10.4.4 添加字幕文件 247

10.5 标题的基本调整 248

10.5.1 调整标题的播放时间 248

10.5.2 调整标题的位置 248

10.5.3 旋转标题 248

10.5.4 为标题添加边框 249

10.5.5 为标题添加阴影 250

10.5.6 应用文字特效模板 250

10.6 制作动画标题和字幕 251

10.6.1 应用预设动画标题 251

10.6.2 向上滚动的字幕 253

10.6.3 淡入淡出字幕效果 254

10.6.4 跑马灯字幕效果 255

10.6.5 移动路径字幕效果 256

10.7 将标题保存到素材库 257

10.8 本章小结 257

第11章 配音配乐 258

11.1 音频的选项面板 258

11.1.1 【音乐和声音】选项卡 258

11.1.2 【自动音乐】选项卡 258

11.2 添加声音和音乐 259

11.2.1 从素材库添加声音 259

11.2.2 从硬盘文件夹中添加声音 260

11.2.3 添加自动音乐 261

11.2.4 从CD光盘中获取音频 262

11.3 录制声音 264

11.3.1 录制前的属性设置 264

11.3.2 录制声音 265

11.4 从视频中分离音频素材 266

11.5 购买自动音乐库 266

11.6 修整音频素材 267

11.6.1 使用区间修整音频 267

11.6.2 使用略图修整音频 268

11.6.3 使用修整栏修整音频 268

11.6.4 改变音频的回放速度 269

11.7 音量控制与混合 269

11.7.1 调节整个音频的音量 269

11.7.2 使用音频混合器控制音量 270

11.7.3 使用音量调节线 271

11.8 声道控制与混合 272

11.8.1 立体声和5.1声道 272

11.8.2 复制声道 273

11.8.3 左右声道分离 273

11.9 音频滤镜的应用 275

11.9.1 添加音频滤镜 275

11.9.2 删除音频滤镜 276

11.10 音频特效实例 276

11.10.1 制作淡入淡出的音频效果 ..276

11.10.2 使用【放大】滤镜 277

11.11 本章小结 278

第12章 相关软件组合应用 279

12.1 操作界面简介 279

12.2 制作三维文字 281

12.2.1 新建项目文件 282

12.2.2 设置项目文件 282

12.2.3 输入文字 282

12.2.4 制作三维效果 283

12.2.5 绘制图形 284

12.2.6 调整圆形对象 285

12.2.7 设置并调整纹理 286

12.2.8 复制、粘贴对象并调整 286

12.2.9 移动文字与图形对象 287

12.2.10 改变背景 287

12.2.11 插入几何对象 288

12.2.12 添加组合对象 289
12.2.13 保存文件 289
12.3 动画速成——使用百宝箱 290
12.3.1 添加对象 290
12.3.2 应用百宝箱动画 291
12.3.3 设置帧数目 291
12.3.4 选择动画效果与外挂特效 292
12.3.5 设置关键帧 293
12.3.6 平滑动画路径 293
12.3.7 设置播放顺序 294
12.3.8 定义动画的播放模式 294

12.3.9 输出动画 294
12.4 COOL 3D动画与影片合成 295
12.4.1 COOL 3D在影片中的应用 ..295
12.4.2 用COOL 3D制作动画 295
12.4.3 删除光晕效果 297
12.4.4 删除背景中的对象 297
12.4.5 设置动画尺寸 297
12.4.6 输出透空视频文件 298
12.4.7 在会声会影中合成影片 298
12.5 本章小结 300

第3篇 综 合 篇

第13章 综合设计范例（一）——制作
多媒体旅游日记 301
13.1 成品效果预览图 301
13.2 范例制作 302
13.2.1 制作影片的片头效果 302
13.2.2 制作镜头1——圣马可大
教堂 303
13.2.3 制作镜头2——威尼斯 307
13.2.4 制作镜头3——科洛塞
竞技场1 309
13.2.5 制作镜头4——科洛塞
竞技场2 314
13.2.6 制作影片的片尾效果 317
13.2.7 添加音乐文件 320
13.2.8 渲染输出影片 320
13.3 范例小结 321

第14章 综合设计范例（二）——制作
生物世界影片 301
14.1 成品效果预览图 322
14.2 范例制作 323
14.2.1 制作影片的片头效果 323
14.2.2 制作镜头1 323
14.2.3 制作镜头2 326
14.2.4 制作镜头3 329
14.2.5 制作镜头4 331
14.2.6 制作镜头5 333
14.2.7 制作镜头6 333
14.2.8 制作镜头7 334
14.2.9 制作影片的片尾效果 336
14.2.10 制作字幕 337
14.2.11 添加音乐文件 342
14.2.12 渲染输出影片 343
14.3 范例小结 343

第1篇 入 门 篇

第1章 会声会影X2入门

会声会影X2是一套操作简单，功能强大的DV、HDV影片剪辑软件。它不仅具备家庭或个人所需的影片剪辑功能，甚至可以挑战专业级的影片剪辑软件。无论是剪辑新手还是高级用户，使用它都可以轻松体验快速制作、专业编辑、完美输出的影片剪辑乐趣！

本章先讲述视频编辑的基础知识，再从会声会影软件的基本概念与系统配置讲起，然后介绍会声会影的新增功能与应用，以及会声会影X2的安装、启动等基本操作。

1.1 DV使用基础

要使用DV摄像机拍摄影片，必须掌握一些重要而基本的技术要领，包括视频画面构成、基本拍摄技术、一般拍摄姿势、常用拍摄方式和高级拍摄技巧等。下面将对这些技术要领进行详细的介绍。

1.1.1 视频画面构成

画面构成，也就是指如何处理镜头中各个对象之间的关系，它是拍摄影片的一个很重要的元素。下面向用户介绍DV拍摄的构图方法和技巧。

1. 初学者的构图问题

在观看一些初学者拍摄的DV影片时，我们常常会感觉到构图不协调，例如影片中的房子是倾斜的、片中的人物常常被画面分割、人物头部上方的空间不足，感觉很压抑；或者是空间布置过于死板，画面空洞等。虽然构图规则不是一成不变的，但了解构图的基本规则可以避免发生一些初级错误，如图1-1所示。

画面中，人物占的比例太大，画面有压迫感

水平线倾斜，画面不协调

图1-1 错误的构图方式

2. 画面构图的基本原则

在每次按下录像键之前，我们都要观察四周的坏境，观察取景器或者LCD屏幕中显示的画面是否是自己所需要的内容，这就是在构图。摄像的构图规则与静态摄影的构图规则十分类似，最基本的原则是：

- 必须有一个主题——能表达普通性寓意的主题；
- 要把观众的注意力集中到趣味中心——被摄主体上；
- 画面简洁——只摄入必要的内容，而排除或压缩分散注意力的内容。

在构图时，还要注意主角的位置，保持画面的平衡性和画面中各物体要素之间的内在联系，调整构图对象之间的相对位置及大小，并确定各自在画面中的布局地位。一幅完美的构图，起码应该做到以下几点。

（1）保持画面平衡

在拍摄前应该保持摄像机处于水平位置，这样拍摄出来的影像不会歪斜，用户可以以建筑、电线杆等与地面平行或垂直的物体为参照物，尽量让画面在观景器内保持平衡。

（2）人物与空间的平衡

在拍摄人物时，人物最多位于画面的1/3处，而不是在正中央，这样的画面才比较符合人的视觉审美习惯。要保证摄像机与被拍摄的主要人物之间不会有人或其他物体在移动。不要让一些不相干的人物一半在画面中，一半在画面外。如果拍摄无法控制的活动，也要把被拍摄的主要景物等安排在画面中的正确位置，同时把不需要的景物排除在外。

另外，应该在人物的视线方向保留一些空间，才不会使画面有压迫感。例如，拍摄人物向左侧的特写镜头，要为左侧留出一些想象空间，使整个画面变得更加协调，如图1-2所示。

图1-2　为对象适当保留一些空间

（3）风景中天空与地面的平衡

在拍摄户外景物时，最需要注意的就是天空与地面景物要互相呼应。如果想让画面协调，保持天空和地面的比例适当非常重要，这是许多拍摄者容易忽略的问题。

如果想要让画面感觉开阔明朗，可以将天空的比例加大，即天空与地面大约5∶3的比例。在展示海边风光的影片中常常看到这类画画，如图1-3所示。

如果想要表现地面的活动状况，可将地面的比例增大，表现出一望无际的感觉，如图1-4所示。

（4）画面整洁、流畅

杂乱的背景会分散观看者的注意力，降低可视度，弱化主体的地位。拍摄前应该清除画面中碍眼的杂物，或者换一个角度去拍摄，避免不相干的背景出现在画面上，如图1-5所示。

图1-3 画面感觉开阔明朗

图1-4 用远景表现地面的活动状况

图1-5 避开其他景物

（5）注意色彩平衡性

画面要注意色彩平衡性，要有较强的层次感，确保主体能够从全部背景中突显出来。一些抢眼的色彩要特别注意。红色、鲜黄色和深蓝色容易吸引观众的注意，要避免在画面中出现跟主角没有关系但却很抢眼的色彩。

（6）避免出现无关的移动对象

运动中的物体无论多少都比静止的物体容易吸引注意力，因此，不要让不必要的移动对象出现在背景画面中，以免分散观众的注意力。

（7）不平衡的表现手法

在使用DV拍摄时，由于一些特殊需要，也可以将摄像机倾斜，营造出另一番风情，如图1-6所示。这种构图方式在MV以及综艺节目中经常看到。

图1-6 不平衡的表现手法

提示 不要在人物的身后重叠放置类似电线杆的东西，或把水平线及其他比较明显的水平线条与人物的颈部对齐，因为这样容易使人物被背景分割，形成不理想的画面。遇到这种情况时，只需将摄像机稍微挪动一下，或是让被拍摄的人物移动一下位置就可以了。

3. 16：9的构图方式

普通的DV摄像机大多采用4：3的构图方式，而启用宽屏幕拍摄模式后，可以拍摄16：9的画面。16：9的画面具有宽敞的视角，对于电影、体育比赛、风景等具有大场面的节目十分适合，它更符合人眼的视觉特性，能够让观众感受到更加真实的临场感，从而获得更好的视觉效果。

随着数字高清电视的逐步普及，市场上最新推出的高清晰DV摄像机，都直接采用了16：9的拍摄和回放方式，以满足高清电视的宽屏需要。

虽然画面构图的美学原则对于4：3或者16：9画面拍摄都适用，但是，在使用16：9的画面比例进行拍摄时，还需要根据画面宽高比的具体要求适当地加以调整。

4. 水平构图和垂直构图

4：3的比例比较适合垂直场景的画面构图，也相对更适合同时具备宽、高两种元素的场景，如图1-7所示。

图1-7　4：3比例构图

图1-8　16：9的宽屏幕构图方式

16：9的宽屏幕能够使水平场景显得更加壮观，如图1-8所示，但却会对构建垂直画面造成障碍。此时，用户可以用摄像机仰拍来展示物体的高度，也可以在屏幕的旁边加上其他画面要素，从而形成自然的垂直宽高比。

5. 近景的构图方式

在表现近景和特写时，4：3的宽高比与电视机的小屏幕相结合，是展现人物头部近景和特写的理想方式。如果用户试图在16：9的画面中展现近景和特写，就会发现近景的两侧留下了大量多余的空间，看起来空荡荡的，而特写看起来又像是被挤压在屏幕的上下沿之间。

在构建特写画面时，要在画面中切掉人物的头顶部分，保留肩膀以上部分，而近景画面则要将人物的眼睛放在屏幕上部的1/3处。如果在镜头两侧加入一些视觉元素，填补两侧的空间，则可以更加轻松地解决该问题。

6. 运动的构图方式

在屏幕上表现运动对象时，对于16：9的画面比例，侧向的运动更加重要，这是因为拉长的屏幕给用户提供了更多的空间。在平摇镜头时，要注意为主体对象的运动方向保留适当的空间，让观众了解被拍摄的对象将要去哪个方向，如图1-9所示。

7. 线条的应用

在构图中也很讲究线条的应用。垂直的线条，象征坚强、庄严、有力，例如，高耸入云的建筑、参天的古木。垂直线条的运用，让人感觉到庄严和稳固。横线象征宁静、宽广、博大，例如，要拍摄一望无际的大海，适合用横线来表现地平线，可给人非常宽阔的感觉。而斜线象征着不安定和动态的感觉，也可以表现出纵深的效果。由于透视的缘故，有时会使拍摄对象变成斜线，通向远方，斜线在这里就引导人们的视线到画面深处，体现了一种纵深效果。曲线则象征着柔和、浪漫、优雅，会给人一种非常美的感觉。除了具体的线条之外，一些抽象的线条，例如，由于长时间曝光而形成的光带，非常具有动感；而慢快门下的瀑布形成的曲线具有动感而不失优雅等，所以说，线条并不是客观存在的特定实体，是要靠我们自己的双眼去挖掘、创造的。如图1-10所示的这张照片的构图就充分利用了曲线和斜线，给浏览者一种画面无限延伸的感觉，却又不失画面的稳定性，充分表达了摄影者对路的描述。

图1-9　运动的构图方式

图1-10　线条的运用

1.1.2　基本拍摄技术

下面介绍拍摄影像时需要注意的基本技术。

1. 拿好DV摄像机

在使用DV摄像机进行拍摄时，一定要将摄像机拿好，如图1-11所示，这样才能拍出令人满意的影像。正确的拍摄姿势往往被许多人忽略，我们平时看到的专业摄像师大多是将摄像机扛在肩上进行拍摄，因为那些专业的摄像机体型较大，摆弄起来也很不方便。

但是，千万不要以为我们手中的DV摄像机非常轻巧、方便，就可以只用一只手拿稳DV摄像机。其实不然，两只手把持好摄像机绝对比用一只手更稳，因为手稳才能保持摄像机的平稳，否则拍摄的影像会晃动。

2. 保持画面稳定

拍摄影像时画面要尽可能地保持稳定。对于那些还不能熟练操作DV摄像机的新手来说，每一个镜头都能平稳地完成要比随意地晃动着拍摄更有价

图1-11　拿好摄像机

值。在平时观看的电视节目、电影中，**90%**以上的影片的镜头都是稳定的，虽然摇晃式的摄像风格是一种时尚，但是从人们的视觉心理上来说，稳定的画面仍然是最好的选择，如图1-12所示。

3. 保持光线充足

光线是获得优秀画面的先决条件。**DV**摄像机对于昏暗场景的表现能力一直是它的缺陷，因为摄像机的液晶显示屏的成像方式与对比度都是比较特殊的，因此，拍摄的影像在液晶显示屏中观看时基本不会有什么质量问题。但是，将影像输入到计算机中时，就会发现影像会变得灰暗，与液晶显示屏的艳丽色彩有着明显的差别。如果光线不足，拍摄的影像噪点会非常严重，而由于家庭式的拍摄方式基本无法做到使用照明设备来布置灯光，所以在拍摄时要尽量利用自然光和固有光源、光线。光线充足是拍摄好影像的重要前提。

4. 不要过于追求影像质量

虽然DV摄像机的体积和成像质量已经相当不错，但它毕竟还不够成熟，在追求家庭化的同时，必然要损失专业的品质。比起专业摄像机来说，它还有很多的不足，更不要说同胶片摄影机相比了。因此，不要过于追求影像的质量。例如，不能在画面里将光处理得太亮。人的肉眼看到的世界层次之丰富并非机器所能达到的，在我们看来，层次丰富的一个场景到了DV机里就变成了只有亮暗两个区域的画面。如果不掌握摄像机的这种特性，拍出来的很多画面会令人失望。另外，为了降低成本，很多DV摄像机的镜头变焦范围都不大，而且广角一般都不够广，这样很多镜头只能靠移动来弥补该缺陷了。

1.1.3 一般拍摄姿势

在使用DV时，无论是体积较大的DV还是小型DV，一定要用双手持机，保持DV稳定。站立拍摄时，用双手紧紧地托住DV，肩膀要放松，右肘紧靠体侧，将DV抬到比胸部稍微高一点的位置，采用舒适又稳定的姿势，确保DV稳定不动，如图1-13所示。

双腿要自然分立，与肩同宽，脚尖稍微向外分开，站稳，保持身体平衡，如图1-14所示。

采用跪姿拍摄时，左膝着地。右肘顶在右腿膝盖部位，左手同样扶住摄像机，可以获得最佳的稳定性，如图1-15所示。

图1-12 平稳的画面

图1-13 拍摄时的手部姿势

图1-14 站立拍摄时的
腿部姿势

在拍摄现场也可以就地取材，借助三脚架、桌子、椅子、树干、墙壁等固定物来支撑、稳定身体和机器，如图1-16所示。姿势正确不但有利于操纵机器，也可避免因长时间拍摄而使身体过累。

持机的稳定性与机器的重量成正比。如今市面的DV机日趋小型化，巴掌大小的机器比比皆是，用一只手就能轻松托起。就是因为它的小巧就有很多人简化了持机的要领。殊不知机器越小就越不利于持机稳定，越是"掌中宝"，受摄像者的影响越大，稳定性更为重要。在使用时一定要特别注意，即使在操作巴掌大的小型摄像机时一定要用双手支持，要知道机器越小，越不利于稳定，越是这样娇小的机器越容易震动。

1.1.4 常用拍摄方式

几乎所有DV入门拍摄者都有一个共同的烦恼：在练习拍摄时，找不到适合的环境或对象，而自己又不知道要拍摄什么样的题材。其实这些主题在身边随手可得，只是大家没有发现而已，例如，朋友之间的聚会、小孩的成长岁月、旅游风景等都属于身边绝佳的题材，将这些普通事物配合不同的拍摄手法，就可以拍摄出与众不同的摄像作品。

景物有动态和静态之分，静态景物由于不会活动，所以成为了入门拍摄者最好的模特儿。但是，如何将这些静态又非常平凡的景物拍得富有吸引力呢？一般来说，只要懂得变换不同的拍摄手法，就可以将静态景物表达得变化多样，这些拍摄手法称为景别，如图1-17所示。

图1-15 跪姿拍摄　　　图1-16 借助三脚架稳定摄像机　　　图1-17 景别示意图

所谓景别，就是指主体在整个画面中所呈现的大小和范围。各种景别会给人不同的心理想法，例如，全景手法表现环境气氛、中景手法表现人物互动、特写手法表现情绪或表情等，还有由近到远的景别可表达宁静而深远的情绪、由远到近的景别表达高涨的情绪。

1. 远景

远景多用于表现地理环境、自然风景等画面，以人物为衡量标准的话，人物会在远景中呈点状体。如果将远景细分，还可分为普通远景和大远景两类。普通远景在构图上要避开前景，将重点通过深远的景物和开阔的视线引入画面深处，主要体现出空间深度和立体感。大远景比普通远景的范围要广，应配合使用广角镜，例如，拍摄广阔的草原、浩瀚的云海等，如图1-18所示。

提示 使用远景手法时，尽量不要采用顺光，应该选择逆光或侧逆光拍摄，形成画面层次感，凸显景物透视效果，并注意远近景物的色调变化，避免远景画面过于平淡。

2. 全景

全景适用于表达人物的全身或周边环境，如果以人物为衡量标准，全景可以完整而且清晰地表现出人物形体与动作。同时通过肢体动作反映出人物的心情和想法等心理状况，甚至可以使用全景手法指定环境为人物进行陪衬、烘托。

此外，全景还有定位景物的作用，例如，在拍摄某个角落时，加入一个景物融入在画面中的全景手法，反而会使所有景色收于画面内的感觉。在使用全景时，务必注意画面元素之间的协调关系，避免忽略主体的存在，如图1-19所示。

图1-18　远景效果

图1-19　全景效果

3. 中景

中景不包含表达主体的全部画面，在中景手法下，人物只显露出膝盖以上的部分，而景物只有局部的场景。由于中景分割破坏了画面的整体布局，所以中景内的景物线条就构成了画面的主要线条。在使用中景手法时，用户需要注意中景场景的变化，构图要创新、大方，抓住画面中最有表现力量的结构线条，如图1-20所示。

图1-20　中景效果

4. 近景

近景的距离比中景更方便拍摄主体，它的重点是人物胸部以上的部分或物体的局部细节，能够让人产生亲近之感。近景所包含的画面空间极其有限，会导致对象背景部分被挤出画面之外。近景拍摄时需要注意拍摄对象的取景位置，背景力求简洁，让人有遐想的空间，同时遵循真实、生动、客观的原则，如图1-21所示。

5. 特写

特写用于表达人物肩部以上局部或小型摆饰的画面，可以充分显示出人物面部五官，表达出人物表情、情绪和生活背景等状况，至于小摆饰，可以凸显它的细节，强化主体作用，给人一种巨细无遗的感觉。在拍摄特写时，构图要饱满，主体安排尽量紧密，才能显示出特写的味道，如图1-22所示。

图1-21 近景效果

图1-22 特写效果

1.2 视频编辑基础

用户在学习和使用会声会影X2进行视频编辑之前，需要对电视制式和视频编辑相关的专业术语有一定的了解，也只有掌握好这些知识，才能在视频编辑的过程中游刃有余。

1.2.1 常用的电视制式

电视信号的标准称为电视制式。目前每个国家的电视制式各不相同，制式的区分主要在于其帧频（场频），分辨率、信号带宽以及载频、色彩空间转换的不同等。电视制式主要有NTSC制式、PAL制式和SECAM制式3种。如表1-1所示为这3种制式的参数比较。

表1-1 3种制式的参数比较

制式	行/帧	帧频（Hz）	使用地区
NTSC	525	30	美国、日本、韩国等
PAL	625	25	欧洲、巴西、中国大陆等
SECAM	625	25	法国、中东等

1. NTSC制式

NTSC（National Television Systems Committee）制式是1952年由美国国家电视系统委员会制定的彩色电视广播标准。由于它采用的是正交平衡调幅的技术，因此也被称为"正交平衡调幅制"。这种制式被美国、加拿大等大部分西半球国家，以及日本、韩国、菲律宾等国家使用。

2. PAL制式

PAL（Phase Altermation Ling）制式是1962年制定的彩色电视广播标准。它采用的是逐行倒相正交平衡调幅的技术，该种方法解决了NTSC制式由于相位敏感造成的色彩失真的缺点。PAL制式被英国等一些欧洲国家以及新加坡、澳大利亚、新西兰等采用。PAL制式根据不同的参数细节，又可以划分为G、I、D等制式，中国大陆采用的是PAL-D制式。

3. SECAM制式

SECAM制式是Sequential Couleur Avec Memoire的缩写，意为顺序传送彩色信号与存储恢复彩色信号制。它是由法国在1956年提出，1966年制定的一种新的彩色电视制式。该种制式也解决了NTSC制式由于相位敏感造成的色彩失真的问题。不过，SECAM制式采用的是时间分隔的技术方法传送两个色差信号。使用SECAM制式的国家主要集中在法国、东欧以及中东地区。

1.2.2 常用的视频类型

视频是指构成电影和电视的活动影像，一般指的是可视信号，它包括一切能在显示设备上显示的信息，例如，文字、线条、符号、图像和色彩等。视频可分为模拟视频和数字视频。电视和电影一样，都是使用人类眼睛的视觉暂留的生理特性，在1秒钟内快速播放14或者30（25）个静态画面，然后由这些快速播放的静态画面在人的视觉神经系统中形成活动的画面。

1. 模拟视频

模拟视频是指采用电子学的方法传送和显示活动景物或静止图像，即指通过电磁信号的变化显示图像和传播声音信息。大多数家用电视机和录像机显示的都是模拟视频，例如，PAL制式、NTSC制式的视频信号。它是通过不同的电压值表示不同的信息。

2. 数字视频

使用摄像机之类的视频摄录设备，将外界影像转换成电信信号记录至储存介质中，例如DV带、存储卡，再通过"数字/模拟"（D/A）转换器，将电信信号转变为由0和1组合成的数字信号，并以视频文件格式保存，该传送方式显示的视频被称为"数字视频"。

通过"数字/模拟"转换器将电信信号转变为数字信号的转变过程被称为"视频捕获"，或是采集过程。如果需在电视机上观看数字视频，需要将二进制信息解码成模拟信号，才能正确播放。

1.2.3 视频编辑术语

在视频编辑和制作过程中，经常会遇到一些编辑术语和技术名词，例如在编辑视频时需要选择帧速率和为视频添加转场效果等，在开始一段绚丽多姿的影音之前，有必要了解一些视频编辑的术语，从而方便对视频进行编辑与制作。

1. 帧和场

帧（Frame）是视频技术常用的最小单位，一帧是由两次扫描获得的一幅完整图像的模拟信号。视频信号的每次扫描称为场（Field）。例如，PAL制式每秒显示25帧，即每秒扫描50场。一帧电视信号称为一个全电视信号，它又由奇数场信号和偶数场信号按秩序构成。

视频信号扫描的过程是从图像左上角开始，水平向右到达图像最右边后迅速返回左边，并另起一行重新扫描。这种从一行到另一行的返回过程称为水平消隐。每一帧扫描结束后，扫描点从图像的右下角返回左上角，再开始新一帧的扫描。从右下角返回左上角的时间间隔称为垂直消隐。电视视频传送之前，一般行频表示每秒扫描多少行，场频表示每秒扫描多少场，帧频表示每秒扫描多少帧。

逐行扫描是从显示屏左上角一行接一行地扫到右下角，扫描一遍可得到一幅完整的图像；隔行扫描是先扫描奇数场，电子束扫完第一行后回到第三行行首接着扫描，然后是第五行、第七行，直到最后一行，奇数行扫描完成后扫描偶数行完成一帧扫描。对于摄像机和显示器屏幕，获取或者显示一幅图像都要扫描两遍才能得到一幅完整的图像。隔行扫描用于分辨率要求不高的场合，例如电视的播放；逐行扫描用于分辨率要求较高的场合，例如DVD的播放。

2. 分辨率

分辨率即帧的大小（Frame Size），表示单位区域中垂直和水平的像素数值，一般单位区域中像素数值越大，图像显示越清晰、分辨率也就越高。不同的电视制式使用不同的分辨率，用途也会有所不同，如表1-2所示。

表1-2　电视制式分辨率的用途

制式	行/帧（像素×像素）	用途
NTSC	352×240	VDC
	720×480、704×480	DVD
	480×480	SVCD
	720×480	DV
	640×480、704×480	AVI视频格式
PAL	352×288	VDC
	720×576、704×576	DVD
	480×576	SVCD
	720×576	DV
	640×576、704×576	AVI视频格式

3. 复合视频信号

复合视频（Composite Video）信号包括亮度和色度的单路模拟信号，即从全电视信号中分离出伴音后的视频信号，色度信号间插在亮度信号的高端。这种信号一般可通过电缆输入或输出至视频播放设备上。由于该视频信号不包含伴音，与视频输入端口（Video In）、输出端口（Video Out）配套使用时还要设置音频输入端口（Audio In）和输出端口（Audio Out），以便同步传输伴音，因此复合式视频端口也称为AV（Audio Video）端口。

4. 剪辑

剪辑是指一部电影的原始素材。它可以是一段电影、一幅静止图像或者一个声音文件。

5. 动画

动画是通过迅速显示一系列连续的图像而产生的动态模拟。

6. 关键帧

关键帧是素材中特定的帧。它被标记的目的是为了控制动画的其他特征。例如，在创建移动路径时指定关键帧来控制对象沿路径移动。创建视频时，在需要大量数据传输的部分指定关键帧有助于控制视频回放的平滑程度。

7. Quick Time

这是Apple公司开发的一种系统扩展软件，可以在Macintosh和Windows应用程序中综合设置声音、影像以及动画。Quick Time电影是一种在个人计算机上播放的数字化电影。

8. 编码解码器

编码解码器的主要作用是对视频信号进行压缩和解压缩。一般分辨率为640像素×480像素的视频信息，以每秒30帧的速度播放，在无压缩的情况下每秒传输的容量高达27MB。按照如此计算，1GB容量的硬盘仅能存储约37秒的视频信息。因此，只有对视频信息进行压缩处理，才能在有限的空间中存储更多的视频信息。对视频进行压缩和解压的硬盘就是"编码解码器"。

压缩是重组或删除数据以减小剪辑文件尺寸的特殊（硬件或软件）方法。例如当需要压缩影像时，可以在每一次获取剪辑文件后进行或者在会声会影X2中编译时再压缩。

9. DNLE（数字式非线性编辑）

DNLE的全称为Digital Non-Linear Editing，它是一种组合和编辑多个视频素材来制造成品的方式，可在编辑过程中任意时刻随机访问所有源材料和主录像带上的所有部分。

10. 线性编辑

线性编辑是指在定片显示器上做传统的编辑，即源定片从一端进来进行标记、剪切和分割，然后从另一端出来。

线性编辑是按照录像带原来的顺序进行编辑的。

11. 转场效果

转场效果是指视频素材与其他视频素材之间过渡时的效果。

12. 导入和导出

导入是将数据从一个程序转入另一个程序的过程；导出是在应用程序之间分享文件的过程。

13. 渲染

渲染是将源信息合成单个文件的过程。

1.3 安装会声会影X2

用户在学习会声会影X2之前，需要对软件的基本概念与系统配置有所了解，这样才有助于更进一步地学习该软件。下面将向用户介绍会声会影X2的基本概念、系统配置，以及支持的文件格式。

1.3.1 系统需求

视频编辑需要占用较多的电脑资源。用户在选用视频编辑配置系统时，要考虑的主要因素是硬盘的大小和速度、内存和处理器。这些因素决定了保存视频的容量、处理和渲染文件的速度。

如果用户有能力购买大容量的硬盘、更多内存和更快的CPU，应尽量将硬件配置得高档一些。并且要记住，技术变化非常快，请先评估自己所要做的视频编辑项目的类型，然后根据工作需要配置系统。

若要使会声会影X2能正常使用，系统配置需要达到以下基本要求：

- CPU：Intel Pentium Ⅲ 800MHz或以上处理器。
- 操作系统：Windows 98 SE、Windows ME、Windows 2000或Windows XP。
- 内存：256MB以上内存（建议使用512MB以上内存）。
- 硬盘：1GB可用硬盘空间用于安装程序，4GB空间用于视频捕捉和编辑；7200转速的高速硬盘。

提示 存储1h的DV视频需要13GB的硬盘空间。捕获10min用于制作VCD的MPEG-1影片约需100MB。捕获10min用于制作DVD的MPEG-2影片约需400MB。

- 驱动器：CD-ROM驱动器或DVD-ROM驱动器。
- 光盘刻录机：DVD-R/RW、DVD-R/RW、DVD-RAM和CD R/RW刻录机。
- 显示卡：推荐128MB以上显存。
- 声卡：Windows兼容的声卡。
- 显示器：至少支持1014像素×768像素的显示分辨率，24位真彩显示的显示器。
- 其他：适用于DV/D8摄像机的1394 FireWire卡；USB捕获设备和摄像头；支持OHCE Compliant IEEE 1394和1394 Adapter 8940/8945接口。
- 网络：计算机需具备国际网络联机能力，当程序安装完成后，第一次打开程序时，请务必连接网络，然后单击"激活"按钮，即可使用程序的完整功能，如果未完成激活，则仅能使用VCD功能。

1.3.2 安装会声会影X2

会声会影X2软件的安装方法与其他应用软件的基本一致，下面将对该软件的安装操作进行详细的介绍。

在安装会声会影X2之前，需要检查一下计算机是否装有低版本的会声会影程序，如果存在，需要将其卸载后再安装新的版本。另外，在安装会声会影X2之前，必须先关闭所有其他应用程序，包括病毒检测程序等。如果其他程序仍在运行，会影响到会声会影X2的正常安装。

会声会影X2的安装方法十分简单方便，每进行一步安装操作，系统就会用文字提示下一步的操作方法。

（1）双击会声会影X2安装光盘中的安装程序，或将会声会影X2安装文件拷贝到硬盘中，然后打开拷贝的文件，双击会声会影X2的安装程序。

此时，系统将自动检查光盘中的内容，检查完毕弹出会声会影X2的安装向导界面，如图1-23所示。

同时会弹出"会声会影X2的安装向导"对话框，用户只需按照向导提示逐步安装即可，如图1-24所示。

（2）单击【下一步】按钮，仔细阅读许可证协议的内容，并选中【我接受许可证协议中的条款】单选按钮，如图1-25所示。

（3）单击【下一步】按钮，在弹出的对话框中输入相关信息及序列号，如图1-26所示。

（4）单击【下一步】按钮，在弹出的对话框中指定软件的安装路径，可采用默认安装路径，如图1-27所示。

图1-23　会声会影X2的安装向导界面

图1-24　"会声会影X2安装向导"对话框

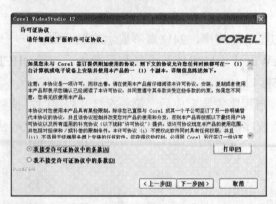

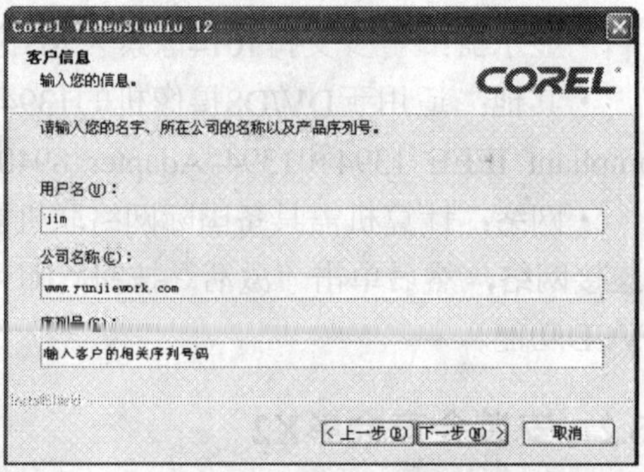

图1-25　接受许可证协议

图1-26　输入信息

若需要将软件安装到其他磁盘，则单击【浏览】按钮，在打开的如图1-28所示的【选择文件夹】对话框中指定新的安装路径。完成后，单击【确定】按钮。

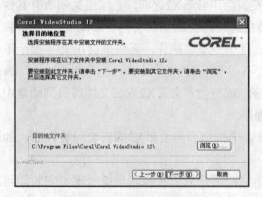

图1-27　使用默认安装路径

图1-28　指定安装路径

（5）然后再单击【下一步】按钮，在弹出的对话框中设置所使用的电视系统，如选择【中华人民共和国】选项，选中【PAL/SECAM】单选按钮，如图1-29所示。

（6）单击【下一步】按钮，在弹出的对话框中检查安装设置，如图1-30所示。确定无误后，单击【下一步】按钮，则会声会影会将所需要的数据复制到硬盘上，如图1-31所示。

（7）数据复制完成后，按照提示安装其他工具软件，如图1-32所示。然后单击【下一步】按钮，再单击【完成】按钮完成会声会影X2的安装，如图1-33所示。

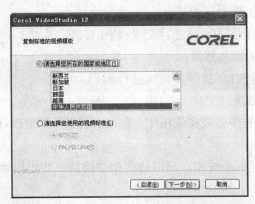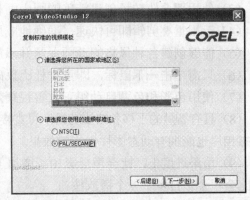

图1-29 设置所使用的电视系统

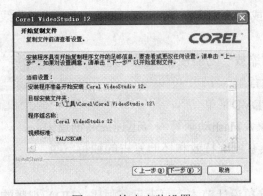

图1-30 检查安装设置

图1-31 复制数据

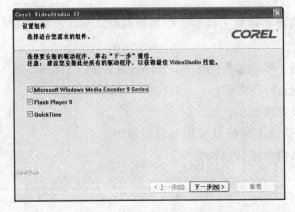

图1-32 安装其他工具软件

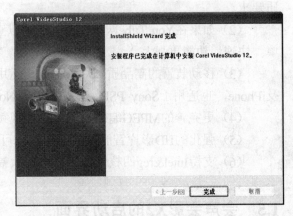

图1-33 完成安装

1.4 会声会影 X2的新增功能

会声会影X2最大的进步是可以直接导入AVCHD视频，这比会声会影以前的版本导入AVCHD的方法简便了很多；另外，会声会影X2还可以直接输出AVCHD格式的视频。下面具体介绍一下会声会影X2中主要的新增功能。

1. 工具更加强大

（1）新增加了一个标题轨，字幕可以双轨操作了。

（2）新增加了一个调节缩略图大小的标尺。

（3）使用覆叠轨转场创建精美的画中画和蒙太奇效果。

（4）运用重叠剪辑即可快速、准确地应用音频/视频进行交叉淡化。

（5）能够创建各种风格的动画主题并添加彩色背景。

（6）只需单击一下鼠标，即可对杜比数码5.1环绕声音频轨进行编码。

（7）使用色彩和色调自动纠正改善视频效果。

（8）具有智慧的平移和缩放功能，可直接在单张或多张相片上套用自动平移和缩放特效，让静态相片也能拥有动态影片摄影的效果。

（9）渲染进度上，比会声会影10新增加了两个按钮，可以边渲染边播放，也可以暂停渲染；比会声会影11多了一个播放按钮。

2. 控制更具创意

（1）可使用新的绘图创建器在视频上绘画或写入内容，例如，在地图上绘制旅游路线；利用绘图创建器在影片中加入涂鸦动画。

（2）使用可自动识别面部的"自动摇动和缩放"功能使相册更真实、生动。

（3）使用有效的色度键工具替换任何彩色背景。

（4）使用独特的光盘菜单转场创建精美的DVD菜单。

（5）使用100多个效果滤镜和覆叠帧、对象及Flash动画等内容迅速提高创造力。

（6）使用New Blue胶片效果滤镜使视频具有剧院特效和怀旧复古的独特气氛。

3. 分享无限创意

（1）领先支持蓝光和AVCHD高画质专业选单设计范本，可满足高画质（HD）视频的品质要求。

（2）如果在You Tube网站注册，还可以直接将视频上传到这个视频网站，而且步骤更简单、快速，功能更强大。

（3）移动装置的高品质影片：可制作适用于移动装置的影片，如Apple iPod、Touch，以及iPhone，也适用于Sony PSP、Zune，以及Nokia行动电话。

（4）更完善的MPEG编码效能，建构视频更快速。

（5）强化的HD影片智能型代理编辑，可快速而顺畅地编辑高画质视频。

（6）支持Intel&reg四核处理器技术，大幅提升视频建构效能。

1.5 会声会影X2的启动界面

默认设置下，启动会声会影X2时首先显示启动界面。

1.5.1 启动软件

在系统中安装会声会影X2后，使用以下两种方法可以启动软件。

1. 双击Windows系统桌面上的会声会影图标 。

2. 选择【开始】|【程序】|【Corel VideoStudio 12】|【Corel VideoStudio 12】命令。

启动会声会影X2后，将弹出启动界面，如图1-34所示。

图1-34 会声会影X2启动界面

1.5.2 退出软件

退出会声会影X2的操作方法有以下3种：

1. 选择【文件】|【退出】菜单命令。

2. 单击程序窗口右上角的【关闭】按钮。

3. 按【Alt+F4】组合键。

1.5.3 会声会影编辑器

会声会影编辑器提供了完整的编辑功能，用户可以全面地控制影片的制作过程，也可以为采集下来的视频添加各种素材、标题、效果、覆盖以及音乐等，并且还可以根据所需要的方式刻录或输出影片。

启动会声会影X2，在弹出的启动界面中单击【会声会影编辑器】按钮，即可进入会声会影编辑器的工作界面，如图1-35所示。

图1-35 会声会影编辑器界面

1.5.4　影片向导

在启动界面上单击【影片向导】按钮，将会进入会声会影X2的影片向导界面，如图1-36所示。

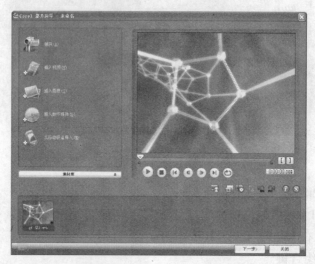

图1-36　影片向导界面

会声会影的影片向导可以捕获、添加视频或者插入图像文件。会声会影X2提供了数十种影片和相册模板，选择要使用的一种模板后，程序就自动为影片添加了专业的片头、片尾、背景音乐和转场效果，使影片具有丰富精彩的视频效果。最后，直接输出影片或者刻录光盘。

如果是初学者，或者想快速完成影片制作，就可以用影片向导来编排视频素材和图像、添加背景音乐和标题，然后将最终的影片输出成视频文件、刻录到光盘或者在会声会影编辑器中进一步编辑。

1.5.5　DV转DVD向导

在启动界面单击【DV转DVD向导】按钮，将进入DV转DVD向导界面，如图1-37所示。

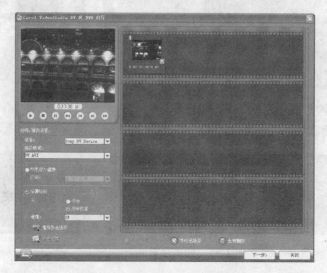

图1-37　DV转DVD向导界面

使用DV转DVD向导，可在不占用硬盘空间的情况下，通过两个简单的步骤从DV带捕获视频并直接刻录成DVD光盘。在刻录之前，还可以为影片添加动态菜单。这样，为需要快速将录像带转录成DVD光盘的用户提供了极大的方便。

1.5.6 显示或取消启动界面

若在平时的视频编辑工作中不需要使用影片向导和DV转DVD向导，选择启动界面上的【不要再显示此消息】复选框，如图1-38所示。则在下次启动会声会影时将直接进入会声会影编辑器，而不再显示启动界面。

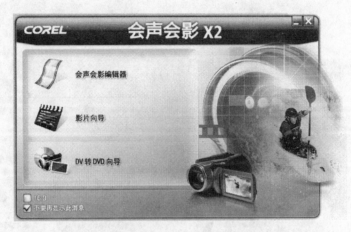

图1-38 启用【不要再显示此消息】复选框

若想要使启动界面重新显示出来，在会声会影编辑器中选择【文件】|【参数选择】命令，或者按F6快捷键打开【参数选择】对话框，启用其中的【显示启动界面】复选框即可，如图1-39所示。

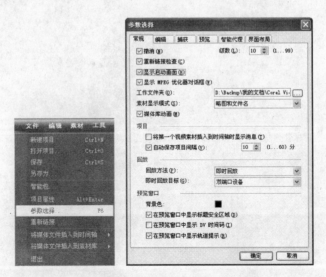

图1-39 启用【显示启动界面】复选框

1.6 本章小结

本章细致地讲解了DV摄像机的使用方法，介绍了视频编辑的相关理论和相关术语，力求使用户能够熟练地使用DV摄像机进行前期的影片拍摄工作，并掌握视频编辑的理论基础，为今后的学习奠定扎实的基本功。

另外，本章还介绍了会声会影X2的基本概念、系统配置、新增功能、安装方法等知识，使用户对会声会影X2有了一个初步的了解和认识。

第2章　使用影片向导快速制作影片

在向导的帮助下，用户可以根据提示轻松捕获图像和插入视频素材，并选择样式模板、添加标题和背景音乐等。即使是初学者，在影片向导的帮助下也可快速创建具有专业水准的影片。

运用影片向导只需要3个步骤，就能够帮助初学者快速完成精彩的专业影片制作。

2.1　启动影片向导

启动影片向导可以按照以下的步骤操作。

（1）选择【开始】|【程序】|【Corel VideoStudio 12】|【Corel VideoStudio 12】命令，显示会声会影启动界面，如图2-1所示。

图2-1　会声会影X2启动界面

（2）在启动界面中单击【影片向导】按钮，启动影片向导，如图2-2所示。

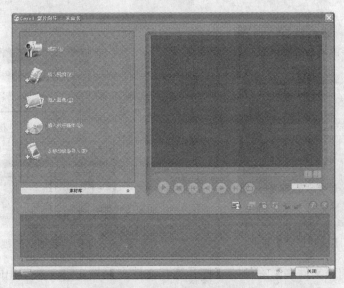

图2-2　影片向导启动界面

捕获：用于从摄像机捕获视频或者截取影片中的单帧画面。

插入视频：用于添加不同格式的视频文件，如，AVI、MPEG和WMV等格式。

插入图像：用于添加静态图像。

提示 如果添加的所有素材都是静态图像，可以在后面的步骤中选择相册模板，快速创建电子相册。

插入数字媒体：用于在DVD光盘插入视频，或者直接导入硬盘上DVD文件夹中的视频。

从移动设备导入：添加来自Windows所支持的设备中的视频，包括SONY PSP或Apple i-Pod Video以及智能手机、PDA等很多随身设备。

2.2 捕获

【捕获】功能用于从摄像机中捕获视频或者截取影片中的单帧画面。

首先，需要在计算机中正确连接IEEE 1394卡，并将DV摄像机与计算机正确连接。然后将DV切换到播放模式，就可从DV摄像机中捕获视频。

2.2.1 从DV捕获视频

通过以下的操作，可以将DV带上拍摄的视频捕获到计算机中。

（1）将DV与计算机正确连接，然后在会声会影影片向导的操作界面中单击【捕获】按钮，显示【捕获设置】面板，如图2-3所示。

提示 如果DV没有与计算机正确连接，在会声会影影片向导的操作界面中单击【捕获】按钮，将显示图2-4所示的信息提示。

（2）单击【格式】右侧的下拉按钮，从其下拉列表中选择需要捕获的视频文件的格式，如图2-5所示。

图2-3 【捕获设置】面板

图2-4 信息提示

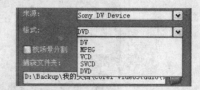

图2-5 选择需要捕获的视频文件的格式

（3）单击【捕获文件夹】右侧的【打开捕获文件夹】按钮，在弹出的【浏览文件夹】对话框中指定捕获的视频文件在硬盘上的保存路径，如图2-6所示。

（4）单击预览窗口下方的播放控制按钮，找到DV带上需要捕获的起点位置，如图2-7所示，再单击【捕获视频】按钮，从当前位置开始捕获视频文件，并通过预览窗口查看当前正在捕获的视频的位置。捕获到所需要的视频素材后，单击【停止捕获】按钮，捕获的视频素材就会显示在媒体素材列表上，如图2-8所示。

（5）使用上述同样的方式，可以通过播放控制按钮找到DV带上其他需要捕获的视频素材并将其捕获到媒体素材列表上。

图2-6 【浏览文件夹】对话框

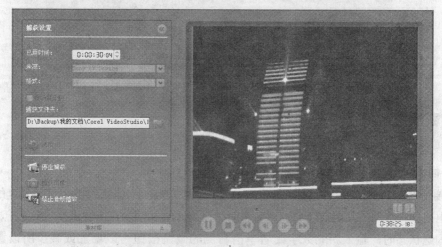

图2-7 定位需要捕获的起点位置

图2-8 捕获的视频素材显示在媒体素材列表上

2.2.2 从DV捕获单帧画面

在会声会影中，用户可以从DV视频中捕获单帧的静态图像，从视频中捕获单帧图像的具体操作步骤如下：

（1）将DV与计算机正确连接，然后在会声会影影片向导的操作界面中单击【捕获】按钮，显示【捕获设置】面板。

（2）单击【捕获文件夹】右侧的【打开捕获文件夹】按钮，在弹出的【浏览文件夹】对话框中指定捕获的视频文件在硬盘上的保存路径。

（3）单击预览窗口下方的播放控制按钮，找到需要保存为静态图像的画面位置，再单击【捕获图像】按钮，当前画面就被保存到指定的路径中，同时添加到媒体素材列表上，如图2-9所示。

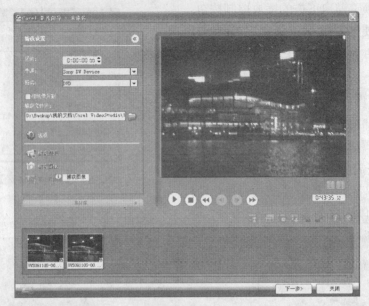

图2-9 添加到媒体素材列表上的图像

2.2.3 捕获设置

捕获设置用于设置视频捕获的属性，如图2-10所示。

1. 区间

指定要捕获的素材的长度。比如，将数值设置为2分50秒，捕获到指定时间长度的视频后，会自动停止捕获。这里的几组数字分别对应小时、分钟、秒和帧。在需要调整的数字上单击鼠标，当其处于闪烁状态时，输入新的数字或者单击右侧的微调按钮可以增加或减少所设置的时间。

注意 对于PAL制VCD而言，帧速率为25帧/秒，因此，在"帧"一位上所能设置的最大数值为24帧。

2. 来源

在其下拉列表中显示检测到的视频捕获设备，如图2-11所示。

图2-10 【捕获设置】面板   图2-11 【来源】下拉列表

3. 格式

在其下拉列表中显示检测到的视频捕获设备,如图2-12所示。单击右侧的下拉按钮,可以根据所使用的捕获设备以及输出需求从下拉列表中选择DV、MPEG、VCD、SVCD和DVD格式。

提示 选择DV(又称为DV AVI)格式可以获得最佳的视频质量。如果将视频直接捕获为MPEG/VCD/SVCD/DVD格式,程序在捕获的同时还进行了格式转换、尺寸变换和压缩,难以获得最佳的视频质量,在表现高速运动的画面时会出现明显的条纹。

4. 按场景分割

启用该复选框,程序将自动根据录制的日期和时间将视频文件分割成素材。例如,有5段视频分别在一天的5个时间内录制,场景检测可以分别找出它们,并将它们当做5个不同的素材插入项目中。

注意 按场景分割功能在捕获MPEG文件时不可用,只有在捕获DV格式的文件时,才处于可用状态。

5. 捕获文件夹

单击【捕获文件夹】右侧的【打开捕获文件夹】按钮📁,在弹出的【浏览文件夹】对话框中可以指定要打开的文件。程序捕获的所有视频、图像素材都将保存在此文件夹中。

说明 将视频捕获为DV格式,1小时的视频需要占用13GB硬盘空间;将视频捕获为DVD格式,1小时的视频需要占用2.4GB硬盘空间;将视频捕获为VCD格式,1小时的视频需要占用600MB硬盘空间。

6. 选项

单击【选项】按钮🔧,在弹出的如图2-13所示的下拉菜单中可以选择相应的命令,打开与捕获驱动程序相关的对话框。

（1）捕获选项

选择【捕获选项】命令,打开如图2-14所示的【捕获选项】对话框。

图2-12 【格式】下拉列表　　　图2-13 【选项】下拉菜单　　　图2-14 【捕获选项】对话框

• 捕获音频:启用该复选框,可以在用模拟设备捕获时,捕获音频。

• 捕获到素材库:启用该复选框,可以将捕获的视频放到素材库。

• 强制使用预览模式:启用该复选框,可以在用SVCD或VCD格式捕获时,改进捕获视频的质量。仅当模拟捕获卡支持此功能时,此选项才可用。

• 捕获时显示来源音量面板:启用该复选框,可以在捕获模拟视频时,打开【来源音量】面板。在捕获时,可以用此面板调整模拟来源声音的音量。

·捕获帧速率：选取捕获视频时使用的帧速率。帧速率越高，视频越平稳。

（2）视频属性

将捕获格式设置为DV时，可以选择【视频属性】命令。这时，将弹出如图2-15所示的【视频属性】对话框。

通过IEEE 1394卡捕获的DV视频被自动保存为AVI格式的文件，在这种AVI格式的文件中包含两种数据流：视频和音频。而DV是本身就包含视频和音频的数据流。

在类型1（DV type-1）的AVI中，整个DV流被未经修改地保存在AVI文件的一个流中。而在类型2（DV type-2）的AVI中，DV流被分割成独立的视频和音频数据，保存在AVI文件的两个流中。

类型1的优点是DV数据无需进行处理，可保存为与原始相同的格式。类型2的优点是可以与不是专门用于识别和处理类型1文件的视频软件相兼容。通常不必调整这里的参数，使用默认设置即可。

将捕获格式设置为VCD/SVCD/DVD时，选择【视频属性】命令，将打开如图2-16所示的【视频属性】对话框，可进一步调整视频和音频的捕获属性。通常，不需要调整这里的参数。

图2-15　设置为DV格式时的【视
频属性】对话框

图2-16　设置为其他格式时的【视
频属性】对话框

图2-17　【改变捕获外挂程序】对话框

（3）改变捕获外挂程序

选择【改变捕获外挂程序】命令，将弹出如图2-17所示的【改变捕获外挂程序】对话框。会声会影X2将捕获外挂程序集中到了Corel Capture Component中，因此，不需要再进行手工选择。

（4）选取设备控制

选择【选取设备控制】命令，在弹出的如图2-18所示的【设备控制】对话框中可以设置设备控制选项。正确地选择设备控制能够让用户通过程序界面上的导览面板控制DV设备。

提示　正确选取设备控制后，会声会影可以通过软件直接控制摄像机的播放、快退、停止以及快进等操作，并且能够在计算机和摄像机之间相互录制。某些较旧的捕获卡和摄像机可能无法进行此项操作（例如未遵循OHCI标准的机型）。不过这只表示用户无法运行自动的设备控制，而不是无法使用会声会影来编辑视频。

• 当前设备：从其下拉列表中选择合适的设备控制，可用于会声会影和设备之间进行通信。一般而言，程序会自动选择正确的设备控制。MS 1394 Device Control是微软公司提供的驱动，TI（Texas Instrument，美国德州仪器公司）1394 Device Control是TI公司提供的驱动，而HDV摄像机使用HDV 1394 Device Control。

> **提示**　一般情况下，会声会影会自动选择正确的设备控制。如果在使用过程中出现问题，如不能控制设备、不能回录到摄像机、在使用过程中经常出现设备丢失连接等问题，则建议尝试手工改变当前的设备控制。

• 时间码偏移量：指定一个值，用于调整设备的实际播放时间与在DV录制对话框中指定的修整标记之间的差异。如，用户已经为捕获在时间码中指定了标记，在此步骤后捕获开始帧是实际开始标记时间码前的帧。用户可以设置值为－4，来校正设备与捕获卡之间的时间差异。
• 描述：显示与当前设备控制驱动程序相关的附加信息。
• 选项：单击此按钮，打开与当前设备控制驱动程序相关的【设备控制选项】对话框，如图2-19所示。若当前设备不支持附加选项，那么此按钮不可用。当会声会影无法控制DV摄像机并精确地查找到时间码时，在【设备控制选项】对话框中微调控制设置，可以使摄像机和会声会影按照用户喜爱的方式相互配合工作。

图2-18　【设备控制】对话框　　　　　　　图2-19　【设备控制选项】对话框

> **提示**　将视频回录到DV摄像机时，常常出现丢帧或第一帧重复的现象，这是由于摄像机自身机理的限制。用户可以尝试将【延迟录制时间】调整到"3000"，并再次尝试录制，然后逐次将时间值减少200～500，直到取得满意结果。
> 传输暂停时间：第一个视频帧传输到摄像机所需的时间，默认为2500毫秒。特定的DV摄像机（例如Panasonic设备）需要这样的延迟时间来确保后续的命令不会失败。
> 录制暂停时间：录制暂停命令所需的响应时间，默认为2500毫秒。
> 延迟录制时间：DV摄像机响应【录制】命令并实际开始捕获DV数据所需的时间，默认为300毫秒。较高的延迟时间会增加杂讯的数量，并可能会导致第一帧冻结。较低的延迟时间可能会导致帧被丢失。

7. 捕获视频

单击【捕获视频】按钮，开始从已安装的视频输入设备中捕获视频。捕获开始后，按钮变为【停止捕获】按钮，单击该按钮即可停止当前视频捕获。

8. 捕获图像

单击【捕获图像】按钮，可以将视频输入设备中的当前帧作为静态图像捕获到会声会影中。

9. 禁止音频播放

使用会声会影捕获DV视频时，可以通过与计算机相连的音响监听影片中录制的声音，此时【禁止音频播放】按钮处于可用状态。如果声音不连贯，可能是DV捕获期间在计算机上预览声音时出现问题，不会影响音频捕获的质量。如果出现这种情况，单击【禁止音频播放】按钮可以在捕获期间使音频静音。

2.3　导览面板功能详解

在从DV摄像机中捕获视频时，用如图2-20所示的预览窗口下方的导览面板可以控制录像带的快进、快退操作，以便查找要捕获的场景。

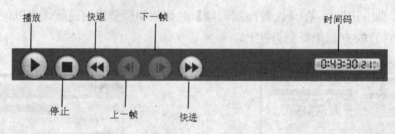

图2-20　导览面板

导览面板上的播放、停止、快退、快进、上一帧及下一帧等按钮都与摄像机上相应的按钮功能相同，通过这些按钮可以直接控制录像带的前进、后退、播放和停止操作。时间码用于显示当前画面在摄像机的DV带上的录制时间。

2.4　插入视频和图像

使用影片向导不仅可以从DV摄像机捕获视频，也可以选择硬盘上的视频文件，还可以添加图片。

2.4.1　插入视频

【插入视频】功能用于将已经存在的不同格式的视频文件添加到媒体素材列表中。

具体的操作步骤如下：

（1）单击会声会影影片向导的操作界面中的【插入视频】按钮，弹出【打开视频文件】对话框，如图2-21所示。

> **提示** 在【打开视频文件】对话框中，单击右上角的【"查看"菜单】按钮，并从其下拉列表中选择【缩略图】命令，可以以缩略图方式查看视频素材。

（2）在对话框中选择需要插入的视频文件。可以选择如图2-22所示的【文件类型】下拉列表中所有格式的视频素材。

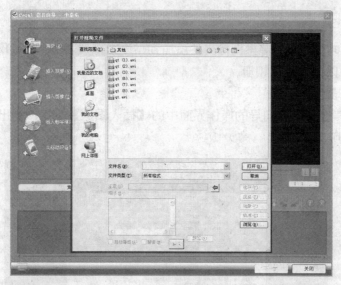

图2-21 【打开视频文件】对话框

（3）如果同时选中了多个视频素材，在弹出的如图2-23所示的【改变素材序列】对话框中可以以拖曳的方式为素材排序。

所有格式
Microsoft AVI 文件 (*.avi)
3GPP2 文件 (*.3g2)
3GPP 文件 (*.3gp)
COOL 3D 文件 (*.c3d)
Microsoft DVR-MS 文件 (*.dvr-ms)
AutoDesk 动画文件 (*.flc)
AutoDesk 动画文件 (*.fli)
AutoDesk 16 位动画文件 (*.flx)
MPEG-4 文件 (*.mp4)
MPEG 文件 (*.mpg;*.mpeg;*.mpv;*.dat;...)
Macromedia Flash 文件 (v10.0.32.0) (*.sw
友立图像序列文件 (*.uis)
Video Paint Files (*.uvp)
“Corel VideoStudio” 项目文件 (*.vsp)
Windows Media Video (*.wmv;*.asf)
所有文件

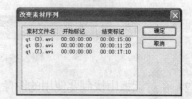

图2-22 视频格式列表

图2-23 【改变素材序列】对话框

（4）单击【确定】按钮，所有选中的素材被插入到媒体素材列表中，如图2-24所示。

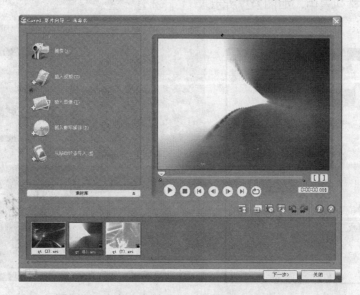

图2-24 选中的素材被插入到媒体素材列表中

2.4.2 插入图像

【插入图像】功能用于将静态图像文件添加到媒体素材列表中。如果仅在媒体素材列表中添加静态图像，可以创建相片相册。

具体的操作步骤如下：

（1）单击会声会影影片向导的操作界面中的【插入图像】按钮，弹出【添加图像素材】对话框，如图2-25所示。

图2-25 【添加图像素材】对话框

（2）在对话框中找到要使用的图像素材所在的文件夹，然后单击对话框右上角的【"查看"菜单】按钮，从其下拉列表中选择【缩略图】命令，以缩略图方式查看素材，如图2-26所示。

（3）选中需要插入到媒体素材列表中的图像文件，然后单击【打开】按钮，将选中的素材插入到媒体素材列表中，如图2-27所示。

图2-26 以缩略图方式查看素材

图2-27 选中的素材被插入到媒体素材列表中

2.5 媒体素材列表上方的功能按钮详解

将图像、视频素材添加到媒体素材列表中以后，可以使用如图2-28所示的媒体素材列表右上方的功能按钮进行管理。

图2-28 媒体素材列表右上方的功能按钮

2.5.1 修复DVB-T视频

该功能用于修复从数字电视捕获的**DVB-T**视频。如果在视频捕获过程中，出现信号损坏的问题，可以使用此功能进行修复。操作步骤如下：

（1）单击【修复DVB-T视频】按钮 打开如图2-29所示的【修复DVB-T视频】对话框。

（2）单击【添加】按钮，在弹出的【打开视频文件】对话框中选中从数字电视采集的视频文件，如图2-30所示。

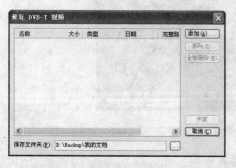

图2-29 【修复DVB-T视频】对话框

图2-30 【打开视频文件】对话框

（3）单击【打开】按钮，将选中的视频文件添加到修复列表中，如图2-31所示。然后单击【修复】按钮，程序自动对出现信号损坏的视频文件进行修复。

2.5.2 使用多重视频修整功能

多重视频修整功能的作用是从捕获到媒体素材列表中的视频素材中提取所需要的多个片断。

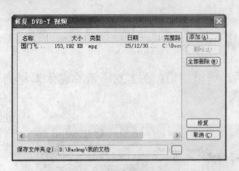

图2-31　将选中的视频文件添加到修复列表中

1. 多重视频修整功能的使用方法

（1）在媒体素材列表中选择需要修整的素材，如图2-32所示，然后单击【从素材中提取视频片段】按钮。

（2）打开【多重修整视频】对话框，如图2-33所示。

（3）拖动预览窗口下方的飞梭栏，或者使用预览窗口下方的播放控制按钮找到第一个片段的起始帧位置，然后单击【设置开始标记】按钮，如图2-34所示。

图2-32　选择需要修整的素材

图2-33　【多重修整视频】对话框

（4）拖动飞梭栏或者使用预览窗口下方的播放控制按钮，找到第一个片段的结束帧位置，然后单击【设置结束标记】按钮，在下方的素材列表中，开始标记和结束标记之间的视频内容被剪辑出来，如图2-35所示。

提示　在播放视频素材时，也可以按【F3】和【F4】键标记开始位置和结束位置。

（5）重复执行步骤（2）和步骤（3），直到标记出要保留或删除的所有片段，如图2-36所示。

图2-34　设置第一个片段的起始标记

图2-35　设置第一个片段的结束标记

图2-36　标记出要保留或删除的所有片段

提示 在默认设置下，标记的区域是需要保留的区域。单击【反转选取】按钮，所标记的区域将被删除，未标记的区域则被保留下来。

（6）设置完所有的片段标记后，单击【确定】按钮，要保留的视频片段就被插入到时间轴上了。

多重修整视频功能的常用快捷键如下：

【Del】键：删除。

【F3】键：设置开始标记。

【F4】键：设置结束标记。

【F5】键：转到素材的后面。

【F6】键：转到素材的前面。

【Esc】键：取消。

2. 定位视频的6种方式

想要精确地修整视频，首要条件是精确定位开始标记和结束标记。为了满足用户不同的需求，【多重视频修整】对话框中提供了6种方式来帮助用户精确定位视频。

（1）快速搜索间隔

使用方法：首先在时间码中指定固定的时间间隔，比如，设置为15秒，然后单击【向后搜索】或【向前搜索】按钮，每单击一次按钮，视频将会按照所指定的时间间隔后退或前进。

（2）飞梭栏

使用方法：拖动飞梭栏，在预览窗口中查看需要查找的画面的位置。

（3）时间轴缩放

使用方法：向上拖动或者单击【放大】按钮，可以在精确剪辑时间轴上以更小的时间单位显示视频画面；向下拖动或者单击【缩小】按钮，可以在精确剪辑时间轴上以更大的时间单位显示视频画面。例如，向上拖动，可以以5帧或1帧为单位查看缩略图；向下拖动，则可以以30帧甚至900帧为单位查看略图。

（4）时间码

使用方法：在某个时间码上单击鼠标，然后输入数值，画面会立刻定位到所指定的时间码的位置。

（5）飞梭轮

使用方法：飞梭轮是模拟传统非线性视频编辑机上的搜索轮，通过手工转动，就可以快速找到所需要的画面。在飞梭轮上按住并向左拖动鼠标，可以快速向后搜索画面；在飞梭轮上按住并向右拖动鼠标，则可以快速向前搜索画面。

（6）穿梭滑动条

向左拖动滑块，预览窗口的右下角会显示向后搜索的倍速，比如-1.0×，表示以1倍速向后搜索，-32×表示以32倍速向后搜索；向右拖动滑块，预览窗口的右下角会显示向前搜索的倍速，比如8.0×，表示以8倍速向前搜索，32×表示以32倍速向前搜索。

3. 使用自动广告检测功能

会声会影的自动检测广告功能用于搜索视频中的广告片段。例如，从电视节目录取视频时，会出现一些插入其间的广告片断。用自动检测广告功能可以将广告提取到媒体列表中。

（1）将从电视节目录制的视频捕获并添加到媒体素材列表中，如图2-37所示。

图2-37 将视频素材添加到媒体素材列表中

（2）单击【从素材中提取视频片段】按钮，进入【多重修整视频】对话框，如图2-38所示。

图2-38 进入【多重修整视频】对话框

（3）拖动【检测敏感度】下方的滑块，设置程序自动检测和区分广告的敏感度。

提示 设置一种【检测敏感度】后，可以先尝试搜索一次，如果效果不理想，再降低或调高检测敏感度。

（4）单击【自动检测电视广告】按钮，程序自动搜索视频中的广告，并将检测出的广告显示在媒体素材列表中，如图2-39所示。

图2-39　检测出的广告显示在媒体素材列表中

提示 在默认设置下，提取出的内容是需要保留的视频。单击【反转选取】按钮 ，所标记的区域将被删除，未标记的区域则被保留下来。这样，用户就可以选择是保留广告内容还是保留剔除广告后的影片内容。

（5）确认正确提取了所需要的视频内容后，启用【合并CF】复选框合并所有提取的素材，使它们在媒体列表中显示为一个缩略图。单击【确定】按钮完成操作。

提示 自动检测功能并不是每次都能完全正确地检测出广告内容，如果出现了误检测，可以在缩略图上单击鼠标右键，从图2-40所示的菜单中选择【设置为节目】命令或者【设置为广告】命令进行手工调整。

图2-40　手工调整检测结果

2.5.3　按场景分割

在拍摄DV影片时，常常会在同一盘录像带上拍摄多个视频片断，每一次拍摄的内容，都可以被看做是一个"场景"。

在编辑视频时，常常需要分割这些场景，以便于删除不需要的内容或者在场景之间添加转场效果。【按场景分割】功能，可以根据录制的日期、时间以及录像带上任何较大的动作变化、相机移动以及亮度变化，自动将视频文件分割成单独的素材。

操作步骤如下：

（1）在媒体素材列表中添加需要分割场景的素材，并将其选中，如图2-41所示。

（2）单击【按场景分割】按钮 ，程序开始自动分析视频，如图2-42所示。

图2-41 选中需要分割场景的素材

（3）分析完成后，软件会按照视频录制的时间、录像带上较大的动作变化、相机移动以及亮度变化，自动将视频文件分割成单独的素材，如图2-43所示。

图2-42 程序开始自动分析视频

图2-43 自动将视频文件分割成单独的素材

2.5.4 排序

用于排列媒体素材列表中素材的顺序。单击【排序】按钮，从下拉菜单中可以选择【按名称排序】或者【按日期排序】命令，如图2-44所示。

图2-44 【排序】下拉列表

· 按名称排序：选择此命令，媒体素材列表中的所有素材按照文件名称进行排序。
· 按日期排序：选择此命令，媒体素材列表中的所有素材按照保存的日期进行排序。

2.5.5 逆时针旋转90°

用于将媒体素材列表中选中的素材逆时针旋转90°。在使用数码相机拍摄纵向相片时，相片在计算机中看起来将是横向的。单击【逆时针旋转90°】按钮，可以旋转照片，使它正常显示。

2.5.6 顺时针旋转90°

用于将媒体素材列表中选中的素材顺时针旋转90°。在媒体素材列表中选中需要旋转角度的相片，单击【顺时针旋转90°】按钮，可以使相片顺时针旋转90°。

2.5.7 素材属性

用于查看媒体素材列表中的素材的属性。在媒体素材列表中选中一个图像素材，单击【显示素材属性】按钮，在弹出的【属性】对话框中可以查看相片的尺寸、分辨率、格式、保存位置以及拍摄信息等内容，如图2-45所示。

图2-45　查看图像素材的属性

提示 EXIF是英文Exchangeable Image File（可交换图像文件）的缩写，是由数码相机在拍摄过程中采集一系列的信息，然后把信息放置在JPEG/TIFF文件的头部。也就是说EXIF信息是镶嵌在JPEG/TIFF图像文件格式内的一组拍摄参数，主要包括摄影时的光圈、快门、ISO和日期时间等各种与当时摄影条件相关的信息。使用数码相机拍摄并直接导入到计算机中的相片，才能够查看到完整的EXIF信息。

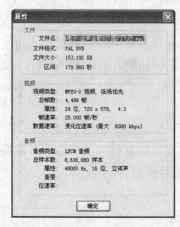

图2-46　查看视频素材的属性

在媒体素材列表中选中一个视频素材，单击【显示素材属性】按钮，也可以查看它的文件格式、文件大小、时间长度以及视频类型等信息，如图2-46所示。

2.5.8　删除素材

用于删除媒体素材列表中被选中的素材。其操作步骤如下：

（1）在媒体素材列表中选中一个或多个需要删除的素材。

（2）单击【删除素材】按钮或者按【Del】键将其删除。

提示 删除素材仅仅是将它从媒体素材列表中清除，并不会真正删除保存在硬盘上的原始文件。

2.6 从移动设备导入

会声会影可以从SONY PSP、Apple iPOD以及基于Windows Mobile的智能手机、PDA等很多便携设备中导入视频。

具体的操作步骤如下：

（1）通过移动设备的专用数据传输线将设备与计算机连接。

（2）单击会声会影影片向导的操作界面中的【从移动设备导入】按钮，打开【从硬盘/外部设备导入媒体文件】对话框，如图2-47所示。

（3）在左侧的设备列表中选择需要导入文件的设备。

（4）在显示的文件缩略图上单击鼠标或者按住ctrl键单击鼠标选中一个或多个需要导入的文件。

提示 单击【设置】按钮，可以设置浏览文件以及保存、导入和导出文件的位置。

（5）单击【确定】按钮，导入选中的素材。

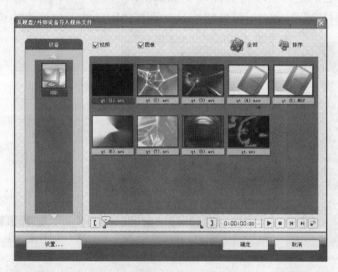

图2-47 【从硬盘/外部设备导入媒体文件】对话框

在导入视频素材之前，可以使用对话框下方如图2-48所示的控制栏播放和修整视频。

图2-48 控制栏

控制栏上各个按钮的功能和使用方法如下：

[开始标记：设置开始标记。将 ▽飞梭栏移动到需要修整的视频的开始位置，单击此按钮可以将当前位置设置为开始标记。

] 结束标记：设置结束标记。将 ▽飞梭栏移动到需要修整的视频的结束位置，单去此按钮可以将当前位置设置为结束标记。

注意 所设置的结束标记的时间码不能小于开始标记。设置开始标记和结束标记后，导入的视频将只保留开始标记和结束标记之间的内容。

0:00:00:00 时间码：显示当前播放或定位的视频位置。

▶ 播放：单击此按钮开始播放选中的视频。

■ 停止：单击此按钮停止播放视频。

◄ 起始：单击此按钮跳转到所选择的视频片段的起始位置。

► 结束：单击此按钮跳转到所选择的视频片段的结束位置。

⊡ 扩大播放窗口：单击此按钮，可以在更大的窗口中查看视频的播放效果。

2.7 使用素材库

影片向导的素材库是用于保存和整理视频素材、图像素材的资料库。单击【素材库】按钮，可以显示或隐藏素材库，如图2-49所示。

2.7.1 将视频素材导入到素材库

将视频素材导入到素材库，是将硬盘上保存的需要经常使用的视频素材添加到素材库中，这样，可以便于对它们进行整理。其操作步骤如下：

（1）单击素材库右上角的下拉按钮，从如图2-50所示的下拉列表中选择【视频】选项。

图2-49 显示或隐藏素材库

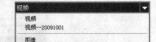

图2-50 素材库下拉列表

（2）单击素材库右上角的【加载视频】按钮 ▣，在弹出的【打开视频文件】对话框中找到视频素材所在的路径，并选中需要添加的视频文件，如图2-51所示。单击【打开】按钮，在弹出的如图2-52所示的【改变素材序列】对话框中以拖曳的方式为素材排序。

（3）单击【确定】按钮，将选中的视频添加到素材库中，如图2-53所示。

提示 在素材库中选中一个或多个素材缩略图，然后单击【添加到媒体素材列表】按钮，或者直接把它拖动到媒体素材列表中，就可以完成素材添加工作。

2.7.2 将图像素材导入到素材库

将图像素材导入到素材库，是将硬盘上保存的需要经常使用的图片添加到素材库中，以便于对图像素材进行管理或者添加到媒体素材列表中。其操作步骤如下：

图2-51 选中需要添加的视频文件　　　　　　图2-52 调整素材排序

图2-53 将选中的视频添加到素材库中

（1）单击素材库右上角的下拉按钮，从如图2-54所示的下拉列表中选择【图像】选项。

（2）单击素材库右上角的【加载图像】按钮，在弹出的【打开】对话框中找到图像素材

图2-54 素材库下拉列表

所在的路径，并选中需要添加的图像文件，如图2-55所示。单击【打开】按钮，将选中的图像添加到素材库中，如图2-56所示。

2.7.3 从素材库中删除素材

素材库的作用是便于管理和使用影片编辑过程中所需要的图像素材和视频素材，如果影片已经制作完成并且这些素材也不再需要，可以按照以下的方法从素材库中删除素材。

（1）在素材库中选中一个或多个需要删除的素材。

（2）按【Del】键，在弹出的如图2-57所示的信息提示窗口中单击【确定】按钮将其删除。

图2-55　选中需要添加的图像文件

图2-56　选中的图像添加到素材库中

图2-57　信息提示窗口

提示 这样的操作仅仅删除素材库中的素材略图，并不会删除保存在硬盘上的原始文件。

2.8　应用预设的主题模板

　　会声会影影片向导最方便之处就是其中为影片提供了各种预设的模板，每个模板提供了不同的主题，并且带有片头和片尾视频素材，甚至还包括标题和背景音乐。下面介绍应用预设的主题模板的方法。

2.8.1　套用主题模板

　　捕获完视频或插入好素材图像后，套用主题模板，可以快速完成影片的制作。

　　具体的操作步骤如下：

　　（1）影片中需要的所有视频和图像素材添加完成后，单击【下一步】按钮，可进入主题模板选择步骤，如图2-58所示。

（2）在【主题模板】下拉列表中（如图2-59所示）选择要使用的主题模板。

图2-58 选择主题模板　　　　　　　　图2-59 【主题模板】下拉列表

（3）在左侧的缩略图窗口中选择一个模板，然后单击预览窗口下方的【播放】按钮，查看应用主题模板后的影片效果。这时，可以看到程序为影片添加的片头、片尾、背景音乐以及转场效果，如图2-60所示。

图2-60 应用主题模板后的影片效果

（4）选择合适的主题模板后，在对话框下方可以更换新的背景音乐、调整背景音乐与视频素材中声音文件的音量混合方式或者更改标题文字。

（5）至此，完成套用模板的操作。单击【下一步】按钮，可进行下一步操作。

2.8.2 修改模板元素

在主题模板中，软件自动为整部影片添加了相应的元素，例如，背景音乐、标题，并且自动适应影片的长度，当然，用户也可根据需要，对这些模板元素进行相应的编辑。

1. 更换背景音乐

在主题模板中，程序自动为整部影片添加了背景音乐，并且自动适应影片的长度。如果需要更换背景音乐，可以按照以下的步骤进行操作。

（1）单击预览窗口下方【背景音乐】右侧的【加载背景音乐】按钮 ，打开【音频选项】对话框，如图2-61所示。

（2）单击对话框最上方的【添加音频】按钮，在弹出的【打开音频文件】对话框中选择需要添加的背景音乐，如图2-62所示。

图2-61　【音频选项】对话框

图2-62　【打开音频文件】对话框

（3）单击【打开】按钮，在弹出的【改变素材序列】对话框中以拖曳方式为音频排序，如图2-63所示。然后单击【确定】按钮，所选择的背景音乐将自动添加至音频列表中，如图2-64所示。

图2-63　【改变素材序列】对话框

图2-64　背景音乐添加至音频列表中

（4）添加完成后，使用【音频选项】对话框右侧的编辑按钮，可以控制音乐的播放顺序，也可以对音乐进行剪辑。

各编辑按钮的主要含义分别如下：

▲上移：将所选择的音乐文件向上移动，从而调整音乐素材的播放顺序。

▼下移：将所选择的音乐文件向下移动，从而调整音乐素材的播放顺序。

×删除所选的音频文件：删除所选择的音乐素材。

预览并修整音频：单击该按钮，弹出如图2-65所示的【预览并修整音频】对话框，在该对话框中可以播放音频素材或设置开始标记和结束标记，以修整音频素材。

（5）编辑所添加的音乐素材后，单击【确定】按钮，即可完成背景音乐的修改操作。

2. 调整音量混合

在影片中应用主题模板后，程序会自动为影片添加背景音乐，并调整背景音乐与原始视频片段的音量，使它们很好地混合。

如果需要增大背景音乐的音量，可以将【音量】中的滑块向左侧拖动；如果需要增大视频素材中声音的音量，减小背景音乐的音量，则可以将【音量】中的滑块向右侧拖动，如图2-66所示。

图2-65　【预览并修整音频】对话框　　　　　图2-66　调整背景音乐和视频的音量

3. 改变模版标题

使用主题模板时，程序会自动为片头添加标题。对于自己所编辑的影片，则可以根据需要更改主题模板的标题。具体的操作步骤如下。

（1）单击【标题】右侧的【文字属性】按钮▣，从下拉列表中选择需要编辑的标题名称，如图2-67所示。预览窗口中会显示相应的标题内容，如图2-68所示。

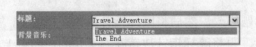

图2-67　选择需要编辑的标题名称　　　　　图2-68　显示相应的标题内容

（2）在预览窗口中双击鼠标，使文字处于编辑状态，如图2-69所示。然后在预览窗口中输入新的文字内容，如图2-70所示。

（3）单击标题列表右侧的【文字属性】按钮▣，在弹出的对话框中为文字设置新的字体、大小、颜色、排列方式以及阴影效果，如图2-71所示。

【文字属性】对话框中各个参数的功能如下：

图2-69　文字处于编辑状态

图2-70 输入新的文字内容

·▣字体：单击右侧的下拉按钮，从下拉列表中可以为标题设置新的字体。

·▣字体大小：单击右侧的▣按钮，可以拖动滑块调整标题的大小，也可以直接在文本框中输入数值进行调整。

·色彩：单击右侧的色彩方框，从弹出菜单中可以为选中的文字指定新的色彩。也可以从菜单中选择【Corel色彩选取器】或【Windows色彩选取器】选项，在弹出的对话框中自定义色彩。

图2-71 设置文字属性

·▣删除动画：主题模板为标题指定了预设的动画效果，单击此按钮可以删除标题动画，使标题保持静止状态。

·垂直丈字：启用此复选框，可以使水平排列的标题变为垂直排列。

·阴影：为标题添加或删除阴影并设置阴影属性。

·色彩：启用【色彩】复选框，其右侧的色彩方框可用，单击色彩方框，从弹出菜单中可以指定阴影的色彩。

·透明度：调整阴影的透明度。单击右侧的▣按钮，可以拖动滑决调整透明程度，也可以直接在文本框中输入数值进行调整。

（4）设置完成后，单击【确定】按钮完成标题修改，然后将鼠标指针放置在标题上，按住并拖动鼠标将它移动到新的位置，如图2-72所示。再将鼠标指针放置在右下角的控制点上，按住并拖动鼠标调整标题的大小，如图2-73所示。

 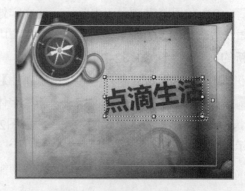

图2-72 移动标题的位置　　　　　　　图2-73 调整标题的大小

4. 调整影片的区间

在主题模板中，程序自动为整部影片添加了背景音乐，并且自动适应影片的长度。但是，有时还需要保持音乐的完整性（比如制作MV影片）。为了满足用户的这种需求，会声会影允许用户调整影片的整体长度区间，使影片与音乐更好地进行配合。具体的调整如下。

（1）单击预览窗口下方的【区间】按钮，打开【区间】对话框，如图2-74所示。

（2）如果选中【适合背景音乐】单选按钮，对话框右侧将显示当前音乐的区间，如图2-75所示。这样，程序会自动调整影片的长度，以适合背景音乐的长度。

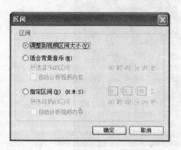
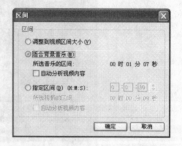

图2-74 【区间】对话框   图2-75 选中【适合背景音乐】单选按钮

（3）如果选中【指定区间】单选按钮，则可以输入数值自定义整个影片的自定义区间，如图2-76所示。

> **提示** 经过调整后，若需要将视频区间恢复到程序默认的预设状态，选中【调整到视频区间大小】单选按钮即可。

5. 标记素材

在前面已经讲过，如果选中了【适合背景音乐】或者【指定区间】单选按钮，都会使视频长度发生变化。

在这种情况下，用户可以指定哪些素材是必须保留的，哪些素材是可以被调整的。具体的操作步骤如下：

（1）单击预览窗口下方的【标记素材】按钮，打开【标记素材】对话框，如图2-77所示。

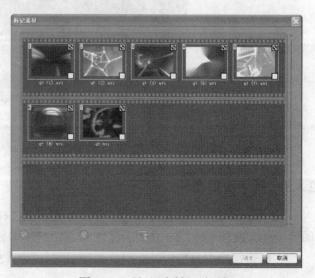

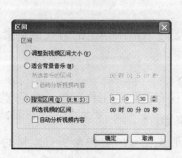

图2-76 选中【指定区间】单选按钮   图2-77 【标记素材】对话框

（2）选中影片中要保留的素材缩略图，然后单击【必需】按钮 ，将它们选中，如图2-78所示。

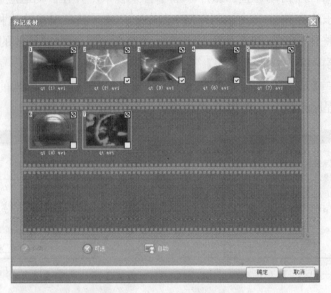

图2-78　标记必须保留的素材

（3）选中可以进行调整的素材缩略图，单击【可选】按钮 ，将这些素材标记为可以调整的内容，如图2-79所示。

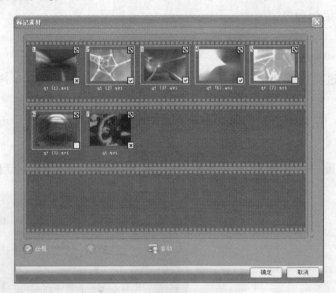

图2-79　标记可选的素材

（4）标记完成后，单击【确定】按钮，程序就会在必要时依据所指定的方式调整素材。

2.8.3　保存项目文件

使用影片向导完成了整部影片的编辑工作后。如果想要保存我们的工作成果，就需要保存项目文件，以便于今后在会声会影编辑器中继续编辑和调整影片。

在编辑过程中，影片以会声会影项目文件（*.VSP）的形式存在，它包含所有素材的路径位置以及对影片的编辑处理方法等信息。编辑完成后，再将影片中的所有元素合并成一个视频文件。

想要保存项目文件，单击操作界面左下角的【保存选项】按钮，从弹出菜单中选择【保存】命令，或者按Ctrl+S快捷键保存项目文件。也可以选择【另存为】命令，在如图2-80所示的【另存为】对话框中指定项目文件的名称和保存路径，然后单击【保存】按钮保存项目文件。

保存完成后，在会声会影编辑器中可以选择【文件】|【打开项目】命令，或者按Ctrl+O快捷键打开项目文件，并对项目文件继续进行编辑和调整。

图2-80 【另存为】对话框

2.9 输出编辑完成的影片

为影片应用预设的主题模板后，单击【下一步】按钮，即可进入影片输出步骤。在这一步中，操作界面上共提供了3种输出方式：创建视频文件、创建光盘以及在Corel会声会影编辑器中编辑，如图2-81所示。

下面，分别介绍用这3种方式输出影片的方法。

2.9.1 创建视频文件

若需要将影片输出为视频文件，按照以下的步骤进行操作。

（1）单击【创建视频文件】按钮，从其下拉列表中选择要创建的视频文件的类型，如图2-82所示。

图2-81 3种输出方式

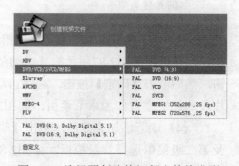

图2-82 选择要创建的视频文件的类型

图2-83 【创建视频文件】对话框
设置及影片渲染

（2）在弹出的【创建视频文件】对话框
中指定视频文件的保存路径和文件名称，然后
单击【保存】按钮，程序开始渲染影片，并将
其保存到指定的路径中，如图2-83所示。

（3）影片按照指定的视频文件格式保存
到硬盘上以后，将显示信息提示窗口。这时单
击【确定】按钮，即可完成视频文件创建。

2.9.2 创建光盘

若需要将制作完成的影片直接刻录到光盘
上，可以按照以下步骤进行操作。

（1）单击【创建光盘】按钮  ，从
其下拉列表中选择要创建的光盘类型，如图
2-84所示。

（2）打开创建光盘向导，如图2-85所示。
在操作界面左下角的【输出光盘格式】下拉列
表中选择要输出的光盘格式，如图2-86所示。

图2-84 选择要创建
的光盘类型

图2-85 创建光盘向导

图2-86 选择要输出
的光盘格式

（3）单击【添加/编辑章节】按钮，打开【添加/编辑章节】对话框。单击【自动添加章节】
按钮，在打开如图2-87所示的【自动添加章节】对话框。选中【将场景作为章节插入】单选按
钮，然后单击【确定】按钮，程序自动按照所添加的视频以及图像素材分割影片，并将每一个
片段的起始位置作为章节索引，如图2-88所示。

（4）章节添加完成后，单击【确定】按钮，然后单击【下一步】按钮，分别为主菜单以
及第二级菜单选择背景模板，如图2-89所示。

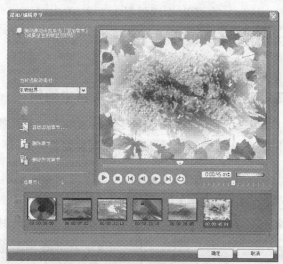

图2-87 【自动添加章节】对话框　　　　　　图2-88 添加/编辑章节

图2-89 选择背景模板

（5）设置完成后，单击【预览】按钮，通过预览窗口左侧的播放控制按钮预览整个影片的效果，如图2-90所示。

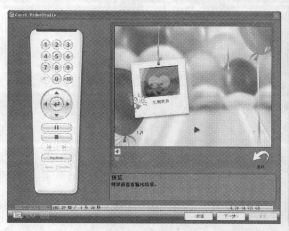

图2-90 预览影片效果

（6）查看影片播放效果后，单击【下一步】按钮进入刻录输出步骤。根据需要在如图2-91所示的操作界面中设置光盘刻录属性，然后单击【刻录】按钮，就可以将影片刻录输出到光盘上。

2.9.3 在Corel会声会影编辑器中编辑

通过会声会影影片向导捕获视频素材并为影片添加片头、片尾以及背景音乐后，还可以利用会声会影编辑器进一步精细调整影片。

（1）单击【在Corel会声会影编辑器中编辑】按钮，在弹出的如图2-92所示的【Corel影片向导】信息提示窗口中单击【是】按钮，将会启动会声会影编辑器并将所有的视频素材、背景音乐、转场以及片头、片尾添加到程序中。

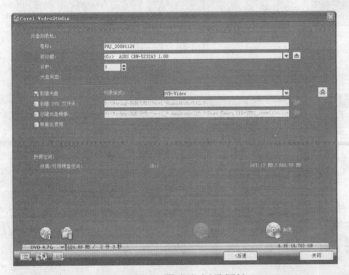

图2-91　设置光盘刻录属性

图2-92　【Corel影片向导】信息提示窗口

（2）在会声会影编辑器中，可以根据需要对所有元素进行进一步的编辑，如图2-93所示。

图2-93　会声会影编辑器

2.10 本章小结

本章讲解了会声会影影片向导的运用。启动会声会影影片向导后，即可在向导界面中捕获、添加视频或者插入图像文件。添加完所有需要的素材后，单击【下一步】按钮，即可在【主题模板】列表中选择程序预设的影片样式。会声会影X2为用户提供了10余种全新的影片和相册模板，选择要使用的一种模板后，程序就自动为影片添加了专业的片头、片尾、背景音乐和转场效果，使影片具有丰富精彩的视觉效果。再次单击【下一步】按钮，就可以直接输出影片或刻录光盘。作为视频编辑的初学者，影片向导是最佳的选择，希望读者能认真掌握。

第3章 会声会影编辑器的操作

按照前面章节所介绍的方法启动会声会影，在启动界面中选择【会声会影编辑器】，即可进入会声会影编辑器的操作界面。

会声会影编辑器提供了完整的编辑功能，用户可以全面地控制影片的制作过程，也可以为采集下来的视频添加各种素材、标题、效果、覆叠以及音乐等，并且还可以根据所需要的方式刻录光盘。使用会声会影的图形化界面，可以清晰而快速地完成影片的编辑工作。

3.1 会声会影编辑器的操作界面

下面将对会声会影操作界面上各个部分的名称和功能做一个简单介绍，使读者对影片的编辑流程和控制方法有一个基本认识。会声会影编辑器的操作界面如图3-1所示。

图3-1 会声会影编辑器操作界面

1. 会声会影X2的菜单栏

提供了常用的文件、编辑、素材以及工具的命令集。用户可以通过这些菜单命令完成各种操作和设置。

（1）主菜单

会声会影的菜单栏位于标题栏的下方，共包含4个菜单，其作用分别如下。

· 文件：在该菜单中可进行一些项目的操作，例如新建、打开和保存等。

· 编辑：该菜单命令中包含一些编辑命令，例如，撤销、重做、剪切、复制和粘贴。

· 素材：在该菜单中可以对视频素材进行操作，例如，设置音频的静音、淡入和淡出效果；

剪辑素材、按场景分割素材和将视频保存为静态图像等。

· 工具：在该菜单中可选择一些工具对视频进行多样的编辑，例如，使用会声会影的DV转DVD向导和使用会声会影影片向导，以及刻录光盘等。

提示 有时，在编辑器窗口或面板的其他位置处单击鼠标右键，可打开相关的右键菜单，也称为快捷菜单或上下文件菜单，其使用方法和其他菜单的使用方法一样，但它更为快捷、方便。

菜单命令可分为3种类型，下面以如图3-2所示的【文件】菜单为例，来分别进行介绍。

· 普通菜单命令：普通菜单命令无特殊标记，只需单击该命令，即可执行相应的操作，例如，【退出】命令。

· 子菜单命令：在菜单命令的右侧处带有三角形图标，单击该命令，可打开其子菜单，例如，【将媒体文件插入到时间轴】和【将媒体文件插入到素材库】等命令。

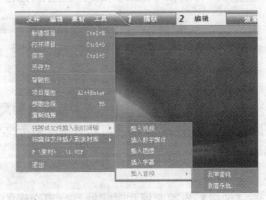

图3-2 菜单命令

· 对话框菜单命令：在菜单命令之后带有省略号（…），单击该命令，将弹出一个对话框，例如，【打开项目】、【另存为】和【参数选择】等命令。

（2）选择菜单命令

用户若要选择菜单命令，其操作方法有两种：

· 直接用鼠标在打开的菜单中单击要选择的命令。

· 某些菜单命令后面带有快捷键，按相应的快捷键，即可执行与该命令相应的操作。如按【Ctrl+C】组合键，可执行【复制】命令；按【Ctrl+V】组合键，可执行【粘贴】命令等。

当菜单中的某项命令呈灰色显示，说明该菜单命令此时不可使用。

2. 步骤面板

包含视频编辑中不同步骤对应的按钮。

3. 素材库

保存和整理所有的媒体素材。

4. 选项面板

包含控件、按钮和其他信息，可用于自定义所选素材的设置。此面板的内容将根据用户所选择的步骤而变化。

5. 导览面板

使用该面板上的按钮，可以浏览所选的素材，进行精确编辑或修整。

6. 预览窗口

显示当前的素材、视频滤镜、效果或标题。

7．时间轴

显示项目中包含的所有素材、标题和效果。在编辑素材时，用户需要选取相应的媒体轨。

3.2 会声会影编辑器的步骤面板

会声会影编辑器将影片创建步骤简化为7个简单的步骤，如图3-3所示。单击步骤面板上相应的按钮，可以在不同的步骤之间进行切换。

1 捕获	**2** 编辑	效果	覆叠	标题	音频	*3* 分享

图3-3 步骤面板

1．捕获

在【捕获】步骤面板中可以直接将视频源中的影片素材捕获到计算机中。DV带中的素材可以被捕获成单独的文件或自动分割成多个文件。在【捕获】步骤面板中还可以单独捕获静态图像。

2．编辑

【编辑】步骤面板和时间轴是会声会影的核心工具。在该面板中可以整理、编辑和修整视频素材，还可以将视频滤镜应用至视频素材上，从而为视频素材添加精彩的视觉效果。

3．效果

通过【效果】步骤面板可以在视频素材之间添加和应用转场，使素材之间能够平滑过渡。

4．覆叠

【覆叠】步骤面板可以允许用户在一个素材上叠加另一个素材，从而创建多个视频合成的效果。

5．标题

在【标题】步骤面板中，用户可以创建动态的文字标题或从素材库中直接选择系统预设的标题。

6．音频

【音频】步骤面板可以从光盘驱动器中选择和录制CD上的音乐文件，也可以通过麦克风为影片配音或添加旁白，还可以对各个来源中的音频进行调整和混合。

7．分享

在影片编辑完成后，在【分享】步骤面板中可以创建视频文件或者将影片输出到磁带、DVD光盘、CD光盘上。

3.3 会声会影编辑器的导览面板

在会声会影编辑器预览窗口下方的导览面板（如图3-4所示）上，有一些播放控制按钮和功能按钮，它们主要用于预览和编辑项目中使用的素材。用户可通过选择导览面板中不同的播放模式，播放所选的项目或素材。使用修整栏和飞梭栏可以对素材进行编辑。将鼠标指针移动到按钮或对象上方时会出现提示信息，显示该按钮的名称。

图3-4　导览面板

各播放按钮和功能按钮的含义分别如下：

· ▶【播放】按钮：单击该按钮，将播放会声会影的项目、视频或音频素材。按住【Shift】键的同时单击该按钮，可以仅播放在修整栏上选取的区间（在开始标记和结束标记之间）。在回放时，单击该按钮，可以停止播放视频。

· ◀【起始】按钮：返回到项目、素材或所选区域的起始点。

· ◀【上一帧】按钮：移动到项目、素材或所选区域的上一帧。

· ▶【下一帧】按钮：移动到项目、素材或所选区域的下一帧。

· ▶【结束】按钮：移动到项目、素材或所选区域的终止点位置。

· ↻【重复】按钮：连续循环播放项目、素材或所选区域。

· ◀【系统音量】按钮：单击该按钮，或拖动弹出的滑动条，可以调整素材的音频输入或音乐的音量。该按钮会同时调整扬声器的音量。

· ▽【飞梭栏】：单击并拖动该按钮，可以浏览素材。该停顿的位置显示在当前预览窗口的内容中。

· ▬▬▬▬▬▬▬▬▬▬▬▬▬▬▬▬▬▬▬▬▬▬▬▬▬▬▬【修整拖柄】：用于修整、编辑和剪辑视频素材。

· [【开始标记】按钮：用于标记素材的起始点。

·]【结束标记】按钮：用于标记素材的结束点。

· ✂【剪辑素材】按钮：将所选的素材剪切为两段。将飞梭栏定位到需要分割的位置。

· ◉【扩大】按钮：单击该按钮，可以在较大的窗口中预览项目或素材。

· 00:00:09:19 时间码：通过指定确切的时间，可以直接调到项目或所选素材的特定位置。

提示 在捕获视频时，设备控制按钮将取代导览面板，使用设备控制按钮，可以控制DV摄像机或连接的其他视频输入设备。

3.4　视图模式

会声会影提供了3种视图模式，分别为故事板视图和时间轴视图、音频视图。分别单击时间轴上方的3个按钮，可以在这3种视图模式之间切换，如图3-5所示。下面将对这3种视图进行详细的介绍。

图3-5　3个视图模式按钮

3.4.1　故事板视图

单击【故事板视图】按钮▦，切换到故事板视图。故事板视图是将素材添加到影片中最快捷的方式。

在故事板视图中，用户可以通过拖动素材来移动素材的位置——只需从素材库中将捕获的素材用鼠标拖动到视频轨即可。故事板中的缩略图代表影片中的一个事件，事件可以是视频素材，也可以是转场或静态图像。缩略图按项目中事件发生的时间顺序依次出现，但对素材本身并不详细说明，只是在缩略图下方显示当前素材的区间，如图3-6所示。

图3-6　故事板视图

　　故事板视图的编辑模式是会声会影X2提供的一种简单明了的视频编辑模式。在故事板视图中选择某一视频素材后，可在预览窗口中对其进行修整，从而轻松实现对视频的编辑操作。当然，在故事板视图中也可以通过对视频剪辑进行拖放来调整视频剪辑在整个影片项目中的播放顺序。

3.4.2　时间轴视图

　　单击【时间轴视图】按钮■，可切换到时间轴视图。时间轴视图可以准确地显示出事件发生的时间和位置，还可以粗略浏览不同媒体素材的内容。时间轴视图允许用户实现微调效果，并以精确到帧的精度来修改和编辑视频。它可以根据素材在每条轨道上的位置，准确地显示故事中事件发生的时间和位置。时间轴视图的素材可以是视频文件、静态图像、声音文件、音乐文件或者转场效果，也可以是彩色背景或标题。

　　在时间轴视图中，故事板被水平分割成视频轨、覆叠轨、标题轨、声音轨以及音乐轨5个不同的轨道，如图3-7所示。【视频轨】和【覆叠轨】主要用于放置视频素材和图像素材；【标题轨】主要用于放置标题字幕素材；【声音轨】和【音乐轨】主要用于放置旁白以及背景音乐等音频素材。单击相应的按钮，可以切换到它们所代表的轨道，以便于选择和编辑相应的素材。

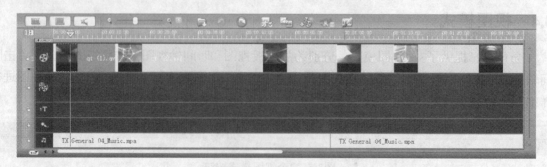

图3-7　时间轴视图

　　与故事板视图编辑模式相比，时间轴视图编辑模式相对复杂一些，它的功能也要强大很多，在故事板视图模式下，用户无法对标题字幕、音频等素材进行编辑操作，只有在时间轴视图模式下，才能完成这一系统的剪辑工作。

　　在时间轴视图模式下，用户可以以精确到"帧"的单位对素材进行剪辑，因此，在视频编辑过程中，它是最常用的视图编辑模式。

3.4.3 音频视图

单击【音频视图】按钮，可切换到音频视图。音频视图是通过混音面板来实时地调整项目中音频轨的音量，也可以调整音频轨中特定点的音量，如图3-8所示。

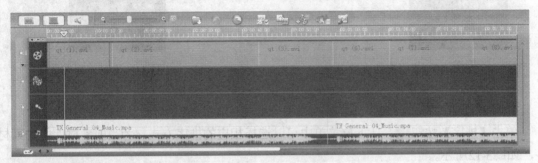

图3-8 音频视图

3.5 使用素材库

素材库是会声会影中的另一个重要部分，它就像一个资源仓库，如果资源充足，多而不乱，在编辑影片时就会非常顺手，如图3-9所示。会声会影的素材库中提供了很多类型的素材，例如，视频、图像、音频以及Flash动画等素材。这些素材统称为媒体素材。在影片中添加这些素材之前，可以预览素材，查看它们的效果。

图3-9 素材库

3.5.1 素材库上的功能按钮

在素材库上方有一排功能按钮，如图3-10所示。首先介绍它们的名称和作用，在后面的章节将详细介绍它们的使用方法。

1. 素材库列表

单击【视频】右侧的按钮，从如图3-11所示的下拉列表中可以选择要使用的素材库类型，并切换到相应的素材库。

2. 加载素材

单击【加载素材】按钮，在弹出的对话框中可以将视频、图像、动画、色彩素材添加到素材库中。

图3-10 素材库功能按钮

图3-11 素材库列表

3. 排序

单击【排序】按钮 ，从下拉菜单中可以选择相应的排序方式，为当前素材库中的素材排序，如图3-12所示。

4. 库创建者

单击【库创建者】按钮 ，将打开【库创建者】对话框，如图3-13所示。它可用于整理自定义的素材库文件夹，这些文件夹可以帮助用户保存和管理各种类型的媒体文件。

图3-12 【排序】下拉菜单

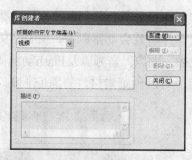

图3-13 【库创建者】对话框

5. 导出

单击【导出】按钮 ，在如图3-14所示的下拉菜单中选择相应的命令，可以将素材库中选中的视频文件导出为视频网页、通过电子邮件发送视频、导出视频贺卡或者输出为屏幕保护。

图3-14 【导出】下拉菜单

6. 将转场效果应用于所有素材

此功能应用于转场素材库中。单击【将转场效果应用于所有素材】按钮![icon]，在弹出的菜单中选择相应的命令，可以将随机转场效果或者所选择的转场效果一次应用到整个项目中。具体的操作方法将在第8章中详细介绍。

7. 扩大/最小化素材库

单击【扩大/最小化素材库】按钮![icon]，可以隐藏素材库下方的选项面板，以更大的空间显示素材库，如图3-15所示。在扩大状态下，单击【扩大/最小化素材库】按钮![icon]，则可以最小化素材库，在素材库下方显示选项面板，如图3-16所示。

图3-15 扩大素材库

图3-16 最小化素材库

3.5.2 将素材添加到素材库

将素材添加到素材库的操作方法有以下几种。

1. 通过【文件】菜单命令

通过菜单命令添加素材到素材库的具体操作步骤如下：

（1）创建一个新项目。

（2）选择【文件】|【将媒体文件插入到素材库】|【插入视频】或【插入数字媒体】或【插

入图像】或【插入音频】命令,将分别弹出相应的对话框。

(3)在对话框中选择所需要插入的素材,单击【打开】按钮,即可将选择的素材插入到素材库中。

2. 通过【粘贴】命令

在轨道中选择所需要添加到素材库的素材,选择【编辑】|【复制】命令或按【Ctrl+C】组合键,复制选择的素材,然后执行【编辑】|【粘贴】命令,或在素材库中单击鼠标右键,弹出快捷菜单,选择【粘贴】命令;或按【Ctrl+V】组合键,粘贴复制的素材,即可将复制的素材粘贴至素材库中。

3. 通过拖曳方式

在轨道中选择所需要添加到素材库的素材,单击鼠标左键并将其拖曳至素材库中,当鼠标指针呈白色反箭头形状 时,释放鼠标左键,即可将选择的素材添加至素材库中。

另外,在Windows资源管理器中选中要添加到素材库中的媒体文件,直接将它们拖曳到素材库中,也可以把文件添加到素材库中。

4. 通过【加载素材】按钮 添加

在素材库列表中选择相应类型的素材库,如果要添加视频素材,先切换到视频素材库;要添加图像素材,先切换到图像素材库;要添加声音素材,先切换到音频素材库;要添加动画素材,先切换到Flash动画素材库。

单击素材库上方的【加载素材】按钮 ,在弹出的对话框中找到要添加的素材所在的路径,并选中需要添加的文件。

3.5.3 重命名与删除素材

在素材库中,用户可对预置的素材或添加的素材进行重命名或删除操作。

1. 重命名素材

在素材库中选择需要重命名的素材,然后在该素材的名称处单击鼠标左键,当素材的名称文本框中出现闪动的光标时,用户可根据自己的需要,输入其他的名称。

2. 删除素材

在素材库中删除素材的操作方法有3种,分别如下:

• 在素材库中选择需要删除的素材,单击鼠标右键,在弹出的快捷菜单中选择【删除】命令。

• 选择需要删除的素材,按【Delete】键。

• 选择需要删除的素材,选择【编辑】|【删除】命令。

执行以上任一操作,均可弹出一个信息提示窗口,询问用户是否需要删除该素材,单击【确定】按钮,即可删除选择的素材;单击【取消】按钮,将取消当前的删除操作。

提示 这样的操作仅仅是从素材库中删除缩略图,并不会删除保存在硬盘上的相应文件。

3.5.4 在素材库中对素材排序

想要为素材库中的素材排列顺序,可单击素材库上方的【排序】按钮 ,从下拉菜单中选择【按名称排序】或【按日期排序】，也可以右击素材库，然后在弹出的【排序方式】菜单中选择期望的排序类型，如图3-17所示。

提　示　按日期对视频文件排序的方法取决于文件的格式。DV AVI文件（如从DV摄像机中捕获的AVI文件）将按照节目拍摄的日期和时间进行排序。其他视频文件格式将按照文件保存的日期进行排序。

3.5.5　使用【库创建者】

会声会影X2将不同的媒体素材归入不同的素材库文件夹中，使用【库创建者】可以建立新的自定义素材库文件夹，从而帮助用户保存和管理各种类型的媒体文件。

使用【库创建者】的方法如下。

（1）单击【库创建者】按钮，打开【库创建者】对话框，如图3-18所示。

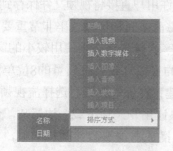

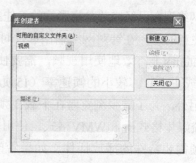

图3-17　【排序方式】菜单　　　　　　图3-18　【库创建者】对话框

（2）在【可用的自定义文件夹】下拉列表中选取需要管理的媒体类型，如图3-19所示。

（3）单击【新建】按钮，弹出【新建自定义文件夹】对话框，在【文件夹名称】文本框中输入新建文件夹的名称，再在【描述】文本框中输入文件夹的说明，如图3-20所示。

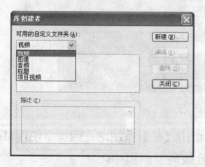

图3-19　选取需要管理的媒体类型　　　　图3-20　【新建自定义文件夹】对话框

（4）单击【确定】按钮，将创建的文件夹添加到列表中，如图3-21所示。

单击【编辑】按钮，可重新定义文件夹的名称或修改描述；单击【删除】按钮，可以从素构库中删除所选项的自定义文件夹。

（5）单击【库创建者】对话框中的【关闭】按钮，即可完成素材库的新建操作。这时，在素材库列表中将显示一个新的素材库条目，用户可以将相应的素材复制、粘贴或者导入到这个新建的素材库中，如图3-22所示。

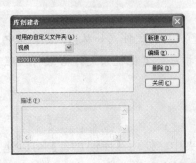

图3-21　将创建的文件夹添加到列表中

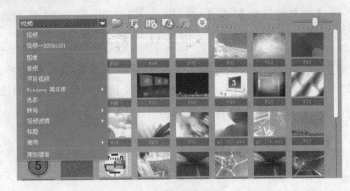

图3-22　新建的素材库

3.5.6　将视频嵌入到网页中

网络现在已经成为分享影片的绝佳方式，会声会影允许用户直接将视频文件保存到网页中。需要注意的是，在针对网络输出影片时，文件所占用的磁盘空间和传输速率非常重要。如果希望在Internet上有效地使用视频，需要使用相当高的压缩率。这表示必须使用较小的窗口（320×240或更小）、较小的帧速率（15帧/秒）以及低质量的音频（收音机质量的8位单声道）。

另外，为了减少浏览者在下载视频时的等候时间，建议在保存视频时选择流视频格式，也就是流媒体格式rm和WMV格式。使用流媒体格式，可以让用户一边下载一边播放，但rm格式的视频需要特殊的播放插件。如果希望Windows的媒体播放器能够直接播放它们，可以选择WMV格式。

将视频嵌入网页的操作如下：

（1）在素材库中选中需要嵌入网页中的视频素材。

（2）单击素材库上方的【导出】按钮 ，从如图3-23所示的下拉列表中选择【网页】选项。

图3-23　选择视频输出方式

（3）在弹出的如图3-24所示的【网页】对话框中单击【是】按钮，在网页中使用Microsoft's ActiveMovie控制设备。否则，影片将作为一个文字链接插入网页中。

图3-24　【网页】对话框

（4）在弹出的如图3-25所示的【浏览】对话框中指定网页的名称和需要保存的路径。单击【确定】按钮，程序将自动把视频嵌入网页并启动默认的浏览器展示视频网页的效果，如图3-26所示。

3.5.7 用电子邮件发送影片

在会声会影中，也可以将影片以电子邮件
的形式发送。会声会影将自动打开默认的电子邮
件客户程序，并将选定的素材作为附件插入到新
邮件中。具体操作步骤如下：

（1）在素材库中选中需要以电子邮件形式
发送的视频素材。

图3-25　【浏览】对话框

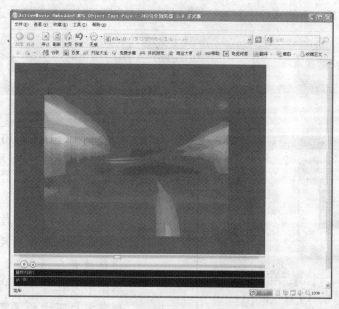

图3-26　启动默认的浏览器展示视频网页的效果

（2）单击素材库上方的【导出】按钮，从如图3-27所示的下拉列表中选择【电子邮件】
选项。

（3）会声会影将自动打开默认的电子邮件客户程序，并将选定的素材作为附件插入到新
邮件中。可以在打开的如图3-28所示的电子邮件客户程序界面中输入收件人的电子邮件地址、
主题和邮件内容等。

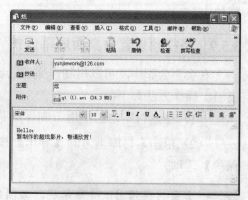

图3-27　选择视频输出方式

图3-28　输入电子邮件内容

（4）单击【发送】按钮，程序将连接网络并发送电子邮件。

3.5.8 创建视频贺卡

视频贺卡是将影片分享给亲朋好友的最好的方式之一，使用这一功能可以将影片打包为一个可执行文件（*.exe），只要接收者运行这个文件，不需要任何视频播放软件的支持就可以自动播放视频。此外，视频还会显示在用户选择的背景图像上，以传递更多的图文信息。如果希望将影片制作成多媒体贺卡，可以按照以下的步骤进行操作。

（1）在素材库中选中需要制作贺卡的视频素材。

（2）单击素材库上方的【导出】按钮 ，从如图3-29所示的下拉列表中选择【贺卡】选项。

图3-29　选择视频输出方式

图3-30　选择背景模板

（3）在弹出的如图3-30所示的【多媒体贺卡】对话框右侧选择一个背景模板略图，然后双击鼠标应用所选择的背景。

说明 可以在影片四周的控制点上按住并拖动鼠标调整影片的尺寸，然后将鼠标指针放置在影片上，按住并拖动鼠标调整影片在贺卡上的位置。也可以在预览窗口下方的【宽度】和【高度】文本框中输入数值调整影片的尺寸，在【X】和【Y】文本框中输入数值调整影片在贺卡中的位置。

（4）在【贺卡文件名】文本框中输入文件保存的名称，然后单击右侧的【浏览】按钮，在弹出的【浏览】对话框中指定贺卡保存的路径。单击【确定】按钮，贺卡将被保存到指定的路径中。

3.5.9 将视频设置为桌面屏幕保护

在会声会影中，可以用制作完成的影片，制作Windows屏幕保护程序，定制个性化的电脑桌面。操作方法如下：

（1）在素材库中选中用于制作屏幕保护的视频素材。

（2）单击素材库上方的【导出】按钮 ，从如图3-31所示的下拉列表中选择【影片屏幕保护】选项。

提示 若要将视频用做屏幕保护，必须将它输出为WMV格式的视频文件，否则，将弹出如图3-32所示的信息提示窗口。

图3-31 选择视频输出方式

（3）在如图3-33所示的【显示属性】对话框中设置屏幕保护属性，将视频用做屏幕保护。

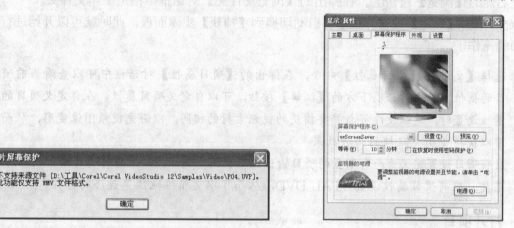

图3-32 信息提示窗口　　　　　　　　　图3-33 设置屏幕保护属性

（4）单击【确定】按钮，应用影片屏幕保护。这样，计算机在超出用户所指定的【等待】时间后，如果没有任何操作，将启动影片屏幕保护。

3.6 常用项目操作

所谓项目，就是要进行视频编辑等编辑加工工作的文件。使用会声会影对视频进行编辑时，会涉及到一些项目的基础操作，例如，新建项目、打开项目、保存项目和另存项目等。下面将向用户介绍会声会影X2中项目的基础操作。

3.6.1 新建项目

在运行会声会影编辑器时，程序会自动打开一个新项目，并让用户开始制作视频作品。如果是第一次使用会声会影编辑器，那么新项目将使用会声会影的初始默认设置。否则，新项目将使用上次使用的项目设置。项目设置可以决定在预览项目时，视频项目的渲染方式。

注意 会声会影X2的项目文件是.VSP格式的文件，它用来存放制作影片所需要的必要信息。包括视频素材、图像素材、声音文件、背景音乐以及字幕和特效等。但是，项目文件本身并不是影片，只是在最后的分享步骤中，经过渲染输出，才将项目文件中的所有素材连接在一起，生成最终的影片。在新建文件时，建议用户将文件夹指定到有较大剩余空间的硬盘上，这样可以为安装文件所在的硬盘保留更多的交换空间。

新建项目的具体操作步骤如下：

（1）启动会声会影X2，进入会声会影编辑器。

（2）选择【文件】|【新建项目】命令（或按【Ctrl+ N】组合键）。

　　（3）单击【捕获】按钮，进入【捕获】步骤面板。单击【捕获视频】按钮，在弹出的区域中单击【捕获文件夹】文本框右侧的【浏览文件夹】按钮，再在弹出的【浏览文件夹】对话框中指定项目文件的保存路径，单击【新建文件夹】按钮，创建新的文件夹。

　　（4）用户也可以选择【文件】|【参数选择】命令或按【F6】键，在弹出的【参数选择】对话框中单击【常规】标签，切换到【常规】选项卡，如图3-34所示，再单击【工作文件夹】文本框右侧的【浏览】按钮。在弹出的【浏览文件夹】对话框中指定工作文件夹。

　　（5）单击【确定】按钮，程序将自动切换到【捕获】步骤面板，此时就可以开始进行捕获视频的操作了。

> **提示**　选择【文件】|【项目属性】命令，在弹出的【项目属性】对话框中可以查看当前项目的属性。单击对话框下方的【编辑】按钮，可以自定义项目属性。在自定义项目的属性设置时，建议使设置与将要捕获的视频素材的相同，以避免视频图像变形，从而可以获得平衡无跳帧的回放效果。
>
> 应将项目设置定义为与所期望的项目输出设置相同，例如，如果想将项目输出到DVD光盘，应将项目属性设置为PAL DVD，从而可以更精确地预览最终的影片。

3.6.2　打开项目

　　在会声会影X2软件中，打开项目的操作方法有3种，分别如下。

1. 使用【文件】菜单中的【打开项目】命令

　　如果使用会声会影保存了制作好的项目文件，选择【文件】|【打开项目】命令，弹出【打开】对话框，在该对话框中选择所需要打开的项目文件（后缀为.VSP），如图3-35所示，单击【打开】按钮，所选择的项目文件将在工作区中显示，包括视频素材、图像素材、声音文件、背景音乐以及字幕和特效等。

　　打开项目文件后，用户可以编辑影片中的视频素材、图像素材、声音文件、背景音乐以及文字和特效等内容，然后再根据需要，重新渲染并生成新的影片。

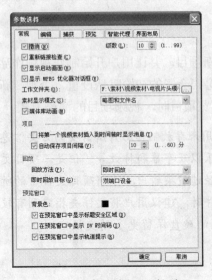

图3-34　【参数选择】对话框

图3-35　【打开】对话框

注意 在打开项目文件时，如果没有对正在编辑的项目进行保存，系统将弹出信息提示窗口，询问用户是否保存对当前项目所做的选择。如果单击【是】按钮，将保存当前项目并打开其他的项目；如果单击【否】按钮，则不保存当前项目，而是直接打开其他的项目文件；单击【取消】按钮，将取消当前的打开项目操作，并且可以再次编辑当前项目。

2. 使用快捷键

按【Ctrl＋O】组合键，在弹出的【打开】对话框中选择所需要打开的文件，单击【打开】按钮，即可打开选择的项目文件。

3. 使用最后打开的文件列表

在会声会影中，最后编辑和保存过的两个项目文件会出现在最近打开的文件列表中，如图3-36所示。选择列表中所需要的项目文件的名称，即可在当前工作区中打开选择的项目文件。

3.6.3 保存项目

在影片编辑过程中，保存项目非常重要。编辑影片后保存项目文件，可保存视频素材、图像素材、声音文件、背景音乐以及字幕和特效等所有信息。如果对保存后的影片有不满意的地方，还可以重新打开项目文件，修改其中的部分属性，然后对修改后的各个元素渲染并生成新的影片。保存项目文件的具体操作步骤如下：

（1）选择【文件】|【保存】命令或按【Ctrl+S】组合键，弹出【另存为】对话框。

（2）在【另存为】对话框中的【保存在】下拉列表中设置项目所需要保存的路径，再在【文件名】文本框中输入文件的名称。

（3）在名称后面需要加后缀.VSP，否则无法进行保存，然后根据需要在【主题】和【描述】文本框中进行相应的设置，如图3-37所示。

图3-36 最后打开的文件

图3-37 【另存为】对话框

3.6.4 另存项目

另存项目与保存项目的目的相似，都是为了保存项目中的视频素材、声音文件、背景音乐、特效及字幕等所有信息，但与保存项目有所不同的是，另存项目可以将项目文件保存为其他的文件名，或保存到其他的路径。

选择【文件】|【另存为】命令，弹出【另存为】对话框，在该对话框中根据需要选择保存文件的路径并设置好文件名，然后单击【保存】按钮，即可另存项目。

3.7　播放素材和项目

在会声会影中，素材是指素材库中的或者添加到时间轴上的视频、图像和音频等元素，而项目则是指添加了转场、覆叠、音乐和滤镜等综合效果的影片。在影片编辑过程中，常常需要播放素材和项目，查看它们的效果。下面介绍播放素材和项目的方法。

3.7.1　播放素材库中的素材

会声会影的素材库中提供了很多视频、图像、音频以及Flash动画素材，在影片中添加这些素材之前，可以预览素材，查看它们的效果。播放素材库中素材的操作步骤如下：

（1）单击素材库右侧的【画廊】按钮，从下拉列表框中选择需要查看的素材类型。

（2）在素材库中单击鼠标选中一个素材缩略图，然后单击预览窗口下方的【播放】按钮▶查看效果，如图3-38所示。注意，在这里【播放】按钮左侧显示为【素材】。

图3-38　选中并播放素材

3.7.2　播放故事板上的素材

要播放故事板上的素材，则按照以下的步骤进行操作。

（1）在故事板上选中想要播放的素材。

（2）单击预览窗口下方的【播放】按钮▶查看所选择素材的效果。注意，在这里【播放】按钮左侧显示为【素材】。

注意 在故事板模式下，只能选择视频素材、图像素材或者转场素材。

3.7.3 播放时间轴上的素材

要播放时间轴上的素材，则按照以下的步骤进行操作。

（1）在时间轴上选中想要播放的素材。

（2）单击预览窗口下方的【播放】按钮▶查看所选择素材的效果。注意，在这里【播放】按钮左侧显示为【素材】。

注意 在时间轴模式下，可以选择的类型为视频素材、图像素材、转场素材、覆叠素材以及音频素材。

3.7.4 在故事板模式下播放项目

在故事板模式下，可以直接播放项目，查看经过编辑的影片内容。操作步骤如下：

（1）进入故事板模式，单击【播放】按钮左侧的【项目】项，切换到项目播放模式。

（2）把预览窗口下方的【飞梭栏】◀拖动到想要查看的项目的位置处。

（3）单击预览窗口下方【播放】按钮▶，从当前位置开始播放项目中的影片，如图3-39所示。注意，在这里【播放】按钮左侧显示为【项目】。

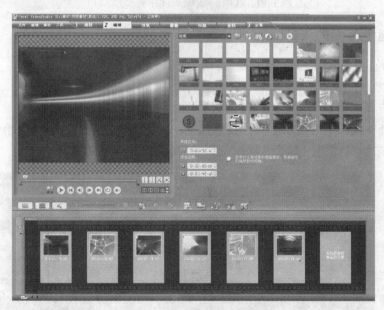

图3-39 在故事板模式选中并播放项目

3.7.5 在时间轴模式下播放项目

在时间轴模式下，也可以直接播放项目，查看经过编辑的影片内容。操作步骤如下：

（1）进入时间轴模式，单击【播放】按钮左侧的【项目】项，切换到项目播放模式。

（2）把预览窗口下方的【飞梭栏】◀拖动到想要查看的项目的位置处。

（3）单击预览窗口下方的【播放】按钮▶，从当前位置开始播放项目中的影片，如图3-40所示。注意：在这里【播放】按钮左侧显示为【项目】。

提示 在时间轴模式下，除了使用【播放】按钮查看项目中的影片外，也可以直接拖动时间线上的滑块，快速浏览当前编辑的影片内容。

图3-40　在时间轴模式选中并播放项目

3.7.6　播放指定区间的项目

在编辑影片时，常常需要查看局部内容的效果，这样可以提高工作效率。下面介绍播放指定区间项目的方法。

（1）单击【播放】按钮左侧的【项目】项，切换到项目播放模式。

（2）在预览窗口下方拖动左侧的修整托柄，确定需要插放的区域的起始位置。这时，时间轴上方将显示一条红线，表示当前设置的播放区域，如图3-41所示。

图3-41　确定插放区域的起始位置

（3）在预览窗口下方拖动右侧的修整托柄，确定需要播放的区域的结束位置。这时，时间轴上方的红线表示设置完成的播放区域，如图3-42所示。

（4）单击预览窗口下方的【播放】按钮 ▶，程序将播放指定区间中的影片。

图3-42 确定插放区域的结束位置

3.8 时间轴上方的功能按钮

在时间轴上方也有一些功能按钮，如图3-43所示。这些按钮主要用于控制时间轴上的素材的显示比例、添加素材、撤销或重复操作以及进行一些相关的属性设置。下面详细介绍这些功能按钮的名称和使用方法。

图3-43 时间轴上方的功能按钮

1. 故事板视图 ▦ 、时间轴视图 ▤ 、音频视图 ◀
单击指定的按钮，可以切换到相应的视图模式。

2. 缩小 ◯ 、缩放滑块 ▭ ，放大 ◯ ，将项目调到时间轴窗口大小 ▣
用于控制时间轴上素材的显示比例，以便于查看影片中素材的整体效果或者对某个素材进行精确地调整。

3. 插入媒体文件
单击【插入媒体文件】按钮 ，从如图3-44所示的弹出菜单中可以选择相应的命令，将要使用的素材插入到相应的轨道上。

4. 撤销、重复
单击【撤销】按钮 可以撤销已经执行的操作，单击【重复】按钮 则可以重复被撤销的操作。

图3-44 【插入媒体文件】弹出菜单

5. 智能代理管理器

在【参数选择】对话框的【智能代理】选项卡中选择【启用智能代理】复选框后。在捕获和编辑高清视频文件时，将自动产生低分辨率的代理文件进行编辑。在完成剪辑后，再将所有剪辑效果应用到原始的高画质影片上，可大幅度降低编辑过程中计算机的资源占用率，提高剪辑效率。智能代理管理器的具体使用方法将在后面的3.8.3节中详细介绍。

6. 成批转换

单击【成批转换】按钮，在弹出的如图3-45所示的【成批转换】对话框中可以将多个视频文件成批转换为指定的视频格式。具体操作方法参见3.8.4节的内容。

7. 轨道管理器

用于显示或隐藏轨道。会声会影X2提供了1个视频轨、6个覆叠轨、2个标题轨，极大地增强了画面叠加与运动的方便性。单击【轨道管理器】按钮，在弹出的如图3-46所示的【轨道管理器】对话框中可以创建和管理多个覆叠轨、标题轨。

图3-45 【成批转换】对话框

图3-46 【轨道管理器】对话框

8. 启用/禁用5.1环绕声

2004年发布的Sony DCR-HCl000E是世界首款支持5.1声道录制和播放的摄像机。此后，很多型号的摄像机都支持高音质的杜比5.1声道环绕立体声。5.1声音系统有六个独立的声道，可以推动四个环绕音箱、一个前置音箱、一个低音炮。

会声会影X2对杜比5.1声道的支持可以说是一个重大的功能。如果在拍摄时录制了5.1声道的音频，会声会影X2能够忠实地还原现场音效，并可通过环绕音效混音器、变调滤镜做出最完美的混音调整，让家庭影片也能拥有置身于剧院般的环绕音效。

单击【启用/禁用5.1环绕声】按钮，可以在影片中启用或者禁用5.1声道环绕立体声。

9. 绘图创建器

【绘图创建器】是会声会影X2的一项新增功能，利用该功能可以绘制图像以增强项目。通过不同的笔刷和颜色设置，可以录制绘制区段或绘制图像用做项目中的覆叠，以获得多种不同的特殊效果和增强效果。

单击【绘图创建器】按钮 ▣ 可以打开【绘图创建器】对话框，如图3-47所示。

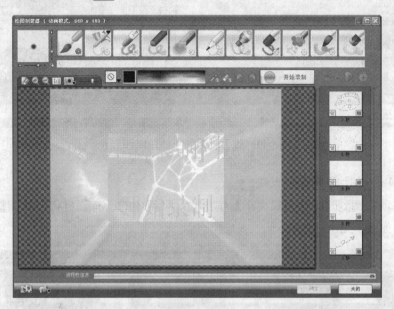

图3-47 【绘图创建器】对话框

3.8.1 调整时间轴的显示比例

在编辑影片时，常常需要调整时间轴的显示比例，以便于查看影片中素材的整体效果或者对某个素材进行准确地调整。会声会影时间轴上方的一个缩放控制滑块，可以以更快的速度查看各个视频元素。其使用方法如下：

1. 缩小 ▣

单击【缩小】按钮 ▣ ，将缩小时间轴上的缩略图显示，使用户能够同时观察更多的素材内容，如图3-48所示。

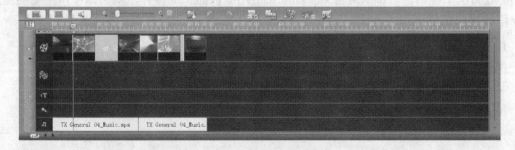

图3-48 缩小时间轴上的缩略图显示

2. 放大 ▣

单击【放大】按钮 ▣ ，将放大时间轴上的缩略图显示，使用户能够细致地查看素材的细节，如图3-49所示。

3. 缩放滑块 ▦▦▦▦▮▦▦▦

拖动滑块，可以快速调整时间轴上缩略图的缩放效果。向左拖动滑块缩小时间轴上的缩略图，向右拖动滑块放大时间轴上的缩略图。

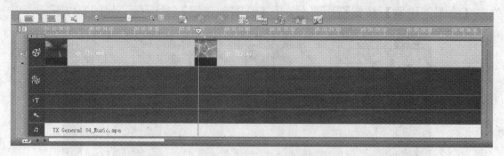

图3-49　放大时间轴上的缩略图显示

4. 将项目调到时间轴窗口大小

单击【将项目调到时间轴窗口大小】按钮，项目中的所有素材将自动调整并适合时间轴窗口的大小，如图3-50所示。

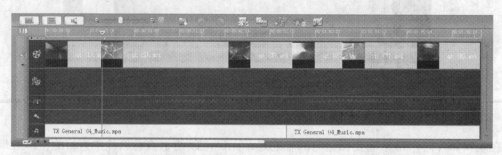

图3-50　自动调整并适合时间轴窗口的大小

3.8.2　撤销和重复操作

在编辑影片时，常常因为尝试性的操作而出现失误或者未能得到理想的效果，在这种情况下，就需要撤销上一步执行的操作。掌握了撤销操作的方法，就能够在编辑影片时精益求精，而不必在每次出现错误时都从头再来。如果希望还原被撤销的操作，则可以使用重复功能。下面介绍撤销和重复操作的方法。

1. 撤销操作

执行某项操作后，可以用以下任意一种方法撤销刚刚执行过的操作。

- 单击时间轴上方的【撤销】按钮；
- 选择【编辑】|【撤销】命令；
- 按快捷键【Ctrl+Z】；
- 多次按快捷键【Ctrl+Z】，可以撤销执行过的多步操作。

2. 重复操作

如果希望还原被撤销的操作，则可以使用以下任意一种方法。

- 单击时间轴上方的【重复】按钮；
- 选择【编辑】|【重复】命令；
- 按快捷键【Ctrl+Y】；
- 多次按快捷键【Ctrl+Y】，可以重复还原被撤销过的多步操作。

3.8.3 使用智能代理管理器

智能代理是会声会影X2的重要功能，它的使用方法如下。

（1）按快捷键F6或者从【文件】菜单选择【参数选择】命令，打开【参数选择】对话框。

（2）在对话框中切换到【智能代理】选项卡，如图3-51所示。

（3）选择【启用智能代理】复选框，然后在【当视频大小大于此值时，创建代理】下拉列表中指定启用智能代理的条件，如图3-52所示。

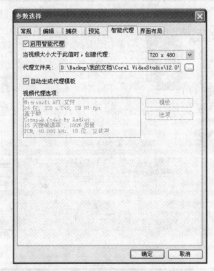

图3-51 【参数选择】对话框的
【智能代理】选项卡

图3-52 指定启用智能代理的条件

（4）单击【代理文件夹】右侧的【浏览】按钮，在弹出的【浏览文件夹】对话框中指定代理文件的存储路径。设置完成后，单击【确定】按钮。

（5）在视频轨上添加视频素材，然后单击【启用/禁用智能代理管理】按钮 ，从弹出菜单中选择【智能代理队列管理器】命令，打开【智能代理队列管理器】对话框，如图3-53所示。

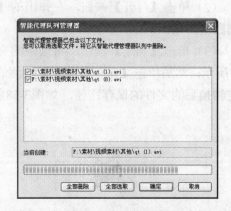

图3-53 【智能代理队列管理器】对话框

提示 在创建智能代理文件时，对话框下方显示进度，代理文件创建完成后，列表中不再显示被代理的文件名称。

（6）在对话框中选中需要智能代理的文件，也可以单击【全部删除】按钮取消所有文件的智能代理，或者单击【全部选取】按钮代理列表中的所有文件。

（7）设置完成后，单击【确定】按钮，在捕获和编辑这些文件时，将自动产生低分辨率的代理文件进行编辑。在完成剪辑后，再将所有剪辑效果应用到原始的高画质影片上，大幅度降低编辑过程中计算机的资源占用率，提高剪辑效率。

3.8.4 使用成批转换功能

成批转换用于将多个视频文件成批转换为指定的视频格式，它的使用方法如下。

（1）单击视频轨上方的【成批转换】按钮 ，打开【成批转换】对话框，如图3-54所示。单击【添加】按钮，在弹出的【打开视频文件】对话框中选中需要转换格式的视频文件，如图3-55所示。

图3-54　【成批转换】对话框　　　　图3-55　【打开视频文件】对话框

（2）单击【打开】按钮，在弹出的【改变素材序列】对话框中以拖曳的形式调整素材的排列顺序，如图3-56所示。

（3）单击【确定】按钮，将选中的文件添加到【成批转换】对话框的转换列表中，如图3-57所示，然后单击【保存文件夹】右侧的【浏览】按钮，在弹出的【浏览文件夹】对话框中指定转换后的文件的保存路径，如图3-58所示。

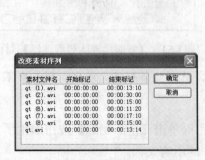

图3-56　调整素材的排列顺序　　　　图3-57　添加转换文件

（4）在【保存类型】下拉列表中选择将要转换的视频文件的格式，如图3-59所示。

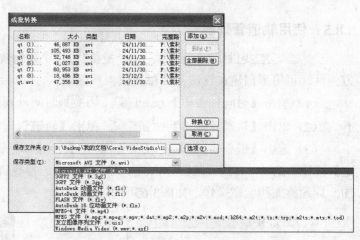

图3-58 指定转换后的文件　　　　　　　　图3-59 选择视频文件的转换格式
　　　　的保存路径

（5）单击【选项】按钮，在弹出的【视频保存选项】对话框中进一步指定所选择的视频文件的属性，如图3-60所示。

图3-60 指定所选择的视频文件的属性

（6）设置完成后，单击【确定】按钮，然后单击【成批转换】对话框中的【转换】按钮，开始按照指定的文件格式转换视频，如图3-61所示。

（7）转换完成后，程序将弹出如图3-62所示的【任务报告】对话框显示任务报告，单击【确定】按钮，所有视频文件将被转换为新的文件格式，并保存在指定的文件夹中。

图3-61 按照指定的文件格式转换视频　　　　　图3-62 显示任务报告

3.8.5 使用轨道管理器

会声会影X2提供了1个视频轨、6个覆叠轨、2个标题轨，极大地增强了画面叠加与运动的方便性，可用于创建和管理多个覆叠轨、标题轨。

（1）单击【时间轴视图】按钮▦，切换到时间轴视图。

（2）单击【轨道管理器】按钮▦，弹出【轨道管理器】对话框，如图3-63所示。

（3）选中【覆叠轨 #2】、【覆叠轨 #3】、【标题轨 #2】，如图3-64所示，单击【确定】按钮。此时，在预设的覆叠轨#1下方添加了新的覆叠轨和标题轨，以便进行多轨的视频叠加、标题叠加和编辑操作，如图3-65所示。

图3-63　【轨道管理器】对话框

图3-64　选中覆叠轨#2、覆叠轨#3、标题轨#2

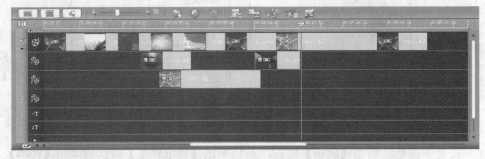
图3-65　添加多个覆叠轨和标题轨

3.8.6 使用绘图创建器

利用【绘图创建器】，通过不同的笔刷和颜色设置，可以录制绘制区段或绘制图像用做项目中的覆叠。

图3-66　【绘图创建器】对话框

单击【绘图创建器】按钮▦，打开【绘图创建器】对话框，如图3-66所示。

1. 【绘图创建器】界面

（1）笔刷厚度：通过一组滑动条和预览框定义笔刷端的厚度和阻光度。

（2）画布/预览窗口：绘图区域。

（3）笔刷面板：从一系列的笔刷类型中进行选择并控制笔刷的厚度和透明度。

（4）调色板：选择并指定所需色彩的RGB值。

（5）宏/静止绘图库：包含之前录制的绘制动画和静态图像。

（6）控制按钮和滑动条。

· 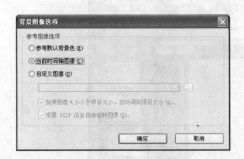【新建/清除】按钮：启动新的画布或预览窗口。

· 【放大/缩小】按钮：放大和缩小绘图的视图。

· 【实际大小】按钮：将画布/预览窗口恢复到其实际大小。

· 【背景图像】按钮和滑动条：单击【背景图像】按钮，弹出【背景图像选项】对话框，如图3-67所示。设置参数后，可以将图像嵌入或用做绘图参考，并能通过滑动条控制其透明度。其各选项功能如下：

参考默认背景色：可以为绘图或动画选择单一的背景色。

当前时间轴图像：使用当前显示在时间轴中的视频帧。

自定义图像：可以打开一个图像并将其用做绘图或动画的背景。

· 【纹理选项】按钮：单击该按钮，弹出【纹理选项】对话框，如图3-68所示。从中选择纹理并将其应用到笔刷端。

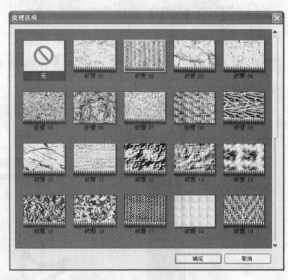

图3-67 【背景图像选项】对话框   图3-68 【纹理选项】对话框

· 滴管工具：运用此工具，可从调色板或周围对象中选择色彩。

· 【擦除模式】按钮：利用该按钮，可以写入或擦除绘图/动画。

· 【撤消】按钮：撤销已执行的操作。

· 【重复】按钮：恢复被撤销的操作。

· 开始录制 停止录制 添加图像 【录制/添加图像】按钮：录制绘图区域或将绘图添加到【绘图库】中。

注意 【开始录制】、【停止录制】按钮在【动画模式】中启用，【添加图像】按钮在【静态模式】中启用。

· 【播放/停止】按钮：播放或停止当前的绘图动画。仅在【动画模式】中才能启用。

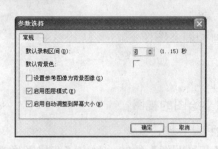

图3-69 【参数选择】对话框

· 【删除】按钮：用于将库中的某个动画或图像删除。

· 【更改区间】按钮：更改选择素材的区间。

· 【参数选择控制】按钮：单击该按钮，打开【参数选择】对话框，如图3-69所示，可以从中更改默认素材区间。

· 【更改模式控制】按钮：用于在【动画模式】和【静态模式】之间互相切换。默认情况下，【绘图创建器】会使用【动画模式】启动。在【动画模式】中，可以录制整个绘图区域并将导出的图像或动画嵌入到【会声会影】时间轴中。在此模式中，可以创建多种绘图动画以创建特殊效果或增强视频效果。在【静态模式】中，可以用不同组合的色彩和笔刷创建图像文件。

· 【确定】按钮：单击该按钮，关闭【绘图创建器】对话框，然后在【视频库】中插入动画和图像并将文件以*.uvp格式保存到【会声会影素材库】中。

· 【关闭】按钮：单击该按钮，关闭【绘图创建器】对话框。

2. 绘制静态图像

可使用不同的笔刷和色彩组合在【画布/预览】窗口中绘制静态图像，如图3-70所示。结束后单击【添加图像】按钮，绘图会自动保存到【绘图创建器素材库】中，如图3-71所示。

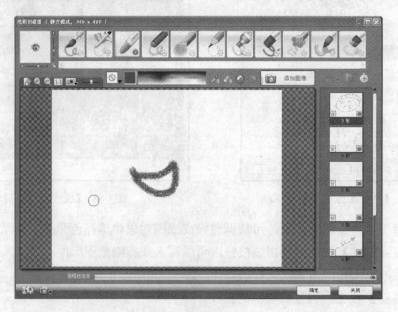

图3-70 绘制静态图像

3. 录制绘图动画

使用不同的笔刷和色彩组合，单击【开始录制】按钮，然后开始在【画布/预览】窗口中绘制静态图像，如图3-72所示。绘制完所需的所有步骤之后，单击【停止录制】按钮，动画会自动保存到【绘图创建器素材库】中，如图3-73所示。

图3-71 绘图自动保存到【绘图创建器素材库】中

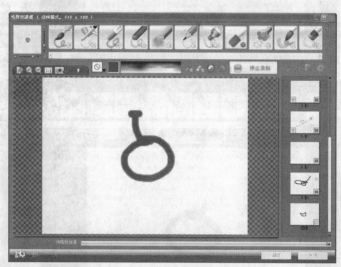

图3-72 绘制静态图像

图3-73 动画自动保存到【绘图创建器素材库】中

4. 播放绘图动画

在【宏/静止绘图库】中选择所需的动画，然后单击【播放】按钮，可播放所选动画，如图3-74所示。

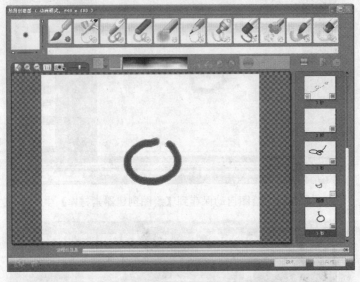

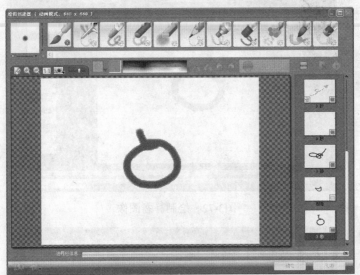

图3-74 播放绘图动画

5. 将动画和图像导入【会声会影素材库】

在【宏/静止绘图库】中选择所需的动画或图像，然后单击【确定】按钮。会声会影会自动将所选动画插入到绘图库的【视频】文件夹中，将所选图像插入到【图像】文件夹中，两者的格式都为*.UVP格式。

3.9 会声会影编辑器的参数设置

用户在使用会声会影X2进行视频编辑时，如果希望按照自己的操作习惯进行编辑，可对一些参数进行设置。这些设置对于高级用户而言特别有用，它可以帮助用户节省大量的时间，提高视频编辑的工作效率。

3.9.1　设置【参数选择】

通过【参数选择】对话框，可以自定义程序的工作环境，可以指定一个工作文件夹来保存文件，设置撤销级别，选择程序行为的首选设置，启用智能代理，等等。

1. 设置【常规】选项

【参数选择】对话框中包括【常规】、【编辑】、【捕获】、【预览】、【智能代理】和【界面布局】6个选项卡。【常规】选项卡中的参数用于设置一些基本的操作属性，下面分别介绍各项参数的设置方法。

启动会声会影X2后，选择【文件】|【参数选择】命令，弹出【参数选择】对话框，单击【常规】标签，切换到【常规】选项卡，显示【常规】选项参数设置，如图3-75所示。

该选项卡中主要选项的含义分别如下。

·撤销：启用该复选框，将启用会声会影的撤销/重做功能，可使用快捷键【Ctrl+Z】组合键，或者执行【编辑】菜单中的【重复】命令，进行撤销或重做操作。在其右侧的【级数】文本框中可以指定允许撤销/重做的最大次数（最多为99次），所指定的撤销/重做次数越高，所占的内存空间越多；如果保存的撤销/重做动作太多，计算机的性能将会降低。因此，用户可以根据自己的操作习惯设置合适的撤销/重做级数。

·重新链接检查：启用该复选框，当用户把某一个素材或视频文件丢失或者是改变存放的位置和重命名时，会声会影会自动检测项目中素材的对应源文件是否存在。如果源文件素材的存放位置已更改，那么系统就会自动弹出信息提示窗口，提示源文件不存在，要求重新链接素材。该功能十分有用，建议用户启用该复选框。

·显示启动画面：启用该复选框，将在每次启动会声会影时显示启动画面。启动画面允许用户选择进入会声会影编辑器、影片向导或者DV转DVD向导。如果取消启用该复选框，启动程序后将直接进入会声会影编辑器。在会声会影编辑器中，可以从【工具】菜单中选择【DV转DVD向导】或【影片向导】命令，切换到DV转DVD向导或者影片向导，如图3-76所示。

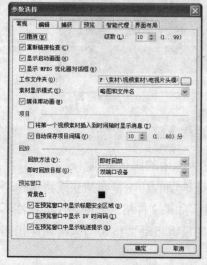

图3-75　【参数选择】对话框中【常规】选项卡

图3-76　使用菜单命令切换程序

- 显示MPEG优化器对话框：启用该复选框，显示要渲染的项目的最佳片段设置。
- 工作文件夹：单击其右侧的【浏览】按钮，可以选取用于保存编辑完成的项目和捕获素材的文件夹。
- 素材显示模式：单击其右侧的下拉按钮，在弹出的下拉列表中可以选择视频素材在时间轴上的表示方式。如果用户希望在时间轴上用相应的缩略图来代表略图，可选择【仅略图】选项；如果希望在时间轴上用文件名代表略图，可选择【仅文件名】选项；如果要用相应的略图和文件名来代表素材，可选择【略图和文件名】选项。选择不同的显示模式时显示的素材如图3-77所示。

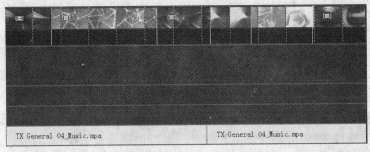

【仅略图】模式

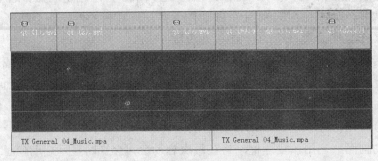

【仅文件名】模式

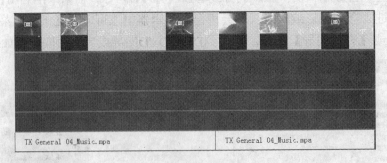

【略图和文件名】模式

图3-77　选择不同的素材显示模式

- 媒体库动画：启用该复选框，可以选择启用媒体库中的媒体动画。
- 将第一个视频素材插入到时间轴时显示消息：该选项的功能是当捕获或将第一个素材插入到项目时，会声会影将自动检查该素材和项目的属性。如果文件格式、帧大小等属性不一致，会声会影便会显示一个信息，让用户选择是否将项目的设置自动调整为与素材属性相匹配的设置。

· 自动保存项目间隔：会声会影X2提供了自动存盘功能。启用该复选框，系统将每隔一段时间就会自动保存项目文件，从而避免在发生意外状况时丢失用户的工作成果。其右侧的选项用于设置执行自动保存的时间。

· 回放方法：单击其右侧的下拉按钮，在弹出的下拉列表中有两种重播方法可供用户选择。一种是【即时回放】，可以快速预览项目中的变化，而无需创建临时的预览文件。但回放可能不连贯，这取决于计算机的配置和资源；另一种是【高质量回放】，可将项目渲染成临时预览文件，然后播放该预览文件。该回放方式比较流畅，但用该模式第一次渲染项目时，需要花费较长的时间，这也主要取决于项目的大小以及计算机的配置和资源。在第二次渲染项目时，会声会影将采用智能渲染技术，仅渲染项目中有变化的部分。例如，转场、标题和效果，而不会渲染整个项目，从而可以节省时间。

· 即时回放目标：用于选择回放项目的目标设备。如果用户拥有双端口的显示卡，可以同时在预览窗口和外部显示设备上回放项目。

· 背景色：当视频轨上没有素材时，可以在这里指定预览窗口的背景颜色。单击【背景色】右侧的颜色色块，将弹出如图3-78所示的颜色列表，在颜色选取器中选择或自定义背景颜色，即可设置视频轨的背景颜色。

· 在预览窗口中显示标题安全区域：启用该复选框后，在创建标题时，预览窗口中将显示标题安全区。标题安全区是预览窗口上的矩形框，可确保文字处于标题安全区内，以确保全部文字在电视屏幕上正确显示。

· 在预览窗口中显示DV时间码：启用该复选框后，在回放DV视频时，会在【预览窗口】上显示DV视频的时间码。为了使DV时间码正确显示，显示卡必须兼容VMR（视频混合渲染器）。

· 在预览窗口显示轨道提示：启用该复选框后，在回放停止时显示不同覆叠轨的轨道信息。

图3-78　弹出的颜色列表

2. 设置【编辑】选项

在【参数选择】对话框中单击【编辑】标签，切换到【编辑】选项卡，进入【编辑】选项区域，如图3-79所示。在该选项设置区域中，用户可以对所有效果和素材的质量进行设置，还可以调整插入的图像/色彩素材的默认区间以及转场、淡入/淡出效果的默认区间。

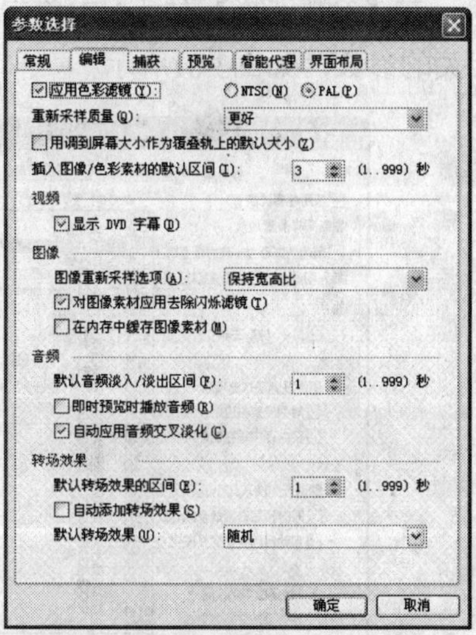

该选项卡中主要选项的含义分别如下。

· 应用彩色滤镜：启用该复选框，可将会声会影调色板限制在NTSC或PAL色彩滤镜的可见范围内，以确保所有色彩均有效。如果是仅在显示器上显示，可取消启用该复选框。

· 重新采样质量：该选项可以为所有的效果和素材指定质量。质量越高，生成的视频质量也就越好，不过在渲染时，时间会比较长。如果用户准备用于最后的输出，可选择【最佳】选项；若要进行

图3-79　【参数选择】对话框中的
　　　　　【编辑】选项卡

快速操作时，则可选择【好】选项。

· 用调到屏幕大小作为覆叠轨上的默认大小：启用此复选框，将默认大小设置为素材在覆叠轨上的【适合屏幕】大小。

· 插入图像/色彩素材的默认区间：用于为要添加到视频项目中的图像和色彩素材指定默认的素材长度（该区间的时间单位为秒）。

· 图像重新采样选项：单击其右侧的下拉按钮，在弹出的下拉列表中可选择将图像素材添加到视频轨上时，默认的图像重新采样的方法。包括【保持宽高比】和【调到项目大小】两个选项。选择不同的选项时，显示的效果也不同。

· 对图像素材应用去除闪烁滤镜：启用该复选框，减少在使用电视查看图像素材时所发生的闪烁。

· 在内存中缓存图像素材：启用该复选框，可以使用缓存处理较大的图像文件，以便更有效地进行编辑。

· 默认音频淡入/淡出区间：用于为添加的音频素材的淡入和淡出指定默认的区间。在其右侧的数值框中输入的数值是音量达到正常级别（对于淡入）或达到最低量（对于淡出）所需要的时间量。

· 即时预览时播放音频：启用该复选框后，则在拖动时间轴进行即时预览时播放音频。

· 自动应用音频交叉淡化：启用该复选框后，可以使用两个重叠视频自动应用交叉淡化。

· 默认转场效果的区间：指定应用于视频项目中所有素材的转场效果的区间，单位为秒。

· 自动添加转场效果：启用该复选框，程序可以自动在项目的所有素材上自动添加转场效果。建议初级用户在进行视频编辑时启用该复选框，掌握了设置和添加转场效果的方法后，可以取消启用该复选框，采用手工添加转场的方式。

· 默认转场效果：单击其右侧的下拉按钮，在弹出的下拉列表中可以选择要应用到项目中的默认转场效果，如图3-80所示。

3. 设置【捕获】选项

在【参数选择】对话框中单击【捕获】标签，切换到【捕获】选项卡，可设置与视频捕获相关的参数，如图3-81所示。

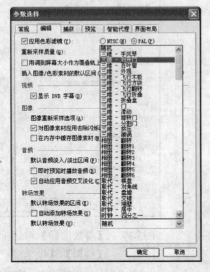 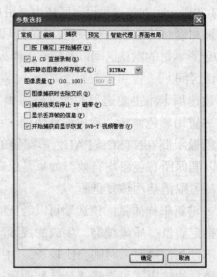

图3-80 转场效果列表　　　　图3-81 【参数选择】对话框中【捕获】选项卡

该选项卡中主要选项的含义分别如下：

·按[确定]开始捕获：启用该复选框，即表示在单击【捕获】面板中的【捕获视频】按钮

🔘时，将会自动弹出一个信息提示窗口，提示用户可按【Esc】键或单击【捕获】按钮来停止

该过程，单击【确定】按钮开始捕获视频。

若此时摄像机已经开始播放视频，那么只有在单击【确定】按钮时才可以开始捕获。在这种模式下，用户必须将DV带向前倒带，为需要捕获的视频留出一定的余量。当DV带播放到需要捕获的位置时，单击【确定】按钮，可开始捕获视频。如果取消启用【按[确定]开始捕获】复选框，则需要将DV带调整到精确的位置以后，再单击【捕获视频】按钮，直接开始捕获视频。

·从CD直接录制：启用该复选框，将可以直接从CD播放器上录制歌曲的数码数据，并保留最佳质量。

·捕获静态图像的保存格式：该选项可指定用于保存已捕获的静态图像的文件格式。单击其右侧的下拉按钮，在弹出的下拉列表中可选择从视频捕获静态帧时文件保存的格式，即BITMAP格式或JPEG格式。

·图像质量：该选项只有在【捕获静态图像的保存格式】选项中选择JPEG格式时才生效。它主要用于设置图像的压缩质量。在其右侧的数值框中输入的数值越大，图像的压缩质量越大，文件也越大。

·图像捕获时去除交织：启用该复选框，可以在捕获视频中的静态帧时，使用固定的图像分辨率，而不使用交织型图像的渐进式图像分辨率。

·捕获结束后停止DV磁带：启用该复选框，当视频捕获完成后，允许DV自动停止磁带的回放。否则停止捕获后，DV将继续播放视频。

·显示丢弃帧的信息：启用该复选框，如果由于计算机配置较低或者出现传输故障，将在视频捕获完成后，显示丢弃帧的信息。

·开始捕获前显示恢复DVB-T视频警告：启用此复选框，显示恢复DVB-T视频警告，以便捕获的视频流畅平滑。

4. 设置【预览】选项卡

在【参数选择】对话框中，单击【预览】标签，切换到【预览】选项卡，可以设置与视频预览相关的参数，如图3-82所示。

该选项卡中主要选项的含义分别如下：

·为预览文件指定附加文件夹：该选项组中的选项用于指定会声会影X2保存预览文件的文件夹。1为在AUTOEXEC.BAT文件的SET TEMP语句中指定的文件夹。如果有其他驱动器或分区的驱动器，则可以指定其他文件夹。如果只有一个驱动器，则使其他框保留为空。

·将硬盘使用量限制到：启用该复选框，可以为会声会影X2指定所分配的内存。如果仅使用会声会影，并想使其达到最佳的运行状态，则可选择最大允许值；如果希望在后台运行其他程序，则可将该值限制到最大值的1/2；如果取消启用该复选框，会声会影将使用系统的内存来管理和控制内存的使用和分配。

5. 设置【智能代理】选项卡

在【参数选择】对话框中，单击【智能代理】标签，切换到【智能代理】选项卡，设置与智能代理相关的参数，如图3-83所示。

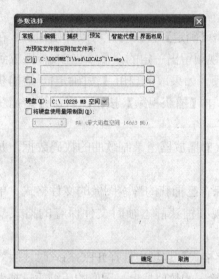 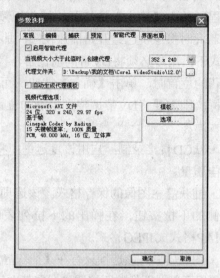

图3-82　【参数选择】对话框中【预览】选项卡　　　　图3-83　【参数选择】对话框中的
　　　　　　　　　　　　　　　　　　　　　　　　　　　　　　　　　　　【智能代理】选项卡

该选项卡中主要选项的含义分别如下。

· 启用智能代理：启用该复选框，可以在每次将视频源文件插入时间轴时自动创建代理文件。

· 当视频大小大于此值时，创建代理：允许用户设置生成代理文件的条件。如果视频源文件的帧大小等于或高于此处所选择的帧大小，则为该视频文件生成代理文件。

· 代理文件夹：设置存储代理文件的文件夹位置。

· 自动生成代理模板：启用该复选框，则根据预定义设置自动生成代理文件。

· 视频代理选项：指示要在生成代理文件时使用的设置。若要更改代理文件格式或其他设置，单击【模板】按钮以选择已经包含预定义设置的模板，或者单击【选项】按钮调整详细设置。

6. 设置【界面布局】选项

在【参数选择】对话框中，单击【界面布局】标签，切换到【界面布局】选项卡，如图3-84所示。用户可以通过4个预设选项更改会声会影用户界面的布局。

3.9.2　设置【项目属性】

项目属性设置包括项目文件信息、项目模板属性、文件格式、自定义压缩、视频设置以及音频等设置。下面将对这些设置进行详细的讲解。

启动会声会影编辑器，选择【文件】|【项目属性】命令，弹出【项目属性】对话框，如图3-85所示。用户如果插入了视频再打开【项目属性】对话框，那么该对话框中就会显示被插入视频的相关信息。

该对话框中主要选项的含义分别如下。

· 项目文件信息：该选项组显示与项目文件相关的各种信息，例如，文件大小、文件名称和区间等。

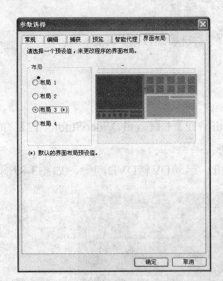

图3-84 【参数选择】对话框中【界面布局】选项卡

图3-85 【项目属性】对话框

· 项目模板属性：该选项组显示项目使用的视频文件格式和其他属性。

· 编辑文件格式：在其右侧的下拉列表中可选择创建的影片最终所使用的视频格式，包括MPEG和AVI两种。

· 编辑：单击该按钮，弹出【项目选项】对话框，如图3-86所示。在该对话框中可以针对所选的文件格式进行自定义压缩，并进行视频和音频设置。

在捕获或将第一个素材插入至项目中时，会声会影X2将会自动检查该素材属性与项目属性是否一致，如果属性不一致，系统将会弹出一个提示窗口，并自动调整项目设置，使其与素材属性

图3-86 【项目选项】对话框

相匹配，修改项目属性可以使会声会影X2执行智能渲染功能。

3.10 DV转DVD向导操作

如果不需要对影片进行剪辑，而想要快速地把DV带中拍摄的视频刻录成DVD光盘，DV转DVD向导是最佳的选择。通过两个简单的步骤，就可以从DV带捕获视频并直接刻录成DVD光盘，还可以为影片添加动态菜单。

下面对DV转DVD向导的操作进行详细的介绍。

3.10.1 DV转DVD向导的工作流程

使用DV转DVD向导，可以将用户使用DV拍摄的录像制作成小电影。该向导的工作流程主要包括以下两个方面。

（1）捕获视频。捕获DV摄像机中的视频素材。

（2）输出影片。DV转DVD向导可以将捕获的影片刻录成DVD-Video。

3.10.2 启动DV转DVD向导

启动DV转DVD向导可以按照以下的步骤操作。

（1）选择【开始】|【程序】|【Corel VideoStudio 12】|【Corel VideoStudio 12】命令，显示会声会影启动界面。

（2）在启动界面中单击【DV转DVD向导】按钮，启动DV转DVD向导，如图3-87所示。

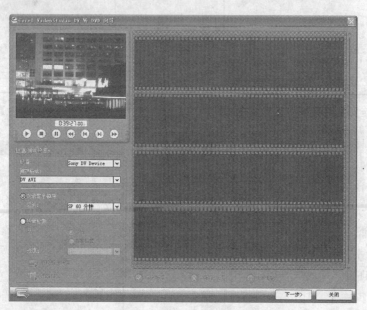

图3-87　启动DV转DVD向导

3.10.3 刻录整个DV带

刻录整个磁带是会声会影X2中DV转DVD向导的一个非常重要的功能，只要把DV与计算机连接，在DV转DVD向导界面中选中【刻录整个磁带】单选按钮，程序就会自动捕获DV录像带中的视频并把它刻录成DVD光盘。下面介绍它的使用方法。

（1）通过IEEE 1394线将DV与计算机连接。

（2）将DV切换到播放模式。

注意 由于捕获和刻录整个DV带的时间较长，在操作之前，务必使用外接充电器为摄像机提供充足的电力。

（3）启动会声会影DV转DVD向导，在【设备】列表中选择要录制的设备，然后单击【捕获格式】右侧的下拉按钮，从下拉列表中选择要捕获的视频格式，包括DV AVI格式和DVD格式。

提示 如果有比较充裕的时间和硬盘空间，选择DV AVI格式可以获得最佳的视频质量，这对于提升影片中运动画面的质量效果尤为明显。如果工作效率优先或者硬盘空间有限，可以在捕获视频时根据输出目的直接选择DVD格式。

（4）选中选项面板上的【刻录整个磁带】单选按钮，然后在【区间】中选择【SP 60分钟】或者【LP 90分钟】，如图3-88所示。

说明 DV摄像机通常都提供了SP和LP两种录制模式，当录像带的剩余时间不能满足拍摄需要，而又无法及时更换新的录像带时，用LP记录模式可以延长录像带的拍摄时间。

SP（Standard Play）是指标准播放，在这种记录模式下，磁带以标准速度运行，所记录的影像可以达到标准的水平清晰度。

LP（Long Play）是指长时间播放，数码摄像机在LP记录模式下，磁带的运行速度是SP模式下的2/3，所以摄像带的记录时间可以延长0.5倍。例如，60min的Mini DV格式的摄像带在LP记录模式下可以连续记录90min时间长度的动态影像，并且能够保持标准的水平清晰度。

另外，数码摄像机在LP记录模式下拍摄时，也存在一些问题：

• 场面的过渡可能不平滑；

• 无法在录像带上进行后期配音；

• 如果在同一盘录像带上以LP和SP两种方式拍摄，播放影像时可能会失真；场景之间的时间码可能无法正确写入；

• 所拍摄的DV带的兼容性能比较差，用一台摄像机拍摄的LP记录方式下的影像有可能在另外一台数码摄像机上无法进行正常播放。

（5）单击【下一步】按钮，在操作界面上为影片指定卷标名称和刻录格式。

提示 如果计算机中安装了多个刻录机或者默认的光驱不是刻录机，那么需要在【高级设置】对话框中指定使用的刻录机。

（6）从可用的预设模板中选择要应用到影片中的主题模板，然后选择影片的输出视频质量，如图3-89所示。

图3-88　设置【区间】　　　　　　　　图3-89　选择模板和输出视频质量

说明 在下方的DVD信息条上可以查看空白光盘的空间以及影片所需要占用的空间。如果在绿色信息条上看到此影片太大，超出了DVD光盘的容量，则单击【调整并刻录】按钮进行调整。

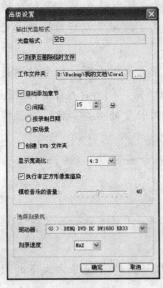

图3-90 【高级设置】对话框

（7）单击【刻录格式】右侧的【高级】按钮，弹出【高级设置】对话框，可以进一步设置高级属性，如图3-90所示。

· 光盘格式：显示当前插入的光盘的格式。

· 刻录后删除临时文件：启用该复选框，可以在刻录后，删除工作文件夹中的临时文件。

· 工作文件夹：输入或查找保存临时文件的文件夹。

· 自动添加章节：启用该复选框，可以按照指定的时间自动添加章节。

· 创建DVD文件夹：启用该复选框，可以在刻录后，仍然在硬盘上保留DVD文件夹。仅在项目是DVD格式时，此选项才可用；也可以用DVD播放器在计算机上查看完成的DVD影片。

· 显示宽高比：可从所支持的像素宽高比的列表中选择。通过应用正确的宽高比，可以恰当地预览图像。这样可以避免视频出现动作和透明度失真。

· 执行非正方形像素渲染：启用该复选框，可以在预览视频时执行非正方形像素渲染。非正方形像素的支持有助于避免出现DV和MPEG-2内容的失真并保留实际的分辨率。通常，正方形像素适合于计算机显示器的宽高比，而非正方形像素最适合于在电视屏幕上进行查看。可按照影片播放的目标设备进行设置。

· 模板音乐的音量：拖动滑动条，可以设置DVD菜单的背景音乐的音量大小。

· 驱动器：选择光盘刻录机。

· 刻录速度：选择刻录光盘的速度。

（8）设置完成后，单击【刻录】按钮 ，可将DV带中的影片传输到计算机中并刻录到光盘。在刻录之前，需要将DVD光盘放入刻录机，否则，将弹出信息提示窗口。

3.10.4　使用场景检测

场景是根据拍摄日期和时间来区分的视频片段。使用DV带拍摄时，每次拍摄和停止拍摄操作都会被作为一个场景。使用场景检测功能，可以在制作完成的DVD界面上显示场景略图，以便快速查找和播放指定的视频片段。其操作步骤如下：

（1）通过IEEE 1394线将DV与计算机连接。

（2）将DV切换到播放模式。

（3）启动会声会影DV转DVD向导，在【设备】列表中选择要录制的设备，然后单击【捕获格式】右侧的下拉按钮，从下拉列表中选择要捕获的视频格式。

(4) 使用预览窗口下方的播放控制按钮，找到需要录制的开始位置后，在【场景检测】下方指定场景检测方式，如图3-91所示。

· 开始：选中该单选按钮，将从DV带的起始位置开始扫描场景。如果DV带的位置不在起始处，会声会影将自动把DV带倒退到起始位置。

· 当前位置：使用预览窗口下方的播放控制按钮找到需要捕获的开始位置，然后从DV带的当前位置开始扫描。

(5) 单击【速度】右侧的下拉按钮，将从下拉列表中选择扫描速度，可以选择1X、2X或者最大速度选项。

(6) 单击【开始扫描】按钮开始扫描DV带中的场景。扫描完成后，右侧的故事板中将显示DV带上所拍摄的视频的场景略图，如图3-92所示。

提示 如果没有顺利地查找到场景，可能是因为拍摄DV影片之前没有正确校正DV带上的时间码。在拍摄视频前，需要将DV带倒到起始位置，然后切换到拍摄模式，在盖住镜头盖的状态下不间断地录制空白视频，直到整盘DV带录制完毕。这样，在拍摄影片时才能够获得正确的时间码。

(7) 选中故事板上的一个场景略图，单击【播放所选场景】按钮查看场景内容，这时，程序会自动为DV摄像机进带或者倒带，并从指定的场景位置开始播放。单击【停止播放】按钮，则可以停止录像带播放。

(8) 查看并播放场景内容后，如果有一些片段不需要刻录到最终的DVD光盘上，按住【Ctrl】键单击场景略图将它们选中，然后单击【不标记场景】按钮，使它们在采集和刻录时被跳过。

提示 被取消的场景不会刻录到DVD光盘上。如果想要再次标记被取消的场景，单击【标记场景】按钮即可。

(9) 扫描并设置完成后，单击【下一步】按钮进入刻录输出步骤。设置好各项参数，然后单击【刻录】按钮，将DV带中的影片传输到计算机中并刻录到光盘上。

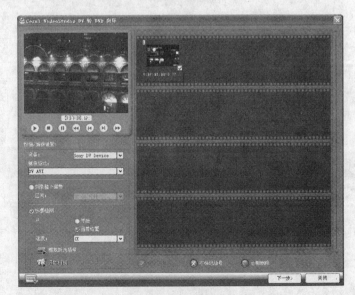

图3-91　场景检测方式　　　　　图3-92　显示DV带上所拍摄的视频的场景略图

3.11　本章小结

　　本章主要介绍了会声会影编辑器的工作界面和它的3种视图模式，同时对会声会影项目的基础操作、素材库、参数设置等做了详尽的说明。另外还介绍了DV转DVD向导操作。通过本章的学习，用户应该对会声会影的编辑器有了一个全面的认识，并可以熟练运用DV转DVD向导。

第4章　捕　获　视　频

通常，视频编辑的第一步就是捕获视频素材。所谓捕获视频素材就是从摄像机、电视、DVD等视频源获取视频数据，然后通过视频捕获卡或者IEEE 1394卡接收和翻译数据，最后将视频信号保存至硬盘中。

4.1　捕获视频前的准备工作

捕获是一个非常令人激动的过程，将捕获到的素材存放在会声会影的素材库中，将方便日后的剪辑操作。捕获和编辑视频需要使用大量的系统资源，在捕获视频之前需要正确地设置计算机，以确保能够成功地捕获到高质量的视频素材，并在编辑过程中保持系统的稳定性。因此，用户必须在捕获和编辑视频前做好必要的准备，例如，设置声音属性、检查硬盘空间和设置捕获参数等。下面对这些设置操作进行详细的介绍。

4.1.1　设置声音属性

捕获卡安装好后，为了确保在捕获视频时能够同步录制声音，用户还需要在计算机中对声音进行设置。因为这类视频捕捉卡在捕获模拟视频时，必须通过声卡来录制声音。

设置声音属性的具体操作步骤如下：

（1）选择【开始】|【设置】|【控制面板】命令，弹出【控制面板】窗口，如图4-1所示。

（2）在窗口中用鼠标双击【声音和音频设备】图标，弹出【声音和音频设备属性】对话框，如图4-2所示。

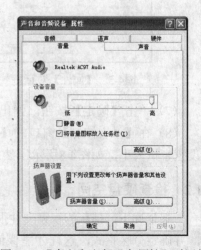

图4-1　【控制面板】窗口　　　　　　　　　图4-2　【声音和音频设备属性】对话框

（3）单击【音频】标签，切换到【音频】选项卡，如图4-3所示。在【录音】选项组中将当前使用的声卡设置为首选设备，然后单击【确定】按钮。

（4）在Windows桌面的任务栏中双击【音量】图标，弹出【音量控制】窗口，如图4-4所示。

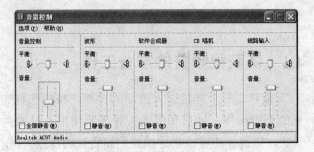

图4-3 【音频】选项卡设置　　　　　　　　图4-4 【音量控制】窗口

（5）选择【选项】|【属性】命令，弹出【属性】对话框，如图4-5所示。

（6）在【混音器】下拉列表中选择所需要的设备，再在【调节音量】选项组中选中【录音】单选按钮，并确认在【显示下列音量控制】选项区域中启用【线路输入】复选框，如图4-6所示。

图4-5 【属性】对话框　　　　　　　　图4-6 设置【属性】对话框

（7）单击【确定】按钮，弹出【录音控制】窗口，如图4-7所示。

（8）在【录音控制】窗口的【线路输入】选项组中启用【选择】复选框，还可以根据需要设置音量大小，如图4-8所示，然后单击【确定】按钮，即可完成声音属性的设置操作。

4.1.2　检查硬盘空间

一般情况下，捕获的视频文件很大，因此用户在捕获视频之前，需要确保有足够的硬盘空间，并确定分区格式，这样才能保证有足够的空间来存储捕获的视频。

在【我的电脑】窗口单击每个硬盘，此时左侧的【详细信息】就会显示该硬盘的文件系统类型（也就是分区格式），以及硬盘可用空间情况，如图4-9所示。

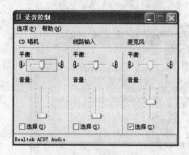 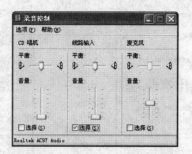 

图4-7 【录音控制】窗口　　图4-8 【录音控制】窗口设置　　图4-9 显示【详细信息】

4.1.3 关闭其他程序

如果捕获视频的时间较长，耗费系统资源较大，捕获前用户最好关闭除会声会影以外的其他应用程序，以提高捕获质量。对于低配置的电脑，这一点更是很重要的。另外，一些隐藏在后台的程序也需要关闭，例如，屏蔽保护程序、定时杀毒程序、定时备份程序，以免捕获视频时发生中断。

注意 在捕获过程中，建议用户最好断开网络，以防电脑遭到病毒或黑客攻击造成操作中断。

4.1.4 设置捕获参数

运用会声会影X2的编辑器时，选择【文件】|【参数选择】命令，弹出【参数选择】对话框，切换到【捕获】选项卡，在该选项卡中可设置与视频捕获相关的参数。

4.1.5 捕获注意事项

捕获视频可以说是最为困难的计算机工作之一。视频通常会占用大量的硬盘空间，并且由于其数据速率很高，硬盘在处理视频时会相当困难。下面列出一些注意事项，以确保可以成功捕获视频。

1. 捕获时需要的硬盘空间

对于视频编辑工作，由于需要传输大量的数据，使用专门的视频硬盘可产生最佳的效果。最好使用至少具备Ultra-DMA/66、7200r/min和30GB空间的硬盘，以免出现丢帧或磁盘空间不足的情况。

另外，如果当前系统包括两个磁盘分区或者两个硬盘，建议将会声会影安装在系统盘（通常是C盘），而将捕获的视频保存在另一个磁盘分区（通常是D盘）或者另一块硬盘上。

2. 启用硬盘的DMA设置

如果在Windows系统中使用的是IDE硬盘，则可启用所有参与视频捕获的硬盘的DMA（直接内存访问）设置。启用DMA可避免捕获视频时可能碰到的丢失帧问题。下面介绍启用硬盘的DMA功能的操作方法。

（1）选择【开始】|【设置】|【控制面板】命令，弹出【控制面板】窗口。

（2）双击【系统】图标，弹出【系统属性】对话框。

（3）切换到【硬件】选项卡，如图4-10所示。单击【设备管理器】按钮，打开【设备管理器】窗口，展开【IDE ATA/ATAPI控制器】选项，如图4-11所示。

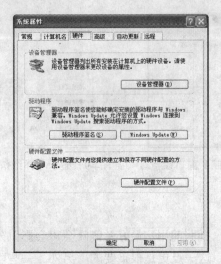

图4-10　【系统属性】对话框中【硬件】选项卡　　　图4-11　【设备管理器】窗口

（4）分别在【次要IDE通道】和【主要IDE通道】选项处单击鼠标右键，再在弹出的快捷菜单中选择【属性】命令（这里选择的是"主要IDE通道"选项），如图4-12所示。

（5）在弹出的【主要IDE通道属性】对话框中单击【高级设置】标签，切换到【高级设置】选项卡，然后在【设备1】选项组的【传送模式】下拉列表中选择【DMA（若可用）】选项，如图4-13所示。

图4-12　选择【属性】命令　　　　　　　　图4-13　设置【高级设置】选项卡参数

（6）设置完成后，单击【确定】按钮，即可完成启用DMA设置。

3. 设置启动磁盘上的写入缓存功能

写入缓存功能可以一次读取大量数据放在缓存中，等系统有空时再写入，以减少系统的等待时间。对于视频编辑系统而言，写入缓存不但起不到加速的作用，还会导致输出画面抖动或丢帧，因此必须禁用。如果需要禁用硬盘的"启用磁盘上的写入缓存"功能，可以按照以下的步骤进行操作（以Windows XP操作系统为例）。

（1）在Windows桌面选择【我的电脑】图标，并单击鼠标右键，在弹出的快捷菜单中选择【属性】选项，弹出【系统属性】对话框。

（2）切换到【硬件】选项卡，单击【设备管理器】按钮，打开【设备管理器】窗口，展开【磁盘驱动器】选项。

（3）选择展开的选项，单击鼠标右键，在弹出的快捷菜单中选择【属性】命令，如图4-14所示。

（4）弹出【属性】对话框，切换到【策略】选项卡，然后取消选择【启用磁盘的写入缓存】复选框，如图4-15所示。

图4-14　选择【属性】命令

图4-15　取消选择【启用磁盘的写入缓存】复选框

（5）设置完成后单击【确定】按钮，重新启动计算机后，即可使设置生效。

4. 设置交换文件大小

交换文件大小设置不当会导致视频编辑的数据输出不稳定，甚至突然中断。如果需要设置交换文件的大小，可以按照以下的步骤进行操作（以Windows XP操作系统为例），将页面文件（交换文件）的大小增加为内存容量的两倍。

（1）在Windows桌面选择【我的电脑】图标，并单击鼠标右键，在弹出的快捷菜单中选择【属性】选项，弹出【系统属性】对话框，切换到【高级】选项卡，如图4-16所示。

（2）单击【性能】选项组中的【设置】按钮，弹出【性能选项】对话框，切换到【高级】选项卡，如图4-17所示。

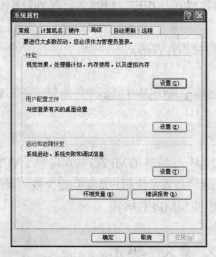
图4-16　【系统属性】对话框中的【高级】选项卡

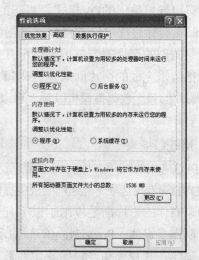
图4-17　【性能选项】对话框中的【高级】选项卡

（3）单击【更改】按钮，在弹出的【虚拟内存】对话框中将【最大值】设置为【初始大小】的两倍，如图4-18所示。

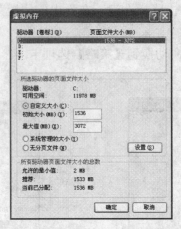

图4-18　【虚拟内存】对话框中的参数设置

（4）设置完成后，单击【确定】按钮，即可完成操作。

4.1.6　捕获视频过程中应注意的问题

如果需要更好地成批捕获和设置摄像机设备的控制性能，那么必须校正DV磁带上的时间码。如果想要进行该操作，可以在拍摄影像前使用标准回放（SP）模式，然后从磁带的开始到结尾不间断地拍摄一段空白的视频，例如，盖上镜头录制等。

4.2　选择捕获的7种视频格式

在使用会声会影X2编辑器捕获视频素材之前，首先需要根据视频素材的来源和用途选择正确的视频格式。下面介绍一些关于视频格式方面的知识，帮助用户在捕获时选择正确的视频格式。

1. DV格式

数码摄像机输出的DV格式是真正的高质量数字影片格式。IEEE 1394卡只起到数据传输的作用，在传输过程中没有任何质量损失。

如果制作的影片需要应用于以下几方面，建议用户使用AVI格式。

·把编辑完成的影片回录至数码摄像机中。

·影片回录至数码摄像机以后，可以从摄像机中通过模拟输出，再把影片传输至普通的VHS录像带上。

2. MPEG格式

MPEG格式的视频文件应用非常广泛。会声会影X2为一些特殊的MPEG格式设置了VCD、SVCD/DVD等专用选项。而选项面板中提供的MPEG格式选项是为了使用户能够自定义视频属性。

如果制作的影片需要应用于以下几方面，建议用户使用MPEG格式。

·制作多媒体、PowerPoint幻灯演示中的视频文件。

·需要在【视频和音频捕获属性】对话框中自定义视频文件的属性。

· 制作完成的视频文件需要能够使用Windows媒体播放器播放。

3. DVD格式

DVD的全称是Digital Versatile Disc，是近些年来普遍使用的视频格式，采用MPEG-2作为视频保存的格式，图像分辨率为720像素×576像素（PAL制式）/720像素×480像素（NTSC制式），是DVD影片和数码电视的标准格式。

运用会声会影和DVD刻录机就可以制作带有互动菜单的DVD影片，并且可以在DVD-ROM以及家用的DVD播放机上播放。

如果制作的影片将应用于以下方面，建议用户使用DVD格式。

· 捕获MPEG-2品质的视频素材。

· 将编辑完成的影片制作成DVD光盘。

4. VCD格式

VCD全称为Video CD，也就是人们经常说的影片光盘，它采用MPEG-1作为视频保存的格式，图像分辨率为352像素×288像素（PAL制式）/352像素×240像素（NTSC制式）。

使用会声会影和普通的光盘刻录机，可以把影片制作成VCD光盘或者把静态图片制作成VCD格式的电子相册。

如果制作的影片将应用于以下方面，建议用户使用VCD格式。

· 捕获MPEG-1品质的视频素材。

· 将编辑完成的影片制作成VCD光盘。

5. SVCD格式

SVCD格式也就是超级VCD（Super VCD），它采用MPGE-2作为视频保存的格式，图像分辨率为480像素×576像素（PAL制式）/480像素×480像素（NTSC制式），水平清晰度达到350线以上，质量与目前模拟电视机显示的水平（350线～400线）相匹配。SVCD光盘可以在SVCD播放机、CD-ROM等工作平台上播放，可获得全屏的高分辨率视频画面。另外，SVCD可提供高质量双路立体声或四路单声道伴音，并且具有叠加图文、多语言和交互性等功能。

如果制作的影片将应用于以下方面，建议用户使用SVCD格式。

· 捕获MPEG-2品质的视频素材。

· 将编辑完成的影片制作成SVCD光盘。

提 示 将视频捕获为MEPG/VCD/SVCD/DVD格式时，需要选择【工具】菜单中的【改变捕获外挂程序】命令，在弹出的【改变捕获外挂程序】对话框中将捕获外挂程序设置为【Ulead DSW MPEG捕获外挂程序】。

6. WMV格式

WMV的全称是Windows Media Video，它可以处理同步多媒体数据的文件格式，支持在多种网络上的实时传输，并且能够在标准的Windows媒体播放器上播放。

如果制作的影片将应用于以下方面，建议用户使用MWV格式。

· 将编辑完成的影片上传至网络。

· 需要自定义视频的品质，并且要使它们能够在Windows媒体播放器上播放。

7. AVI 格式

AVI 格式是微软公司推出的视频文件格式，它应用广泛，是目前视频文件的主流。AVI 格式的文件随处可见。例如，一些游戏、教育软件的片头，以及多媒体光盘。

如果制作的影片将应用于以下方面，建议用户使用 AVI 格式。

- 制作用于游戏、软件片头和多媒体的视频文件。
- 需要在【视频捕获属性】对话框中自定义视频文件的属性。
- 制作完成的视频文件能够使用 Windows 媒体播放器播放。

4.3　捕获的选项设置

【捕获】通常是影片编辑的第一步操作，在【捕获】步骤中可以直接将视频源中的影片素材传输到计算机中。在【捕获】步骤的选项面板上，包括图 4-19 所示的几项功能。

1. 捕获视频

用于捕获来自 DV、HDV、模拟摄像机和电视的视频。对于各种不同类型的视频来源来说，捕获所用的步骤类似。不同的是，每种类型来源的捕获视频选项面板中可用的捕获设置是不同的。

2. DV 快速扫描

用于扫描 DV 设备，查找要导入的场景。

3. 从 DVD/DVD-VR 导入

用于从 DVD 光盘导入视频或者导入硬盘中保存的 DVD/DVD-VR 格式的视频文件。

4. 从移动设备导入

用于从基于 Windows Mobile 的智能手机、PocketPC/PDA、iPod 和 PSP 移动设备中导入媒体文件。

DV 与计算机正确连接后，单击选项面板上的【捕获视频】按钮 ，将进入视频捕获界面，其选项面板如图 4-20 所示。

图 4-19　【捕获】步骤的选项面板　　　　　图 4-20　视频捕获界面选项面板

提示　在视频捕获界面中，单击选项面板右上角的 按钮，可以返回上一级界面。

下面介绍选项面板上各项参数的功能和使用方法。

1. 区间

用于指定要捕获的素材的长度。这里的几组数字分别对应小时、分钟、秒和帧。在需要调整的数字上单击鼠标，当其处于闪烁状态时，输入新的数字或者单击右侧的微调按钮可以增加或减少所设置的时间。在捕获视频时，【区间】中同步显示当前已经捕获的视频的时间长度。

也可以在【区间】中预先指定数值，捕获指定时间长度的视频。

2. 来源

用于显示检测到的视频捕获设备，也就是显示所连接的摄像机的名称和类型。

3. 格式

选取用于保存捕获视频的文件格式。单击右侧的下拉按钮，可以根据所使用的捕获设备以及输出需求从如图4-21所示的下拉列表中选择DV、MPEG、DVD、VCD或SVCD格式。

4. 按场景分割

在拍摄影片时，会在同一盘录像带上拍摄多个视频片段，在编辑视频时，常常需要分割这些片段以便为它们加上转场效果或者标题。启用【按场景分割】复选框，如图4-22所示，可以根据录制的日期、时间以及录像带上任何较大的动作变化、相机移动以及亮度变化，自动将视频文件分割成单独的素材，并将它们当做不同的素材插入项目中。

图4-21　【格式】下拉列表

图4-22　启用【按场景分割】复选框

注意　按场景分割功能在捕获MPEG文件时不可用，只有在捕获DV格式的文件时，才处于可用状态。

5. 捕获文件夹

单击右侧的【捕获文件夹】按钮，在弹出的【浏览文件夹】对话框中可以指定保存捕获的文件的路径。建议将捕获文件夹设置到C盘以外有足够大剩余空间的磁盘分区上。

6. 选项

单击【选项】按钮，在弹出的如图4-23所示的下拉菜单中可以打开与捕获驱动程序相关的对话框。

（1）捕获选项

选择【捕获选项】命令，在如图4-24所示的【捕获选项】对话框中可以选择是否捕获到素材库中。启用【捕获到素材库】复选框，将在捕获视频后，在素材库中添加一个当前捕获的素材的略图链接，以备今后快速存取。对于某些格式，可以选择是否捕获音频并设置帧速率。

图4-23　【选项】下拉菜单

图4-24　【捕获选项】对话框

提示　如果通过IEEE 1394卡来捕获DV素材，视频和音频将被同时捕获到计算机中，不能只捕获视频素材而不捕获音频素材。捕获完成后，如果不希望在最终的影片中听到视频素材的声音，可以在【编辑】步骤中将素材的音量设置为0。

（2）视频属性

选择【视频属性】命令。在弹出的如图4-25所示的【视频属性】对话框中可以选择类型1（DV type-1）或者类型2（DV type-2）。

提示 通过Fire Wire（IEEE 1394捕获卡）捕获的DV视频被自动保存为AVI格式的文件。在这种AVI文件中包含两种数据流：视频和音频。而DV本身就包含视频和音频的数据流。

在类型1（DV type-1）的AVI中，整个DV流被未经修改地保存在AVI文件的一个流中。而在类型2（DV type-2）的AVI中，DV流被分割成独立的视频和音频数据，保存在AVI文件的两个流中。类型1的优点是DV数据无需进行处理，保存为与原始相同的格式；类型2的优点是可以与不是专门用于识别和处理类型1文件的视频软件相兼容。

图4-25　【视频属性】对话框

7. 捕获视频

单击【捕获视频】按钮，将开始从已安装的视频输入设备中捕获视频。

8. 捕获图像

单击【捕获图像】按钮，可以将视频输入设备中的当前帧作为静态图像捕获到会声会影中。

9. 禁止音频播放

使用会声会影捕获DV视频时，可以通过与计算机相连的音响监听影片中录制的声音，此时【禁止音频播放】按钮处于可用状态。如果声音不连贯，可能是DV捕获期间在计算机上预览声音时出现了问题，不会影响音频捕获的质量。如果出现这种情况，单击【禁止音频插放】按钮可以在捕获期间使音频静音。

4.4　从DV捕获视频

下面详细介绍从DV捕获视频的方法。

4.4.1　制作DVD影片的流程

从DV捕获视频时，最常见的操作目的是把编辑完成的影片刻录输出为DVD光盘。使用会声会影从DV带捕获视频时，可以直接捕获为DVD格式，也可以捕获为DV格式。如果有比较充裕的时间和硬盘空间，建议使用以下的操作流程。

（1）在【捕获】步骤中，将DV带中的视频捕获为DV格式的素材。

（2）在【分享】步骤中使用【创建视频文件】命令，将素材输出为PAL DVD格式的视频文件。

（3）使用输出的PAL DVD格式的视频文件进行编辑加工。

（4）制作完成后，保存项目文件，并在【分享】步骤中使用【创建视频文件】命令，将素材输出为PAL DVD格式的最终影片。

（5）在素材库中选中最终输出的视频文件，然后在【分享】步骤中使用【创建光盘】功能，刻录输出最终的影片。

采用这样的操作流程可以获得最佳的视频质量，原因有以下几点。

1. 捕获DV格式而不是DVD格式

在捕获视频时，将DV摄像机拍摄的影片直接捕获为MPEG/VCD/SVCD/DVD格式，在表现高速运动的画面时会出现明显的条纹。这是因为在将视频直接捕获为MPEG/VCD/SVCD/DVD格式时，程序在捕获的同时还进行了格式转换、尺寸变换和压缩，因此，如果计算机的配置不够高，运算速度和磁盘写入速度不够快，就很难获得最佳的视频质量。

当然，如果DV拍摄的运动画面很少，或者时间有限、磁盘空间有限，可以直接将视频捕获为DVD格式并进行影片编辑。

2. 将视频转换为DVD格式再进行编辑

如果直接用DV AVI的视频进行编辑，文件占用的磁盘空间、交换空间非常大，会极大地影响工作效率，因此，捕获完成后，先转换为DVD格式的素材。在这个过程中，由于程序只执行转换操作，因此，不会太大地影响视频质量。转换完成后，使用DVD格式的素材进行编辑，能够提高计算机运行的效率。

3. 在刻录之前先渲染并输出最终影片

在刻录之前先渲染并输出最终影片有两个理由。第一，可以在将文件刻录到光盘之前在最终的视频文件上预览整个影片的效果。这样，即使是最终的光盘效果出现了问题，也能够判断是影片制作过程中的问题还是光盘写入过程中的问题，以便于有针对性地解决问题；第二，如果直接用项目文件渲染和刻录光盘，这个过程耗时很长，一旦出现渲染错误，整个过程需要重新来过。先渲染并输出最终的影片，把这个过程分成了两个部分——渲染和刻录，因此，即使刻录出现问题，也可以在很短的时间重新刻录新的光盘。

4.4.2 从DV捕获视频

从DV捕获视频，可以按照以下的步骤进行操作。

（1）将DV与计算机正确连接，并将摄像机切换到播放模式。

（2）在会声会影编辑器的步骤面板中单击【捕获】按钮，进入捕获视频步骤。

（3）单击【捕获视频】按钮，显示视频捕获的选项面板，如图4-26所示。

（4）单击【格式】项右侧的下拉按钮，从其下拉列表中选择需要捕获的视频文件的格式，如图4-27所示。

图4-26 显示视频捕获的选项面板

图4-27 【格式】下拉列表

图4-28　指定捕获视频的文件的保存路径

（5）单击右侧的【捕获文件夹】按钮，在弹出的【浏览文件夹】对话框中指定捕获视频的文件在硬盘上的保存路径，如图4-28所示。建议将视频文件的保存路径指定到C盘以外，有足够大剩余空间的磁盘分区上。

（6）单击预览窗口下方的播放控制按钮，找到需要捕获的视频的开始位置，如图4-29所示。

（7）单击【捕获视频】按钮，开始从当前位置捕获视频，这时，【捕获视频】按钮变为【停止捕获】按钮。

图4-29　定位需要捕获的视频的开始位置

（8）在预览窗口中查看当前捕获的视频内容，捕获到所需要的视频后，按【Esc】键或者单击【停上捕获】按钮，完成DV视频的捕获。捕获到的视频片段将显示在【编辑】步骤面板中，如图4-30所示。

（9）重复第（6）步～第（8）步，捕获DV带上其他所需要的素材。

4.4.3　捕获视频素材时的技巧

使用会声会影编辑器捕获视频时，掌握好不同的技巧，可以提高捕获效率。

1. 校正DV带时间码

在使用会声会影的DV快速扫描以及自动分割场景功能时，有时会遇到DV带不能自动按场景分割的情况，这是因为所使用的DV带的时间码不连续而导致的。

新的DV带的时间编码是从00:00到01:00:00，整个时间码是连续的。保持DV带的时间码连续对于影片编辑非常重要。要获得更好的DV快速扫描和摄像机设备控制的性能，以"格式化"DV带的方式校正DV带上的时间码是必需的。这里的"格式化"的意思是从头到尾不间断地录制"空白的"视频。专业的摄影人员常用这种方法来处理曾经使用过的DV带。

其操作步骤如下：

（1）将DV带倒回起始端，并将拍摄模式设置为标准模式（SP）。

图4-30 捕获到的视频片段显示

（2）切换到Camera（摄像）档，在盖住镜头盖的状态下按下录制键，不间断地录制空白视频。

（3）整盘DV带录制完毕后，关闭DV摄像机，然后将DV带倒回起始端。这样，在拍摄影片时才能够获得正确的时间码。

除了"格式化"DV带，在拍摄视频时也要注意以下两点，才能确保时间码连续。

• 一段视频拍摄完成后，尽量不要进行倒带、进带或回放操作，以避免录制下一段时，时间码混乱。

• 如果进行了倒带、进带或回放操作，在录制下一段影片之前，一定要使用摄像机的**End Search**（自动寻尾）功能自动查找上一段影片的结束位置，而不要使用手工倒带或进带的方式确定上一段影片的结束位置。

提示 不同品牌和型号的摄像机的End Search（自动寻尾）功能键的位置和使用方法有所不同，用户可通过参考摄像机的操作手册来掌握End Search功能的操作方法。

2. 捕获指定时间长度的视频

使用会声会影可以指定要捕获的视频内容的时间长度，例如，将捕获时间设置为3分30秒，捕获到3分30秒的内容后，程序自动停止捕获。如果希望程序自动捕获一个指定时间长度的视频内容，可以按照以下的步骤操作。

（1）启动会声会影编辑器，单击步骤面板上的【捕获】按钮进入【捕获】步骤，再单击【捕获视频】按钮，显示视频捕获选项面板。

（2）单击导览面板上的播放控制按钮，使预览窗口中显示需要捕获的视频的起始位置。

（3）在【区间】中输入数值，指定需要捕获的视频的长度。区间框中的数值分别代表小时、分钟、秒和帧。在需要调整的数字上单击鼠标，当其处于闪烁状态时，输入新的数字或者单击右侧的微调按钮可以增加或减少所设定的时间。例如，将捕获时间设置为3分30秒，如图4-31所示。

（4）设置完成后，单击选项面板上的【捕获视频】按钮开始捕获。在捕获的过程中，捕获区间的时间框中显示已经捕获的视频时间。当捕获到指定的时间长度后，程序自动停止捕获，被捕获的视频素材出现在【编辑】步骤的故事板上。

3. 直接将视频捕获为 MPEG 格式

会声会影可以直接从 DV，或任何视频设备中将视频实时捕获成 MPEG-1 或 MPEG-2 格式。直接捕获为 MPEG 格式可以节省硬盘空间，因为 MPEG 的文件大小比 DV AVI 文件小很多。

（1）将摄像机与计算机正确连接，并将摄像机切换到播放模式。

（2）在会声会影编辑器的步骤面板上单击【捕获】按钮，进入捕获步骤。

（3）单击【捕获视频】按钮，显示视频捕获的选项面板。

（4）单击【格式】右侧的下拉按钮，如图4-32所示，从下拉列表中选择【MPEG】格式。也可以在【格式】列表中直接选择 VCD、SVCD 或 DVD 等标准的 MPEG 格式。

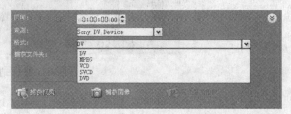

图4-31　指定需要捕获的视频的长度　　　　图4-32　【格式】下拉列表

（5）单击【选项】按钮，从弹出菜单中选择【视频属性】命令，打开【视频属性】对话框，如图4-33所示。

（6）单击【高级】按钮，弹出【MPEG 设置】对话框，自定义需要捕获的 MPEG 文件的属性，如图4-34所示。设置完成后，单击【确定】按钮。

（7）单击预览窗口下方的播放控制按钮，找到需要捕获的视频的开始位置。

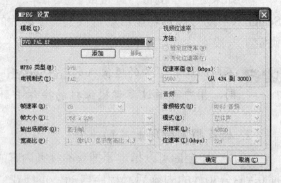

图4-33　【视频属性】对话框　　　　　　图4-34　【MPEG 设置】对话框

（8）单击【捕获视频】按钮，开始从当前位置捕获视频。捕获到所需要的视频后，按【Esc】键或者单击【停止捕获】按钮，完成视频捕获。

4.4.4　从移动设备导入

会声会影可以从 SONY PSP、Apple iPOD 以及基于 Windows Mobile 的智能手机、PDA 等很多随身设备中导入视频。其操作步骤如下：

（1）通过移动设备附赠的专用数据传输线将设备与计算机连接。

（2）单击选项面板上的【从移动设备导入】按钮，打开【从硬盘/外部设备导入媒体文件】对话框，如图4-35所示。

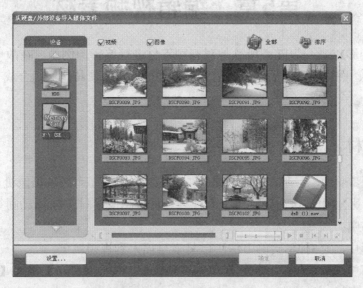

图4-35 【从硬盘/外部设备导入媒体文件】对话框

（3）在左侧的设备列表中选择需要导入文件的设备。

（4）在显示的文件略图上单击鼠标或者按住【Ctrl】键并单击鼠标选中一个或多个需要导入的文件。

提示 单击【设置】按钮，弹出如图4-36所示的【设置】对话框，可以设置浏览文件和保存导入/导出文件的位置。

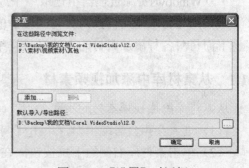

图4-36 【设置】对话框

（5）单击【确定】按钮，即可导入选中素材。

4.5 本章小结

本章全面、详尽地介绍了会声会影视频素材捕获的方法，同时对具体的操作技巧做了认真细致的阐述。通过本章的学习，用户可以熟练地通过不同的素材来源，捕获所需要的视频素材，为读者在进行视频编辑之前，打下良好的基础。

第5章　编辑视频素材

使用会声会影X2，可以随心所欲地对视频素材进行编辑。例如，在故事板中添加了视频素材、音乐素材、图片素材等后，有时需要对其进行编辑，使其能够组合成一段情节、效果俱佳的影片。

5.1　添加素材

在【编辑】步骤中，最基本的操作是添加新的素材。除了可以从摄像机直接捕获视频外，也可以在会声会影X2中将保存到硬盘上的视频素材、图像素材、Flash动画等不同类型的素材添加到项目文件中。

在会声会影中，有3种不同的方法可以将素材插入到视频轨上。

- 在素材库中选取素材，并将它拖曳到视频轨上。按住【Shift】键或【Ctrl】键可以一次选取并添加多个素材。
- 从Windows资源管理器中选取一个或多个文件，然后将它们拖曳到视频轨上。
- 使用【将媒体文件插入到时间轴】的方法将素材从文件夹直接添加到视频轨上。

下面将对各种添加素材的方法进行详细的介绍。

5.1.1　从素材库中添加视频素材

从素材库添加视频素材的步骤如下：

（1）进入会声会影编辑器，单击【编辑】按钮，进入【编辑】步骤面板。

（2）单击素材库右侧的下拉按钮，在弹出的下拉列表中选择【视频】选项。

（3）单击素材库上方的【加载视频】按钮，打开如图5-1所示的【打开视频文件】对话框。

（4）在对话框中选择视频素材所在的路径，并选择需要添加的视频文件，单击对话框底部的【预览】按钮，可以看到选中文件的第一帧画面，如图5-2所示。

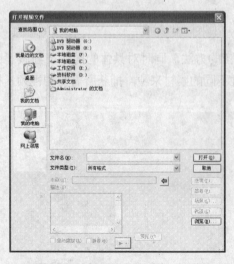

图5-1　【打开视频文件】对话框　　　　　图5-2　预览选中的文件

（5）单击对话框底部的 ►· 按钮，可以在预览窗口中播放选中的文件。

（6）确定要添加的视频素材文件，单击【打开】按钮，即可将该文件添加至相应的素材库中，如图5-3所示。

图5-3　添加的视频素材

（7）选中添加的视频素材，单击预览栏下方的【播放】按钮 ►，在预览窗口可观看添加的视频效果，如图5-4所示。

图5-4　选择并查看视频素材的效果

（8）按住并拖动鼠标，把选中的文件从素材库拖动到故事板中，释放鼠标，选中的视频素材就被添加到了视频轨上，如图5-5所示。

图5-5　把选中的文件从素材库拖动到故事板中

5.1.2 从文件中添加视频素材

在大多数情况下，视频素材都是保存在硬盘或光盘上的。下面将介绍直接把这些视频素材添加到影片中（不添加到素材库中）的操作方法。

（1）单击故事板上方的【将媒体文件插入到时间轴】按钮 ，然后在弹出的下拉菜单中选择【插入视频】命令，如图5-6所示（还可以执行【文件】|【将媒体文件插入到时间轴】|【插入视频】菜单命令，或在故事板的视频轨中单击鼠标右键，在弹出的快捷菜单中选择【插入视频】选项）。

图5-6　选择【插入视频】命令

（2）在弹出的【打开视频文件】对话框中选择需要添加的一个或多个视频文件，如图5-7所示。

（3）单击【打开】按钮，弹出【改变素材序列】对话框，如图5-8所示。

（4）如果需要改变对话框中素材文件的顺序，可选择该素材，通过拖曳的方式调整素材的排列顺序，如图5-9所示。

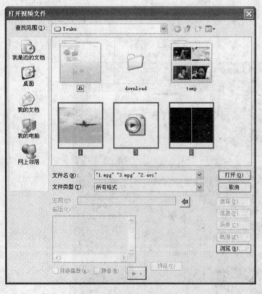

图5-7　选择需要添加的视频文件

图5-8　【改变素材序列】对话框

图5-9　改变素材的序列

（5）调整完成后，单击【确定】按钮，所有选中的视频素材将作为最后的一段视频插入到故事板上，如图5-10所示。

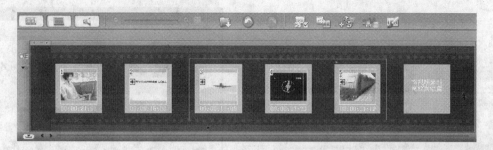

图5-10 将选择的素材插入到故事板中

5.1.3 添加图像素材

在会声会影中，除了可以插入视频素材外，也可以将静态图像素材插入到项目中。通过这种方式，可以将相片制作成电子相册，也可以为影片制作一幅漂亮的画面作为片头或者在影片中添加一些相关的图片。添加图像素材与添加视频素材的方法类似，通常可以使用以下几种方法。

1. 从资源管理器添加

在Windows资源管理器中选择要添加的图像素材，将它们直接拖曳到会声会影的视频轨上，如图5-11所示。

图5-11 从资源管理器直接添加图像素材

2. 从素材库添加

（1）单击素材库右侧的下拉按钮，在弹出的下拉列表中选择【图像】选项，切换到图像素材库，如图5-12所示。

（2）单击素材库上方的【加载图像】按钮，打开如图5-13所示的【打开图像文件】对话框。

图5-12 切换到【图像】素材库　　　　　　　图5-13 【打开图像文件】对话框

（3）选择要插入的静态图像，单击【打开】按钮，即可将选择的图像添加到素材库中，如图5-14所示。

图5-14 添加的图像素材

（4）把影片需要使用的图像素材从素材库拖曳到故事板上即可完成添加图像素材的工作。

3. 从文件夹添加图像素材

如果需要使用的图像素材很多，但不想添加到素材库中而要直接将它们添加到故事板上，可以从文件夹添加图像素材。

（1）单击【将媒体文件插入到时间轴】按钮，然后在弹出的下拉菜单中选择【插入图像】命令，如图5-15所示。

图5-15 选择【插入图像】命令

（2）在弹出的对话框中选中需要添加的图像文件。

（3）单击【打开】按钮，将选中的图像文件添加到故事板上。

5.1.4　添加色彩素材

色彩素材只是一个单色的背景，一般用于视频编辑的标题和转场中。例如，可使用黑色素材来产生淡出到黑色的转场效果。这种方式适用于片段或影片的结束位置。将开场字幕放置在色彩素材上，然后使用交叉淡化效果，也可以在影片中创建平滑的转场效果。添加色彩素材的具体操作步骤如下。

（1）单击素材库右侧的下拉按钮，在弹出的下拉列表中选择【色彩】选项，如图5-16所示。

（2）单击素材库上方的【加载色彩】按钮，打开如图5-17所示的【新建色彩素材】对话框。

图5-16　选择【色彩】选项　　　　　图5-17　打开【新建色彩素材】对话框

（3）单击【色彩】右侧的颜色方框，从如图5-18所示的弹出菜单中选择【Corel色彩选取器】或【Windows色彩选取器】命令，并在弹出的对话框中选取需要使用的色彩。也可以直接在■、■、■后的文本框中输入数值，直接定义RGB的色值。

（4）设置完成后，单击【确定】按钮，所定义的颜色将被添加到素材库中。

5.1.5　添加Flash动画素材

在会声会影中，可以直接将Flash动画添加到影片中。其操作方法与添加视频素材以及图像素材的方法基本相同。下面介绍添加Flash动画素材的一些注意事项。

1. 从素材库添加

从素材库添加图像素材时，需要在下拉菜单中选择【装饰】|【Flash动画】选项，如图5-19所示。

图5-18　选择要使用的色彩选取方式　　　　图5-19　选择【Flash动画】选项

2. 从文件添加Flash动画

从文件添加Flash动画时，单击【将媒体文件插入到时间轴】按钮，从弹出的菜单中选择【插入视频】命令，然后可在弹出的对话框中选择需要添加的Flash动画文件，如图5-20所示。

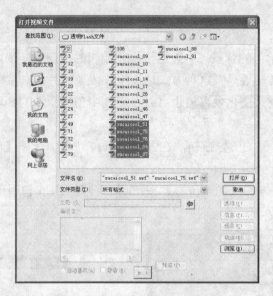

图5-20 从文件添加Flash动画

5.2 【编辑】步骤的选项面板

将要使用的素材添加到视频轨上以后，通过【编辑】步骤的选项面板可以对视频、图像和色彩素材进行编辑。

5.2.1 【视频】选项卡

【视频】选项卡如图5-21所示。

下面介绍各个参数的功能。

【区间】 ：用于显示当前选中的视频素材的长度，时间格中的几组数字分别对应"时：分：秒：帧"，可以单击时间格上需要更改的数值，然后单击【区间】右侧的上下微调按钮或者输入新的数值来调整素材的长度，所做的修改将在预览窗口中实时体现出来。

【素材音量】 ：100表示原始的音量大小。单击右侧的微调按钮，在如图5-22所示的弹出窗口中可以拖动滑块以百分比的形式调整视频和音频素材的音量。也可以直接在文本框中输入一个数值，调整素材的音量。

图5-21 【视频】选项卡

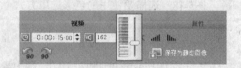

图5-22 调整音量

【静音】 ：按下此按钮，使它处于 状态时，可以使视频的音频部分变为静音，而不删除音频。当需要屏蔽视频素材中的原始声音，而为它添加背景音乐时，可以使用此功能。

【淡入】 ：按下此按钮，使它处于 状态时，表示已将淡入效果添加到当前选中的素材中。淡入效果使素材起始部分的音量从零逐渐增大。

【淡出】 ：按下此按钮，使它处于 状态时，表示已将淡出效果添加到当前选中的素材中。淡出效果使素材结束部分的音量逐渐减小到零。

提示 按快捷键【F6】打开【参数选项】|【编辑】选项卡，调整【默认音频淡入/淡出区间】中的数值，可以设置淡入/淡出的区间。

【旋转】 ：用于旋转视频素材。单击
按钮，将视频素材逆时针旋转90°。单击旁边的一个按钮，将视频素材顺时针旋转90°。

【色彩校正】 ：单击此按钮，在如图
5-23所示的选项面板上可以调整视频素材的色调、饱和度、亮度、对比度和Gamma值。通过
【色彩校正】面板可以对偏色或色彩过暗的影

图5-23 【色彩校正】选项面板

片进行校正，也能够将影片调成具有艺术效果的色彩。调整完成后，单击按钮 将返回【视频】选项卡。

• 白平衡：启用该复选框，可以通过调整选项面板中的参数校正视频的白平衡。

• 自动：按下 自动 按钮，程序会自动分析画面色彩并校正白平衡。

• 选取色彩：按下 选取色彩 按钮，可以在画面中单击鼠标指定认为应该是白色的位置，然后程序会以此为标准进行色彩校正。

• 显示预览：启用该复选框，将在选项面板上显示预览画面，以便于比较白平衡校正前后的效果。

• 场景模式： 分别对应钨光、荧光、日光、云彩、阴影、阴暗等场景，按下相应的按钮，将以此为依据进行智能白平衡校正。

• 温度：即色温，指的是光波在不同的能量下，人类眼睛所感受的颜色变化。

• 自动调整色调：启用该复选框，将由程序自动调整画面色调。

• 色调：调整画面的颜色。在调整过程中，色彩会根据色相环进行改变。

• 饱和度：调整色彩浓度。向左拖动滑块色彩浓度降低，向右拖动滑块色彩浓度增加。

• 亮度：调整明暗程度。向左拖动滑块画面变暗，向右拖动滑块画面变亮。

• 对比度：调整明暗对比。向左拖动滑块画面对比度减小，向右拖动滑块画面对比度增强。

• Gamma：调整明暗平衡。

【回放速度】 ：单击此按钮，将打开【回放速度】对话框。可以在对话框中调整视频素材的播放速度。

【反转视频】：启用该复选框，可以反向播放视频，使影片倒放。

【保存为静态图像】 ：单击此按钮，可以将当前帧保存为静态图像文件。

【分割音频】 ：可以将视频文件中的音频分离出来并放到声音轨中。

【按场景分割】 ：单击此按钮，在弹出的对话框中可以按照食品录制的日期、时间或视频内容的变化，将捕获的DV AVI文件分割为单独的场景，如图5-24所示。

【多重修整视频】 ：单击此按钮，在弹出的对话框中允许用户从视频文件中选取需要的片段并提取出来，如图5-25所示。

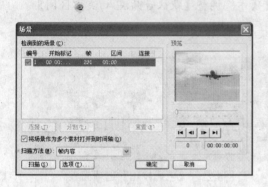

图5-24 【场景】对话框   图5-25 【多重修整视频】对话框

5.2.2 【图像】选项卡

在视频轨上添加一个图像素材，选中该素材，选项面板如图5-26所示。

【区间】 用于设置所选的图像素材在影片中持续播放的时间。

【旋转】 用于旋转图像素材。

【色彩校正】：单击此按钮，在选项面板上可以调整图像素材的色调、饱和度、亮度、对比度和Gamma值。

【重新采样选项】：单击右侧的下拉按钮，从下拉列表中可以选择重新采样的方式。选中【保持宽高比】选项可以保持当前图像的宽度和高度的比例；选中【调到项目大小】选项，可以使当前图像的大小与项目的帧的大小相同。

【摇动和缩放】：启用该项，可以将摇动和缩放效果应用到当前图像中。摇动和缩放功能可以模拟摄像机摇动和缩放的效果，让静态图像变得具有动感。

【自定义】 单击此按钮，在弹出的对话框中可以定义摇动和缩放当前图像的方法。

5.2.3 【色彩】选项卡

在故事板上添加一个色彩素材，选中该素材，选项面板如图5-27所示。

图5-26 【图像】选项面板   图5-27 【色彩】选项卡

【区间】 设置所选的色彩素材在影片中持续播放的时间。

【色彩选取器】：单击色彩框，在如图5-28所示的菜单中可以自定义需要使用的颜色。

5.2.4　【属性】选项卡

【属性】选项卡中的各项参数用于设置和调整应用到素材中的滤镜的属性，其选项面板如图5-29所示。

图5-28　自定义需要使用的颜色

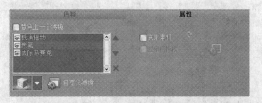

图5-29　【属性】选项面板

【替换上一个滤镜】：启用该复选框，可以将新滤镜应用到素材上，并且替换素材上原先已经应用的滤镜。如果希望在素材上应用多个滤镜，应取消启用此复选框。

【已用滤镜】：显示已经应用到素材中的滤镜列表。

【上移滤镜】▲：单击此按钮可以调整视频滤镜在列表中的位置，使当前所选择的滤镜提早应用。

【下移滤镜】▼：单击此按钮可以调整视频滤镜在列表中的位置，使当前所选择的滤镜延后应用。

【删除滤镜】✖：选中已经添加的视频滤镜，单击此按钮可以从视频滤镜列表中删除所选择的视频滤镜。

【预设】：单击右侧的下拉按钮，从弹出的下拉列表中可以选择不同的预设类型，并将其应用到素材中，如图5-30所示。

【自定义滤镜】：单击此按钮，在弹出的对话框中可以自定义滤镜属性。根据选择的滤镜类型不同，对话框中可以设置的各项参数也不相同。

图5-30　选择预设滤镜类型

【变形素材】：启用该复选框，可以拖动控制点进行任意倾斜或者扭曲视频轨上的素材，使视频应用变得更加自由，如图5-31所示。

图5-31　变形素材

【显示网格线】：在调整视频或图像的位置和大小，或者在影片上添加标题时，可以使用网格线作为参考。启用【变形素材】复选框，然后启用【显示网格线】复选框，就可以在预览窗口中显示网格线，如图5-32所示。

　　【网格线选项】 ：单击此按钮，在弹出的如图5-33所示的对话框中还可以调整网格大小、线条颜色和线条类型等网格线属性。

图5-32　显示网格线　　　　　　　　　　　图5-33　设置网格线属性

5.3　编辑素材

　　在故事板中添加视频素材后，有时需要对其进行编辑，以便满足影片的需要。例如：调整素材的播放顺序、在素材上添加特效、将视频与音频进行分离以及调整素材的区间等，下面介绍在【编辑】步骤中的典型应用案例。

5.3.1　调整播放顺序

　　在视频轨上添加素材后，每一个略图代表影片中的一个视频素材或者图像素材，略图按影片的播放顺序依次出现，下面将介绍如何改变素材在影片中的播放顺序。

　　（1）在需要调整顺序的素材上按住并拖动鼠标，然后移动到希望放置素材的位置。此时，拖动的位置处将会显示一条竖线，表示素材原来放置的位置，如图5-34所示。

图5-34　拖曳素材

　　（2）释放鼠标，选中的素材将被放置到新的位置，如图5-35所示。

图5-35　将素材移到新的位置

5.3.2　用略图修整素材

使用略图可以快捷、直观地为视频素材除头、去尾。这种方式多用于素材的粗略修整或者修整易于识别的场景。

（1）单击故事板左侧的模式切换按钮，切换到时间轴模式，如图5-36所示。

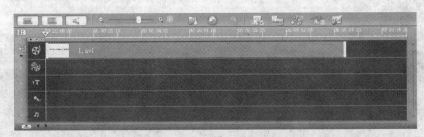

图5-36　切换到时间轴模式

（2）选择【文件】|【参数选择】菜单命令，打开【参数选择】对话框，在【素材显示模式】下拉列表框中选择【仅略图】选项，设置时间轴上素材的显示方式，如图5-37所示。

（3）选中需要修整的素材，该素材的两端以黄色标记显示，在这段视频素材中，需要去除头部和尾部的一些内容，如图5-38所示。

（4）在左侧的黄色标记上按住鼠标并拖动，同时在预览窗口中查看当前标记所对应的视频内容。看到需要修整的位置后，略微回移鼠标，然后释放鼠标。这时，时间轴上将显示要保留的内容，如图5-39所示。

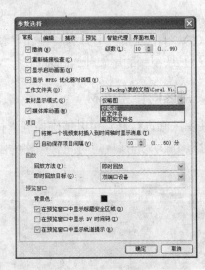

图5-37　设置素材的显示模式

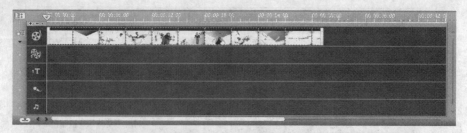

图5-38　选中的素材

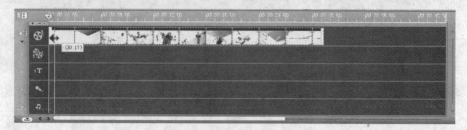

图5-39　以拖动的方式调整素材头部

提示　略微回移鼠标的目的在于能够在后面的操作中以帧为单位精确修整。

（5）单击时间轴上方的 按钮，将时间轴上的略图放大显示。然后在左侧的黄色标记上按住鼠标并拖动，将它调整到需要精确修整的位置，释放鼠标即可完成开始部分的修整工作，如图5-40所示。

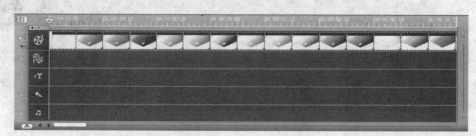

图5-40　使用略图精确修整

（6）单击视频轨上方的 按钮，使视频轨上要修整的素材在窗口中完全显示出来。

（7）从视频的尾部开始向左拖动，按前面所介绍的方法分两次完成粗略定位和精确定位。

5.3.3　用区间修整素材

使用区间进行修整可以精确控制素材片段的播放时间，但它只会从视频的尾部进行截取。如果对整个影片的播放总时间有严格的限制，可以使用区间修整的方式来调整各个素材片段。

（1）在视频轨上选中需要修整的素材，选项面板的【区间】中将显示当前选中的视频素材的长度，如图5-41所示。当前视频素材的长度是11秒6帧。

图5-41　在选项面板上查看素材长度

（2）在这里，我们希望最终的视频长度为8秒，所以单击时间格上对应的数值，分别在"秒"中输入8，在"帧"中输入0，这样，程序就自动完成了修整工作，如图5-42所示。

图5-42 以调整区间的方式修整视频

提示 对于视频素材而言，不能增大【区间】中的数值使它超过源文件的区间，而图像和色彩素材则可以任意改变。

5.3.4 用飞梭栏和预览栏修整素材

使用飞梭栏和预览栏修整素材是最为直观和精确的方式，这种方式可以非常方便地使修剪的精度精确到帧，具体的操作步骤如下。

（1）在视频轨上选中需要修整的视频素材，预览窗口中将显示素材的内容，同时在选项面板上显示素材的播放时间。

（2）单击预览栏下方的播放素材按钮▶播放所选择的素材，或者直接拖动飞梭栏上的滑块，使预览窗口中显示需要修剪的起始帧的大致位置。然后单击【上一帧】按钮◀和【下一帧】按钮▶，进行精确定位，如图5-43所示。

图5-43 用飞梭栏和播放控制按钮精确定位开始位置

（3）确定起始帧的位置后，按快捷键【F3】或者单击【开始标记】按钮将当前位置设置为开始标记，这样就完成了开始部分的修整工作，如图5-44所示。

图5-44　修整视频素材的开始部分

　　（4）单击预览栏下方的播放素材按钮▶播放所选择的素材，或者直接拖动飞梭栏上的滑块，使预览窗口中显示需要修剪的结束帧的大致位置，然后单击【上一帧】按钮◀和【下一帧】按钮▶进行精确定位，如图5-45所示。

图5-45　精确定位结束位置

　　（5）确定结束帧的位置后，按快捷键【F4】或者单击【结束标记】按钮】，将当前位置设置为结束标记点。这样就完成了结束部分的修整工作，如图5-46所示。

图5-46　修整视频素材的结束部分

提示 修整完成后，飞梭栏上以蓝色显示保留的视频区域。

5.3.5 保存修整后的视频

使用上面的方法修整影片后，并没有真正地将所修整的部分减去。只有在最后的【分享】步骤中，通过创建视频文件才去除所标记的不需要的部分，在这之前，可以随时调整修整位置。如果确认不需要再对影片进行调整，为了避免操作失误改变了修剪好的影片，就需要将修整后的影片单独保存，操作步骤如下。

（1）按照前面介绍的任意一种方法修整影片，然后单击时间轴上的视频素材，使它处于选中状态。

（2）选择【素材】|【保存修整后的视频】菜单命令，程序将渲染素材并将修整后的视频素材在素材库中保存为一个新的文件，如图5-47所示。

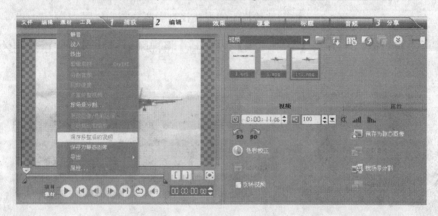

图5-47 保存修整后的视频

提示 对于原始素材，可以拖动修整栏上的滑块重新定位开始位置和结束位置，甚至可以恢复到修整前的状态。而修整后的新文件则无法增大区间恢复到修整前的状态。

5.3.6 删除素材

如果要删除视频轨上不需要的素材，可以按照以下方法进行删除。

· 选中需要删除的一个或多个素材（按住【Shift】键，在素材上单击鼠标，可以选中多个素材，然后按【Delete】键）。

· 选中需要删除的一个或多个素材，选择【编辑】|【删除】菜单命令。

如果出现了误删操作，可以按快捷键【Ctrl+Z】撤销删除。

5.3.7 分割素材

分割素材就是将视频从某个位置分割成两个部分，这样，就可以在分割的位置添加转场或者插入其他的视频、图像素材，也可以单独分割出不需要保留的内容，然后删除，具体的操作步骤如下。

（1）在故事板上选中需要分割的素材，直接拖动飞梭栏上的滑块找到需要分割的位置，然后使用【上一帧】按钮◀和【下一帧】按钮▶进行精确定位，如图5-48所示。

图5-48 拖动飞梭栏上的滑块找到需要分割的位置

（2）单击预览窗口下方的【分割视频】按钮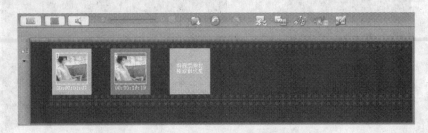，将视频素材从当前位置分割为两个素材，如图5-49所示。

图5-49 素材从分割点的位置分为两半

（3）选择分割后的后一段视频素材，按照前面介绍的方法可以再次定位分割点，如图5-50所示。

图5-50 再次定位分割点

（4）单击预览窗口下方的【分割视频】按钮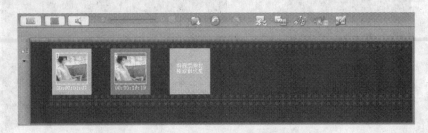，将后一段视频也从分割点分为两部分，如图5-51所示。

提示 使用分割视频的方法分割后的素材并没有真正被剪切为单独的视频文件。在故事板上选择任意一个素材片段，可以看到分割后的素材仅仅是调整了开始位置和结束位置。

只有选择【保存修整后的视频】命令后，才可以将修整或分割后的素材都保存为单独的文件，真正地完成素材修剪操作。

图5-51 再次分割视频素材

5.3.8 按场景分割

使用【编辑】步骤中的按场景分割功能，可以检测视频文件中不同的场景并自动根据场景将视频分割成不同的素材文件。具体的操作步骤如下。

（1）进入【编辑】步骤，选中时间轴上需要分割场景的视频素材。

（2）单击选项面板上的【按场景分割】按钮按场景分割，打开【场景】对话框，如图5-52所示。

（3）单击【扫描方法】右侧的下拉按钮，在下拉列表框中选择需要的扫描方式。

提示 扫描方法取决于视频文件的类型。在捕获的DV AVI文件中，可以用以下两种方法检测场景。（1）DV录制时间：场景按照拍摄的日期和时间检测场景。（2）帧内容：检测场景的变化，如动画改变、镜头切换和亮度变化等，然后将它们分割成单独的视频文件。

在MPEG-1或MPEG-2文件中，场景仅可以按照内容变化来检测。

（4）单击[选项①…]按钮，在如图5-53所示的【场景扫描敏感度】对话框中，拖动滑块可设置敏感度的值。敏感度数值越高，场景检测越精确。设置完成后，单击【确定】按钮即可。

图5-52 打开【场景】对话框

图5-53 设置场景扫描敏感度

（5）单击[扫描⑤]按钮，程序将扫描整个视频文件并列出所有检测到的场景，如图5-54所示。

提示 可以将一些已检测到的场景合并为单个素材。选中要合并的所有场景，然后单击[连接①]按钮。加号（+）和一个数字表示合并到特定素材中的场景数量。单击[分割②]按钮则可以撤销已执行的连接操作。

（6）单击【确定】按钮，按场景分割后的视频素材将分别显示在故事板上，如图5-55所示。

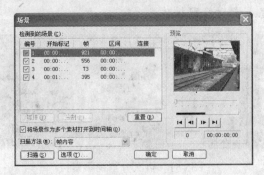

图5-54　扫描场景

图5-55　按场景分割后的视频素材

5.3.9　多重修整视频

多重修整视频是将视频分割成多个片段的另一个方法，它可以让用户完整地控制要提取的素材，更方便地管理项目。可参考前面章节所介绍的多重修整视频的使用方法，在此不再赘述。

5.3.10　从影片中分离音频

如果需要将影片中的音频分离出来，对音频部分进行替换或者单独调整，可以使用分割音频功能直接从视频中分离音频，具体的操作步骤如下。

（1）在时间轴上选中需要分割音频的视频素材，包含音频素材的略图左下角会显示 标志，如图5-56所示。

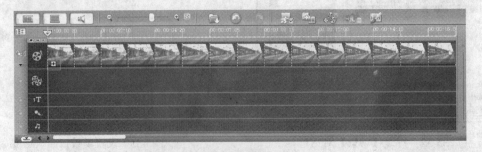

图5-56　选中要分割音频的素材

（2）单击选项面板上的 分割音频 按钮，影片中音频部分将与视频分离，并自动添加到声音轨上，如图5-57所示。素材略图左下角的标志变为 ，这时视频素材中已经不包含声音了，并且可以对音频素材进行替换或调整。

图5-57　声音轨上显示的从影片中分离的音频

5.3.11　调整回放速度

通过调整视频的回放速度，可以使视频素材快速播放或者慢速播放，从而实现快动作或者慢动作效果。具体的操作步骤如下。

（1）选中需要调整回放速度的视频素材。

（2）单击选项面板上的【回放速度】按钮，打开【回放速度】对话框，如图5-58所示。

（3）在【速度】框中输入小于100%的数值（设置范围为10%～99%），或者将滑块向【慢】拖动，即可使播放速度变慢；在【速度】框中输入大于100%的数值（设置范围为101%～1000%）或者将滑块向【快】拖动，即可使播放速度变快。

> **提示**　在【时间延长】框中可以为素材指定区间。快动作或者慢动作效果将被应用到所指定的素材区间中。

（4）单击【预览】按钮查看调整后的效果，然后单击【确定】按钮，将调整后的效果应用到当前选中的视频素材上。

> **提示**　按住【Shift】键，鼠标指针变为白色，在时间轴上拖动素材的终点，可以改变回放速度。

5.3.12　反转视频

反转视频功能可以将视频反向播放，即倒放，使视频的视觉效果变得有趣。

在时间轴上选中一个需要倒放的视频素材，启用选项面板上的【反转视频】复选框，如图5-59所示，这样就实现了视频的倒放效果。

图5-58　【回放速度】对话框

图5-59　启用【反转视频】复选框

5.3.13　保存为静态图像

会声会影还提供了将视频素材中的一帧画面保存为静态图像的功能，具体的操作步骤如下。

（1）选中视频素材，将飞梭栏上的滑块拖动到要捕获的帧上。

（2）单击【上一帧】按钮◀和【下一帧】按钮▶进行精确定位，找到一个在预览窗口中清晰显示的视频帧，如图5-60所示。

图5-60　找到在预览窗口中清晰显示的视频帧

（3）单击选项面板上的【保存为静态图像】按钮，或者选择【素材】|【保存为静态图像】命令。这时，程序自动切换到素材库的【图像】文件夹，显示保存的静态图像的效果，如图5-61所示。

5.3.14　视频色彩校正

会声会影提供了专业的色彩校正功能，可以很轻松地针对过暗或偏色的影片进行校正，也能够将影片调成具有艺术效果的色彩。

选中需要调整的素材，单击选项面板上的【色彩校正】按钮，在弹出的如图5-62所示的选项面板上可以校正图像和视频的色彩和对比度。

图5-61　把视频中的一帧保存为静态图像　　　　图5-62　色彩校正选项面板

1. 色调

调整画面的颜色。在调整过程中，色彩会按色相环做改变，如图5-63所示。

图5-63　通过调整色调改变画面颜色

2. 饱和度

调整视频的色彩浓度。向左拖动滑块色彩浓度降低，向右拖动滑块色彩变得鲜艳，如图5-64所示。

图5-64　通过调整饱和度改变画面色彩浓度

3. 亮度

调整图像的明暗程度。向左拖动滑块画面变暗，向右拖动滑块画面变亮，如图5-65所示。

图5-65　通过调整亮度改变画面明暗程度

4. 对比度

调整图像的明暗对比。向左拖动滑块对比度减小，向右拖动滑块对比度增强，如图5-66所示。

图5-66　通过调整对比度改变画面明暗对比

5. Gamma

调整图像的明暗平衡，如图5-67所示。

5.3.15　调整白平衡

我们在使用DV拍摄的时候，会发现在日光灯照明的房间里拍摄的影像显得发绿，在室内钨丝灯光下拍摄出来的景物偏黄，而在日光阴影处拍摄到的画面则偏蓝，其原因就在于"白平衡"的设置。

图5-67 通过调整Gamma值改变画面明暗平衡

那么什么是"白平衡"呢？物体反射出的颜色根据环境光源的不同是有所变化的，人的眼睛能正确地识别颜色，是因为人的大脑可以检测并且更正环境因素而导致的色彩变化。因此，不论在什么样的光线下人眼所看到的白色物体颜色依旧，但是DV不具有这种功能。为了贴近人的视觉标准，DV就必须模仿人类大脑并根据光线来调整色彩，也就是需要自动或手动调整白平衡获得令人满意的色彩。DV对输出的素材信号进行修正的过程就叫做白平衡调整。

如果在拍摄时没有能够正确地设置白平衡，在会声会影中也可以通过后期调整而得到真实的色彩画面，具体的操作步骤如下。

（1）将需要调整白平衡的视频素材拖放到视频轨上，然后单击选项面板上的【色彩校正】按钮 ，进入【色彩校正】选项面板如图5-68所示。

图5-68 进入【色彩校正】选项面板

（2）启用选项面板上的【白平衡】复选框，然后单击【自动】按钮，由程序自动校正白平衡，如图5-69所示。

图5-69 自动校正白平衡

（3）如果效果不满意，按下███按钮，在画面上你认为应该是白色的区域单击鼠标，程序以此为标准进行色彩校正。

提示 使用这种方式校正白平衡时，选中【显示预览】选项，可以同时在选项面板上显示原始画面效果，以便于比较校正前后的效果。

除了以上所介绍的方法外，也可以利用场景模式、温度和自动调整色调工具进行校正。

· 场景模式校正

███████分别对应钨光、荧光、日光、云彩、阴影、阴暗等场景，在选项面板上按下相应的按钮，将以此为依据进行智能白平衡校正，如图5-70所示。

图5-70 场景模式校正

· 温度校正

温度也就是色温，指的是光波在不同的能量下，人类眼睛所能感受的颜色变化。将色温调整到环境光源的数值，程序也会据此校正画面色彩，如图5-71所示。

图5-71 温度校正

· 自动调整色调

启用该复选框，将由程序自动调整画面的色调。它不仅针对画面色彩进行校正，还会调整画面的明暗程度，如图5-72所示。

5.3.16 变形素材

使用会声会影的变形素材功能，可以任意倾斜或者扭曲视频素材，以配合倾斜或扭曲的覆叠画面，使视频应用变得更加自由，具体的操作步骤如下。

图5-72　自动调整色调

（1）在时间轴上选中　个需要调整大小和形状的素材。

（2）选择选项面板上的【属性】选项卡。

（3）启用【变形素材】复选框，预览窗口中将显示可以调整的控制点，如图5-73所示。

图5-73　预览窗口中显示可以调整的控制点

·拖动角上的黄色控制点可以按比例调整素材的大小，如图5-74所示。

·拖动边上的黄色控制点可以不按比例调整大小，如图5-75所示。

图5-74　按比例调整素材的大小

图5-75　不按比例调整素材的大小

·拖动角上的绿色控制点可以使素材倾斜，如图5-76所示。

图5-76　使素材倾斜

5.4　本章小结

使用会声会影X2进行影片编辑时，素材是很重要的一个元素。本章以实例的形式将添加和编辑素材的每一种方法、每一个选项都进行了详细的介绍。通过本章的学习，用户可以很好地掌握影片编辑中素材的添加以及编辑，并能熟练地使用各种视频剪辑工具对素材进行剪辑，为后面章节的学习奠定良好的基础。

第6章 输出影片和创建光盘

影片编辑完成之后，还需要将影片输出。会声会影X2提供了多种输出视频的方法，可以将影片保存到硬盘、导出到移动设备、转录到录像带或者直接刻录成VCD/DVD光盘。本章主要介绍如何输出影片和创建光盘。

6.1 【分享】步骤选项面板

在会声会影中添加各种视频、图像、音频素材以及转场效果后，单击步骤面板上的【分享】按钮，可进入影片分享与输出步骤。【分享】步骤的选项面板如图6-1所示。在这一步骤中，可以渲染项目，并将创建完成的影片按照指定的格式输出。

【创建视频文件】 : 单击此按钮，从如图6-2所示的下拉列表中可以选择需要创建的视频文件的类型。通过这一步骤，可以将项目文件中的视频、图像、声音、背景音乐、字幕以及特效等所有素材连接在一起，生成最终的影片并保存在硬盘上。

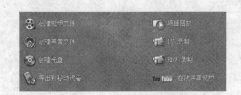

图6-1 【分享】步骤的选项面板

图6-2 创建视频文件的列表

在列表中包括几种不同类型的输出方式。

· 与项目设置相同：选择此选项，将输出与项目文件设置相同的视频文件。如果对输出尺寸、格式等视频属性有特殊的要求，可以先自定义项目文件，然后再选择此选项输出影片。

· 与第一个视频素材相同：选择此选项，将输出与添加到项目文件中的第一个视频素材尺寸、格式等属性相同的影片。

· MPEG优化器：【MPEG优化器】分析并查找要用于项目的最佳MPEG设置或"最佳项目设置配置文件"，它使项目的原始片段的设置与最佳项目设置配置文件兼容，从而节省了时间，并可使所有片段保持高质量，包括那些需要重新编码或重新渲染的片段。

· DV（DV输出）：包括PAL DV（4：3）和PAL DV（16：9），如图6-3所示。它们分别用于保存最高质量的视频资料，或者把编辑后的影片回录到摄像机。

· HDV（高清视频输出）：包括HDV 1080i-50i（针对HDV）、HDV 720p-25p（针对HDV）、HDV 1080i-50i（针对PC）和HDV 720p-25p（针对PC），如图6-4所示。其中HDV 1080i-50i（针对HDV）、HDV 720p-25p（针对HDV）用于输出回录到HDV摄像机的视频文件。

图6-3　DV输出

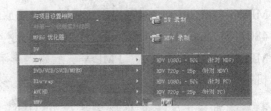
图6-4　HDV输出

提示 HDV制式包括720p和1080i两种规范。720p规范的画面可以达到逐行扫描方式720线（分辨率为1280像素×720像素）；1080i规范的画面可以达到隔行扫描方式1080线（分辨率为1440像素×1080像素）。

- DVD/VCD/SVCD/MPEG（光盘输出和MPEG输出）：其中PAL DVD（4：3）、PAL DVD（16：9）、PAL VCD和PAL SVCD，分别用于输出符合DVD、VCD、SVCD标准的影片，如图6-5所示。PAL MPEG（352×288，25fps）和PAL MPEG（720×576，25fps）则用于输出相应尺寸和格式的MPEG文件。

- Blu-ray（蓝光格式的光驱输出）：是DVD之后的下一代光盘储存格式之一，用于储存高品质的影音以及高容量的数据，包括PAL HDMV-1920和PAL HDMV-1440两种方式，如图6-6所示。

图6-5　光盘输出和MPEG输出

图6-6　Blu-ray输出

- AVCHD（高画质光碟压缩输出）：AVCHD标准基于MPEG-4 AVC/H.264视讯编码，支援480i、720p、1080i、1080p等格式，同时支持杜比数位5.1声道AC-3或线性PCM 7.1声道音频压缩。它包括PAL HD-1920和PAL HD-1440两种方式，如图6-7所示。

- WMV（WMV网络和便携视频输出）：用于输出在网页上或者便携设备上展示的WMV格式的视频文件，如图6-8所示。其中WMV HD 1080 25p和WMV HD 720 25p分别用于输出用于网络展示的相应制式的高清视频；WMV Broadband（352×288，30fps）用于输出宽带网络展示的视频；Pocket PC WMV（320×240，15fps）用于输出掌上电脑播放的视频；Smartphone WMV（220×176，15fps）用于输出在智能手机上播放的视频；Zune WMV（320×240，30fps）和Zune WMV（640×480，30fps）用于输出在Zune设备上播放的视频。

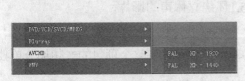
图6-7　AVCHD输出

图6-8　WMV网络和便携设备上的视频输出

- MPEG-4（MPEG-4输出）：主要用于各种便携设备输出，如图6-9所示。其中iPod MPEG-4、iPod MPEG-4（640×480）和iPod H.264输出用于iPod中播放的MPEG-4视频；PSP

MPEG-4、PSP　H.264输出用于在PSP上播放的视频；Zune　MPEG-4、Zune　MPEG-4（640×480）、Zune　H.264、Zune　H.264（640×480）输出用于在Zune中播放的视频；PDA/PMP MPEG-4输出用于PDA、PMP等掌上数码影院设备播放的视频；Mobile Phone输出用于智能手机播放的视频。

提示　市场上掌上数码影院统称为MP4，但是各大厂商也有自己的独特的规则。法国 ARCHOS生产出第一款MP4之后，一直延用MP4这个名称，由于这个名称简单易记，国内不少企业和欧美众多数码厂商都将该类产品叫做MP4，消费者对这种称谓接受度也比较高；第二种叫法是PMP，PMP这种称谓主要集中在日本数码厂商之中，代表厂商索尼、东芝。PMP产品主要在收看DMP、支持GPS、游戏、收音机和移动办公几个方面超越了PDA因而受到了广大消费者的青睐；第三种叫法是PMC，这是微软公司为MP4取的新名字；第四种叫法是PVR，PVR的功能侧重点是视频录像，可以说PVR具有强大的视频录像功能，PVR一般都带有AV-IN/AV-OUT或录像功能；第五种叫法是PVP，和PMP概念差不多；第六种叫法是PMA，简单地说就是PDA与硬盘MP4的合体，是比较新潮的数码产品，Archos　PMA　4XX系列，是全球首款集个人娱乐、商务应用和无线上网于一体的PMA。

・FLV（Flash Video输出）：包括FLA（320×240）和FLA（640×480），如图6-10所示。由于它形成的文件极小、加载速度极快，使得在网络上观看视频文件成为可能，它的出现有效地解决了视频文件导入Flash后，使导出的SWF文件体积庞大，不能在网络上很好地使用等缺点。

提示　FLV是一种全新的流媒体视频格式，它利用了网页上广泛使用的Flash　Player平台，将视频整合到Flash动画中。也就是说，网站的访问者只要能看Flash动画，自然也能看FLV格式视频，而无需再额外安装其他视频插件，FLV视频的使用给视频传播带来了极大便利。

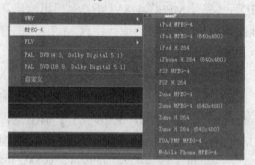
　　　　图6-9　MPEG-4网络和便携视频输出

　　　　图6-10　Flash　Video输出

・5.1声道输出：包括PAL DVD（4：3，Dolby Digital 5.1）和PAL DVD（16：9，Dolby Digital 5.1），分别用于输出指定画面比例的带有5.1环绕立体声的影片。

・自定义：用于输出自定义格式的视频文件。

【创建声音文件】：单击此按钮，在弹出的对话框中可以将整个项目的音频部分单独保存为声音文件。

【创建光盘】：单击此按钮，将打开光盘制作向导，允许用户将项目刻录为Blu-ray、AVCHD、DVD、VCD或SVCD光盘。

【导出到移动设备】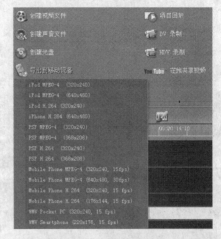：单击此按钮，在弹出的如图6-11所示的下拉列表中选择相应的格式和输出设备，可以将视频文件导出到SONY PSP、Apple iPod以及基于Windows Mobile的智能手机、PDA等移动设备中。

【项目回放】：单击此按钮，在弹出的对话框中选择回放范围后，将在黑色屏幕背景上播放整个项目或所选的片段。

【DV录制】：单击此按钮，在弹出的对话框中可以将视频文件直接输出到DV摄像机，并将它录制到DV录像带上。

图6-11 导出到移动设备

【HDV录制】：单击此按钮，在弹出的对话框中可以将视频文件直接输出到HDV摄像机，并将它录制到录像带上。

【在线共享视频】：可直接输出各大视频分享网站支持的WMV格式档案，并将此类档案上传到YouTube网站的个人影片分享空间中（要使用上传功能必须先申请YouTube网站账号）。

6.2 创建并保存视频文件

创建视频文件主要是把项目文件中的所有素材连接在一起，然后将制作完成的影片保存到硬盘上。

6.2.1 输出整部影片

在编辑和制作影片时，项目文件中可能包含视频、声音、标题和动画等多种素材，创建视频文件可以将影片中所有的素材连接为一个整体，这个过程通常被称为"渲染"。下面首先介绍创建和保存视频文件的方法。

（1）单击步骤面板上的【分享】按钮，进入影片分享与输出步骤。

（2）单击选项面板上的【创建视频文件】按钮，在弹出的下拉列表中选择需要创建的视频文件类型，如图6-12所示。

（3）在弹出的【创建视频文件】对话框中指定视频文件保存的名称和路径，如图6-13所示。

（4）单击【保存】按钮，程序开始自动将影片中的各个素材连接在一起，并以指定的格式保存。这时，预览窗口下方将显示渲染进度。

（5）渲染完成后，生成的视频文件将在素材库中显示一个略图。单击预览窗口下方的【播放】按钮，即可查看渲染完成后的影片效果。

6.2.2 输出指定范围的影片内容

有时，在整个项目文件中只需要输出影片的一部分。可以先指定需要输出的预览范围，然后在【分享】步骤中只渲染和输出预览范围内的内容，操作步骤如下。

（1）单击预览窗口下方的按钮切换到项目播放模式。

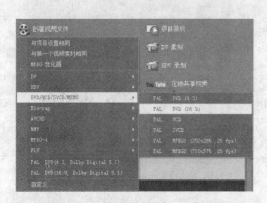

图6-12 选择需要输出的文件类型

图6-13 指定视频文件保存的名称和路径

（2）在预览窗口下方将飞梭栏上的滑块移动到需要输出的预览范围的开始位置，单击预览窗口下方的【开始标记】按钮 ，这时，在时间轴上方可以看到一条红色的预览线，如图6-14所示。

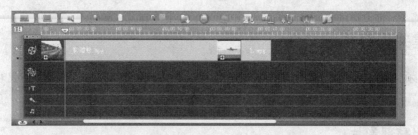

图6-14 设置开始标记

（3）在预览窗口下方将飞梭栏上的滑块移动到需要输出的预览范围的结束位置，单击预览窗口下方的【结束标记】按钮 ，这时，在时间轴上方红色预览线标识的区域就是用户所指定的预览范围，如图6-15所示。

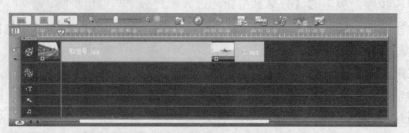

图6-15 设置结束标记确定预览范围

（4）单击预览窗口下方的【播放】按钮，查看预览范围中的影片效果，也可以根据需要重新调整开始标记和结束标记。

（5）单击步骤面板上的【分享】按钮，进入影片分享与输出步骤，然后单击选项面板上的【创建视频文件】按钮 ，在弹出的下拉列表中选择需要创建的视频文件的类型。

（6）在弹出的【创建视频文件】对话框中单击【选项】按钮，打开【Corel VideoStudio】

对话框，如图6-16所示。选中该对话框中的【预览范围】单选按钮，然后单击【确定】按钮。

（7）指定视频文件保存的名称和路径后，单击【保存】按钮，程序开始自动将指定的预览范围内的各个素材连接在一起，并以指定的格式保存。这时，预览窗口下方将显示渲染进度。

（8）渲染完成后，生成的视频文件将在素材库中显示一个略图。单击预览窗口下方的【播放】按钮，即可查看渲染完成后的影片效果。

6.2.3 单独输出项目中的声音

单独输出影片中的声音素材可以将整个项目的音频部分单独保存起来，以便在声音编辑软件中进一步处理声音或者将它应用到其他影片中。需要注意的是，这里输出的音频文件是包含了项目中的视频轨、覆叠轨、声音轨以及音乐轨的混合音频，也就是预览项目时所听到的声音效果。单独输出项目中声音的具体操作步骤如下。

（1）根据影片的编辑需要在会声会影编辑器中添加视频素材和音频素材。

（2）单击步骤面板上的【分享】按钮，进入影片分享与输出步骤，然后单击选项面板上的【创建声音文件】按钮，在弹出的如图6-17所示的【创建声音文件】对话框中指定声音文件的保存名称、路径以及格式。

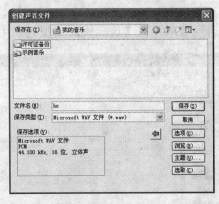

图6-16 选中【预览范围】单选按钮　　图6-17 指定声音文件的保存路径、名称以及格式

（3）单击【创建声音文件】对话框中的【选项】按钮，在弹出的【音频保存选项】对话框中可以进一步设置声音文件的属性，如图6-18所示。设置完成后，单击【确定】按钮。

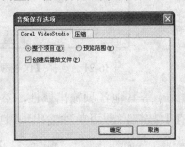

图6-18 进一步设置声音文件的属性

提示 按照6.2.2小节所讲的方法为项目设置开始标记和结束标记，也可以输出项目中指定范围中的声音。

（4）设置完成后，单击【保存】按钮，即可将视频中所包含的音频部分单独输出。

6.2.4 单独输出项目中的视频

有时，也需要去除影片中的声音，单独保存视频部分，以便为视频重新配音或者添加背景音乐。需要注意的是，这里单独输出的视频包含了视频轨、覆叠轨以及标题轨中的内容，也就是预览项目时，除影片中的音频之外的视频内容，具体的操作步骤如下。

图6-19　选择【自定义】命令

（1）根据影片的编辑需要在会声会影编辑器中添加视频素材和音频素材。

（2）单击步骤面板上的【分享】按钮，进入影片分享与输出步骤，然后单击选项面板上的【创建视频文件】按钮，在弹出的下拉列表中选择【自定义】命令，如图6-19所示。

（3）在弹出的【创建视频文件】对话框中指定视频文件保存的名称、路径以及格式，如图6-20所示，然后单击【选项】按钮。

（4）在弹出的如图6-21所示的【视频保存选项】对话框中单击【常规】标签，切换到【常规】选项卡，并在【数据轨】下拉列表中选择【仅视频】选项。

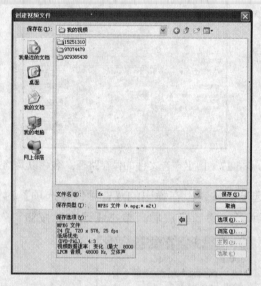

图6-20　指定视频文件保存的名称、路径以及格式

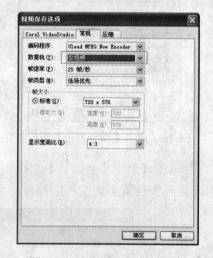

图6-21　选择【仅视频】选项

（5）根据需要设置编码程序、帧速率和帧大小等其他各项输出属性，然后单击【确定】按钮返回【创建视频文件】对话框，单击【保存】按钮，即可单独输出项目中的视频素材。

6.2.5 输出自定义的RM文件

RM和WMV都是常用的网络影片格式，而【创建视频文件】列表中并没有提供RM视频的模板。下面介绍以创建影片模板的方式定义模板属性并输出自定义的流媒体文件的方法。也可以使用相同的操作方法，自定义其他格式的视频文件属性。

提示 影片模板用于定义创建最终影片文件的方法。通过创建自定义的模板，可以将影片输出为多种格式。例如，可以针对磁带录制和CD-ROM使用提供了高质量输出的影片模板，还可以针对不同的目的设置质量较低、但可以接受的输出格式，例如：Web流视频等。

（1）选择【工具】|【制作影片模板管理器】菜单命令，弹出【制作影片模板管理器】对话框，如图6-22所示。

（2）单击【新建】按钮，在【新建模板】对话框中选择一种要输出的文件格式。在这里，我们选择*.rm格式，然后键入模板名称，如图6-23所示。设置完成后单击【确定】按钮。

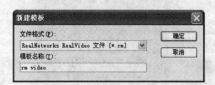

图6-22 打开【制作影片模板管理器】对话框　　　图6-23 设置文件格式和模板名称

（3）在弹出的【模板选项】对话框中，分别切换到【常规】和【配置】选项卡，设置所需要的参数，如图6-24所示。

图6-24 设置所需要的参数

提示 根据在前面步骤中所选择的不同的文件格式，这里可以调整的参数也有所区别。

（4）设置完成后，单击【确定】按钮，再单击【关闭】按钮，便完成了自定义模板的创建。

（5）在会声会影中编辑影片，然后进入【分享】步骤。单击选项面板上的【创建视频文件】按钮 ，可以看到列表中新增了一个先前自定义的项目模板"rm video"，如图6-25所示。

（6）选择要使用的自定义模板的名称，然后在弹出的对话框中指定视频文件保存的名称和路径，再单击【保存】按钮，就可以将影片输出为自定义格式的视频文件。

6.2.6 创建5.1声道的视频文件

目前，很多型号的摄像机都支持5.1声道的视频录制，下面介绍创建5.1声道视频文件的操作方法。

（1）在视频轨、声音轨或者音乐轨上添加视频和音频文件。

（2）单击时间轴上方的【音频视图】按钮 ，切换到音频视图。

（3）单击视频轨上方的 按钮，在弹出的信息提示窗口中单击【确定】按钮，将声音模式切换到5.1声道，如图6-26所示。

（4）这时，单击选项面板上的 按钮，可以在选项面板的音频混合器左侧看见5.1声道的播放效果，如图6-27所示。

图6-25　列表中新增的自定义项目模板

图6-26　切换到5.1声道

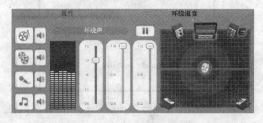

图6-27　5.1声道的播放效果

图6-28　根据画面比例选择相应的选项

提示　再次单击视频轨上方的 按钮，可以切换回双声道模式。

（5）单击步骤面板上的【分享】按钮，进入影片分享与输出步骤，然后单击选项面板上的【创建视频文件】按钮 ，根据影片的画面比例从弹出菜单中选择【PAL DVD（4：3，Dolby Digital 5.1）】或者【PAL DVD（16：9，Dolby Digital 5.1）】，如图6-28所示。

（6）在弹出的对话框中指定影片保存的名称和路径，然后单击【保存】按钮将5.1声道的影片保存到硬盘上。

6.3　项目回放

项目回放用于在计算机上全屏幕地预览实际大小的影片，具体的操作方法如下。

（1）单击【分享】按钮，进入影片分享步骤。

（2）单击选项面板上的【项目回放】按钮 ，在弹出的【项目回放—选项】对话框中选中【整个项目】或者【预览范围】单选按钮。

（3）单击【完成】按钮，可在全屏幕状态下查看影片效果，如果要停止回放，按下【Esc】键即可。

提示 如果希望查看部分范围的影片内容，需要先使用预览窗口下方的控制按钮设置开始标记和结束标记，然后在【项目回放—选项】对话框中选中【预览范围】单选按钮。

6.4 DV录制

会声会影提供的另外一种非常实用的输出方式就是把编辑完成的影片直接回录到摄像机，这样的操作不会损失视频质量。操作之前，先通过IEEE 1394接口，将DV与计算机正确连接，再进行如下操作。

（1）单击【分享】按钮，进入影片分享与输出步骤。

（2）单击选项面板上的【创建视频文件】按钮，在弹出的下拉菜单中选择【PAL DV】选项，如图6-29所示。

（3）在弹出的对话框中指定文件名称和保存路径，然后单击【保存】按钮，将影片以DV的标准格式（AVI）保存。

（4）影片渲染完成后，打开摄像机并将其设置到播放模式（通常为VTR/VCR档），然后单击选项面板上的【DV录制】按钮，如图6-30所示。

图6-29 设置影片输出格式　　　　　图6-30 单击选项面板上的【DV录制】按钮

（5）在弹出的【DV录制—预览】窗口中，单击【播放】按钮查看影片的最终效果。

（6）单击【下一步】按钮，在对话框中使用预览窗口下方的播放控制按钮控制摄像机，将录像带定位于想要开始录制的起点位置。

（7）单击◎按钮，将影片回录到摄像机。录制完成后，单击【完成】按钮结束操作。

6.5 HDV录制

使用会声会影也可以把编辑完成的影片直接回录到HDV摄像机。先通过IEEE 1394接口，将HDV与计算机连接，再进行如下操作。

（1）单击【分享】按钮，进入影片分享与输出步骤。

（2）单击选项面板上的【HDV录制】按钮，在弹出的下拉列表中选择相应的HDV标准，如图6-31所示。

（3）在弹出的对话框中指定文件名称和保存路径，然后单击【保存】按钮，将影片以HDV的标准格式（MPEG）进行保存。

图6-31 设置影片输出格式

（4）影片渲染完成后，打开HDV摄像机并将其设置到播放模式。

（5）在弹出的预览窗口中，单击【播放】按钮查看影片的最终效果。

（6）单击【下一步】按钮，在对话框中使用预览窗口下方的播放控制按钮控制摄像机，将录像带定位于想要开始录制的起点位置。

（7）单击⊙按钮，将影片回录到摄像机。录制完成后，单击【完成】按钮结束操作。

6.6 导出到移动设备

使用会声会影可以轻松地将制作完成的影片导出到iPod、PSP、Zune以及PDA/PMP、Mobile Phone等移动设备中。首先，使用相应的连接线将移动设备与计算机连接，并安装必要的驱动程序，使计算机正确识别移动设备，然后按照以下的步骤进行操作。

图6-32 设置影片输出格式

（1）单击【分享】按钮，进入影片分享与输出步骤。

（2）单击选项面板上的【导出到移动设备】按钮，在弹出的下拉列表中根据所使用的移动设备，选择相应的视频格式，如图6-32所示。

（3）在弹出的对话框中，选择视频输出的目的设备，然后单击【确定】按钮，将当前项目中的视频以指定的格式输出到移动设备中。

6.7 输出智能包

编辑影片时，有时候需要从多个处于不同位置的文件夹中添加素材，一旦这些文件夹移动了位置，就可能出现找不到素材，需要重新连接的情况。智能包可以将项目中使用的所有视频和图片素材，整合到指定的文件夹中。这样，即使转移到别的计算机上编辑项目，只要打开这个文件夹中的项目文件，素材就会自动对应。输出智能包的具体操作步骤如下。

（1）在会声会影中创建并编辑项目，然后选择【文件】|【智能包】菜单命令，如图6-33所示。

（2）在弹出的信息提示窗口中单击【是】按钮，保存当前项目，如图6-34所示。

（3）在弹出的【智能包】对话框中指定智能包保存的文件夹路径、项目文件夹名称以及项目文件名，如图6-35所示。

（4）单击【确定】按钮，当前项目以及项目中的所有素材被保存到智能包中。这样，即使转移到任意一台计算机上编辑项目，只要打开这个文件夹中的项目文件，素材就会自动对应。

图6-33 选择【文件】|【智能包】菜单命令

图6-34 保存项目文件

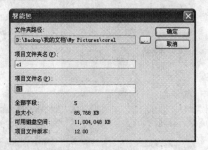

图6-35 设置智能包保存路径

6.8 创建光盘

影片编辑完成后，使用会声会影可以直接刻录输出VCD、SVCD或DVD光盘。

6.8.1 影音光盘基础知识

VCD影片的标准尺寸为352×288、DVD影片的标准尺寸为720×576，显然，DVD影片比VCD影片要清晰。因此，重要的视频资料一定要刻录成DVD影片保存。

表6-1 常见的影音光盘类型

种类	存储介质	影片格式	画面尺寸	影像品质	标准光盘容量
VCD	CD-R	MPEG-1	352×288	最差	700MB/1CD
SVCD	CD-R	MPEG-2	480×576	中等	700MB/1CD
DVD	DVD±R	MPEG-2	720×576	佳	4.7GB/1DVD
HD DVD	HD DVD±R	MPEG-2	1440×1080	最佳	15GB/HDDVD

提示 HD DVD是由NEC和东芝共同开发的只读型光盘刻录格式，是基于AOD技术开发的，它可让单碟单层只读型的HD DVD光盘存储容量达到15GB，双层只读型可达30GB。

6.8.2 设置光盘基本属性

单击步骤面板上的【分享】按钮，进入影片分享与输出步骤，单击选项面板上的【创建光盘】按钮，启动光盘刻录向导，在如图6-36所示的操作界面上可以设置光盘的基本属性。

1. 设置光盘刻录格式，确定需要刻录的光盘类型。单击操作界面下方的格式设置按钮，在弹出的菜单中可以选择要刻录的光盘格式，如图6-37所示。其中DVD8.5G用于刻录双层光盘，DVD4.7G用于刻录单面单层光盘，DVD1.4G用于刻录直径为8cm的miniDVD光盘。

2. 设置项目属性，使刻录完成的光盘能够完全符合我们的需求。单击操作界面下方的【项目设置】按钮，打开【项目设置】对话框，如图6-38所示。

图6-36　光盘刻录向导界面

图6-37　设置光盘刻录格式

【针对文件转换的MPEG属性】：用于显示有关所选视频设置的详细信息。

【修改MPEG设置】：单击【修改MPEG设置】按钮，在弹出菜单中可以选择相应文件格式的光盘模板。在这里可以确定所刻录的光盘的画面质量、画面比例以及所占用的光盘空间。

图6-38　打开【项目设置】对话框

【显示宽高比】：会声会影对于视频和菜单支持标准4：3和宽银幕16：9宽高比显示，在这里可以根据需要选择相应的画面比例。

【不转换兼容的MPEG文件】：启用该复选框，可以不重新渲染已经与所选MPEG格式兼容的MPEG文件。

【支持X-光盘】：启用该复选框，将在项目中包含兼容扩展光盘（XDVD、XVCD、XSVCD）的文件。

【双路转换】：启用该复选框，将在编码之前首先分析视频数据来提高输出视频的质量。

【自动从起始影片淡化到菜单】：启用该复选框，将自动从第一个播放素材交叉淡化到菜单。

【在菜单前先播放所有素材】：启用该复选框，将先播放所有视频，然后再显示菜单。

【光盘回放结束后自动重复】：启用该复选框，将在视频回放完成后循环回放。

【素材回放】：选择在回放结束后是播放下一个素材还是返回到菜单。如果已启用【光盘回放结束后自动重复】复选框，则此选项禁用。

3. 设置光盘参数。单击操作界面下方的【设置和选项】按钮，打开【参数选择】对话框，如图6-39所示。

【常规】选项卡中包含以下参数设置选项。

【VCD播放机兼容】：会声会影在创建VCD时使用VCD 2.0格式。对于带背景音乐的导览菜单，会声会影使用需要"变化位速率（VBR）"解码的格式。但是，某些VCD播放机不支持VBR解码，因此在会声会影中创建的VCD在这些播放机上将不能正确播放。选择此选项可以确保创建的VCD将能在这些播放机上播放。

【去除闪烁滤镜】：启用该复选框，可减少在电视（交织显示）上查看菜单页面时所发生的"闪烁"。但是，如果在逐行扫描设备（如计算机显示器或投影机）上查看菜单页面，则此项没有帮助。

【恢复所有确认对话框】：启用该复选框，所有的确认操作对话框即使在"不要再显示"选项选中之后仍然显示。

【电视制式】：用于选择TV制式的类型（NTSC或PAL）。

【为台式DVD+VR录像机保留最大30MB的菜单】：启用该复选框，会将DVD菜单的最大文件大小设置为30MB，以使DVD与台式DVD（DVD-VR）刻录机兼容。

【工作文件夹】：允许用户选择用于保存已完成的项目和捕获视频的文件夹。

【高级】选项卡如图6-40所示。

图6-39　打开【参数选择】对话框　　　　图6-40　【参数选择】对话框【高级】选项卡

【为提高MPEG搜索性能创建索引文件】：启用该复选框，可以使用飞梭栏提高实时预览效果。此选项仅用于MPEG-1和MPEG-2文件。

【NTSC/PAL安全色彩】：启用该复选框，将在影片中使用视频友好的色彩确保在任何电视制式下查看菜单时菜单仍能保持显示质量。这将帮助用户避免在屏幕上观看视频时出现闪烁问题。

【电视安全区】：设置【设置菜单】页面的预览窗口中的页边距（用红色边框表示)。如果将电视安全区设置为10%，则其余90%将为工作区。必须确保所有菜单对象都位于工作区中，以使观众能在屏幕上正确观看它们。

4. 添加媒体。在操作界面上方可以添加新的视频、图像到当前项目中。

【添加视频文件】：用于将已经存在的不同格式的视频文件添加到媒体素材列表中。

【添加项目文件】：会声会影的项目文件中保存了制作影片所需的必要信息，包括视频素材、图像素材、声音文件、背景音乐、字幕以及特效等。在创建光盘时，可以直接在素材列表中添加使用会声会影保存过的项目文件。这样，可以快捷方便地完成多个项目的合成。

【添加数字媒体】 ：从DVD光盘或者硬盘上导入DVD/DVD-VR格式的视频。

【从移动设备导入】 ：从SONY PSP、Apple iPod以及基于Windows Mobile的智能手机、PDA等移动设备中导入视频。

5. 使用导览功能。在光盘刻录向导中，也可以完成一些简单的剪辑操作。在如图6-41所示的预览窗口下方定位剪辑位置，然后使用【设置开始标记】 、【设置结束标记】 或者【剪辑视频】 按钮，就可以完成对影片的修整。

要精确地修整视频，首要条件是精确定位开始标记和结束标记。为了满足用户不同的需求，对话框中提供了4种方式来帮助用户精确定位视频。

【预览滑块】 ：拖动预览滑块，在预览窗口中查看需要查找的画面的位置。

【时间码】 ：时间码是以小时、分钟、秒、帧为单位的。单击鼠标，然后输入数值，画面会立刻定位到所指定的时间码的位置。

【飞梭轮】 ：飞梭轮模拟了传统非线性视频编辑机上的搜索轮，通过手工转动，就可以快速找到所需要的画面。在飞梭轮上按住鼠标并向左拖动，可以快速向后搜索画画；在飞梭轮上按住鼠标并向右拖动，可以快速向前搜索画面。

【穿梭滑动条】 ：向左拖动滑块，预览窗口的右下角会显示搜索的倍速，比如－1.0×，表示以1倍速向后搜索，－32×表示以32倍速向后搜索；向右拖动滑块，预览窗口的右下角会显示向前搜索的倍速。比如8.0×，表示以8倍速向前搜索，32×表示以32倍速向前搜索。

6. 添加/编辑章节

单击选项面板上的 添加/编辑章节 按钮，可以进入添加/编辑章节步骤。在这里，可以创建链接到相关视频素材的子菜单。具体的操作步骤如下。

（1）单击选项面板上的 添加/编辑章节 按钮，打开【添加/编辑章节】对话框，如图6-42所示。

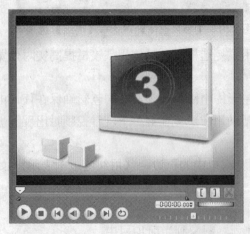

图6-41　预览窗口下方的剪辑功能按钮

图6-42　打开【添加/编辑章节】对话框

（2）单击【当前选取的素材】右侧的下拉按钮，从下拉列表中选择一个需要添加章节的视频文件的名称。

（3）拖动飞梭栏上的滑块，把它移动到要设置为章节的场景处，然后单击【添加章节】按钮，如图6-43所示。

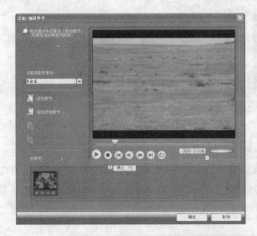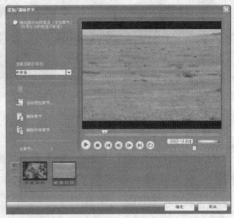

图6-43 单击【添加章节】按钮添加场景

提示 在下方的列表中选中一个场景，单击【删除章节】按钮，可以删除选中的场景。

（4）也可以单击【自动添加章节】按钮，打开【自动添加章节】对话框，如图6-44所示。在对话框中根据需要选择相应的选项后，单击【确定】按钮，程序将自动查找场景并添加到列表中。

提示 最多可以为一个视频素材创建99个章节场景。

（5）场景添加完成后，单击【确定】按钮，返回创建光盘向导。

7. 调整播放顺序

影片中需要的所有文件添加到素材列表中以后，可以用拖曳的形式在素材列表中调整各个素材的播放顺序。

如果需要单独播放片头，将片头文件拖曳到素材列表的起始位置，再启用【将第一个素材作为引导视频】复选框即可，如图6-45所示。

图6-44 【自动添加章节】对话框　　　　　图6-45 指定片头文件

8. 改变略图帧

在视频素材添加到媒体素材列表中以后，还可以改变列表中显示的视频略图帧，操作方法如下。

（1）在媒体素材列表中单击鼠标选中要修改略图的素材。

（2）在预览窗口下方拖动飞梭栏上的滑块，把它移动到希望显示的场景位置。

（3）在媒体素材列表中右击略图，从弹出的快捷菜单中选择【更改略图】命令，所指定的画面将显示在媒体素材列表上，如图6-46所示。

图6-46　更改略图帧

6.8.3　设置菜单属性

光盘的基本属性设置完成后，启用【创建光盘】对话框中的【创建菜单】复选框，单击【下一步】按钮，进入菜单属性设置界面，如图6-47所示。它们提供一个互动的略图样式选项列表，显示在屏幕上，观众可以从中选择。

图6-47　设置菜单属性

1. 选择和设置菜单

会声会影提供了一系列菜单模板，用于创建菜单和子菜单，下面介绍选择和设置菜单的方法。

（1）在【画廊】选项卡中，单击菜单模板右侧的下拉按钮，从下拉列表中选择一种模板类型，然后在需要使用的模板上单击鼠标，把选择的模板作为菜单背景，如图6-48所示。

（2）双击预览窗口中的"我的主题"，为影片以及场景输入新的名称。

（3）用同样的方式修改略图下方的文字描述，如果不修改【我的主题】和略图描述，那么最后输出的光盘上将没有菜单标题和略图文字。

（4）主菜单设置完成后，从【当前显示的菜单】列表中选择一个子菜单名称，当前窗口中将显示在前面的步骤中添加的子菜单场景。使用同样的方式，为这一层菜单选择模板并设置标题属性。

2. 修改和编辑背景音乐

在会声会影中也可以为菜单添加或编辑背景音乐，使菜单更加丰富多彩。具体的操作步骤如下。

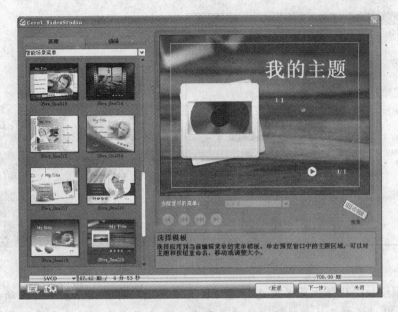

图6-48 选择要使用的菜单模板

（1）切换到【编辑】选项卡，然后单击█按钮，在弹出的菜单中选择【为此菜单选取音乐】或者【为所有菜单选取音乐】命令，如图6-49所示。

（2）在弹出的对话框中选中需要作为菜单背景的音乐文件，单击【打开】按钮，选中的音乐文件将被用做菜单的背景音乐。

提示 背景音乐添加完成后，单击█按钮，在弹出菜单中可以选择【为此菜单删除音乐】或者【为所有菜单删除音乐】命令，删除为菜单添加的背景音乐。

3. 使用自定义背景图像

在会声会影中，除了使用预设的菜单背景外，也可以将硬盘上保存的图像文件作为菜单背景，操作方法如下。

（1）选择【编辑】选项卡，然后单击下方的█按钮，从弹出菜单中选择【为此菜单选取背景图像】或者【为所有菜单选取背景图像】命令，如图6-50所示。

图6-49 设置背景音乐

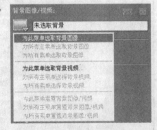

图6-50 设置背景图像

（2）在弹出的对话框中选中需要作为菜单背景的图像文件，单击【打开】按钮，选中的图像文件将被用做新的菜单背景，如图6-51所示。

图6-51 选择并应用背景图像

提示 单击 ▣ 按钮，从弹出菜单中选择【为所有菜单选取背景图像】命令，所选择的图像
将被应用到所有菜单中；自定义菜单背景后，选择【为此菜单重置背景图像/视频】
命令，可以将背景恢复为默认状态。

4. 使用动态视频背景

使用动态视频背景后，在播放菜单时，背景中将显示动态的视频画面，操作方法如下。

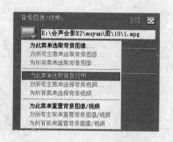

图6-52 设置背景视频

（1）切换到【编辑】选项卡，启用【动态菜
单】复选框，并在【区间】中指定菜单视频的播放时
间。

（2）单击下方的 ▣ 按钮，从弹出菜单中选择
【为此菜单选取背景视频】命令，如图6-52所示。

（3）在弹出的对话框中选中需要作为菜单背景
的视频文件，单击【打开】按钮，选中的视频文件将
被用做新的菜单背景，如图6-53所示。

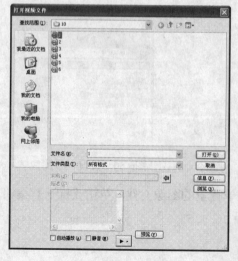

图6-53 选择并应用背景视频

提示　动态视频背景定义完成后，在预览步骤中可以预览动态视频背景的效果。单击【背景】按钮，从弹出菜单中选择【为所有菜单选取背景视频】命令，所选择的视频将被应用到所有菜单中；自定义菜单背景后，选择【为此菜单重置背景图像/视频】命令，可以将背景恢复到默认状态。

5. 设置文字属性

如果需要修改菜单中的文字属性，可以按照以下的步骤进行操作。

（1）在预览窗口中选择需要设置属性的文字标题，然后切换到【编辑】选项卡。

（2）单击 字体设置... 按钮，打开【字体】对话框，如图6-54所示。

（3）在对话框中设置新的字体、文字颜色以及文字尺寸，设置完成后，单击【确定】按钮，应用到菜单中。

6. 菜单布局和高级设置

在【编辑】选项卡中，单击【布局设置】和【高级设置】按钮，弹出菜单如图6-55所示。

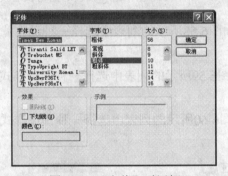

图6-54　【字体】对话框

图6-55　【布局设置】和【高级设置】菜单

【应用到此菜单的所有页面】：选择该命令，将把当前页面的布局应用到所有页面中。

【重置此页面】：选择该命令，将把当前页面的布局恢复到默认设置。

【重置此菜单的所有页面】：选择该命令，将把所有页面的布局恢复到默认设置。

【添加主题菜单】：选中该命令，将为影片添加主题菜单。

【创建章节菜单】：选中该命令，将添加并显示子菜单，否则，将取消子菜单。

【显示略图编号】：选择该命令，将在文字描述前方显示编号。

7. 自定义菜单属性

在【编辑】选项卡中，单击【自定义】按钮，弹出的操作界面如图6-56所示。

【背景音乐】：单击 按钮，在弹出的对话框中可以为菜单自定义背景音乐。

【背景图像/视频】：单击 按钮，在弹出的对话框中可以为菜单自定义背景图像或者背景视频。

【字体设置】：在预览窗口中选择需要设置属性的文字标题，单击 字体设置... 按钮，可以设置菜单中的文字属性。

【摇动和缩放】：单击 摇动和缩放 按钮，在弹出的如图6-57所示的列表中选择一种摇动和缩放样式，可以为菜单添加摇动和缩放效果。

图6-56 【自定义菜单】操作界面　　　　　图6-57 选择预设的摇动和缩放效果

【动态滤镜】：单击 动态滤镜 按钮，在弹出的如图6-58所示的列表中选择一种动态滤镜样式，可以为菜单添加动态滤镜效果。

【菜单进入】：单击 菜单进入 按钮，在弹出的如图6-59所示的列表中选择一种预设样式，可以为菜单进入添加动画效果。

【菜单离开】：单击 菜单离开 按钮，在弹出的如图6-60所示的列表中选择一种预设样式，可以为菜单离开添加动画效果。

图6-58 选择预设的动　　图6-59 选择预设的菜　　图6-60 选择预设的菜
　　　态滤镜效果　　　　　　　单进入动画　　　　　　　单离开动画

【导览按钮】：在对话框下方单击鼠标选择一个导览按钮略图，所选择的样式将应用到菜单中，如图6-61所示。

8. 预览菜单

菜单属性设置完成后，单击预览窗口下方的 按钮，在弹出的窗口中可以通过左侧的模拟遥控器控制影片的播放，从而模拟在播放机中的实际播放效果，如图6-62所示。

6.8.4 将影片刻录到光盘上

影片预览完成之后，单击【下一步】按钮，进入刻录输出步骤，具体的操作方法如下。

（1）将与影片格式相兼容的空白光盘插入到光盘刻录机。如果要刻录VCD光盘，使用CD-R空白光盘；如果要刻录DVD光盘，使用DVD-R或者DVD+R空白光盘。

（2）在【卷标】栏中为光盘输入卷标（最多32个字符），如图6-63所示。

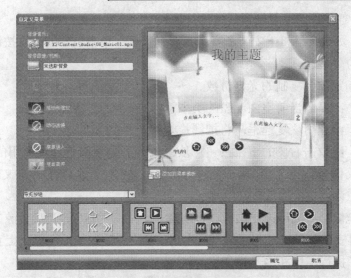

图6-61 应用新的按钮样式

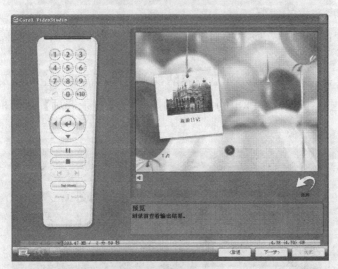

图6-62 模拟遥控器

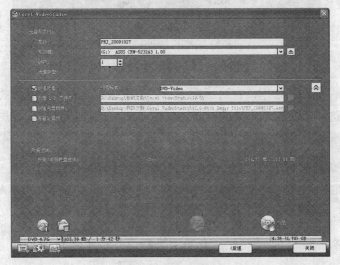

图6-63 输入光盘卷标

（3）根据需要在对话框中设置其他刻录属性。

【驱动器】：如果计算机上安装了多台光盘刻录机，单击右侧的下拉按钮，从下拉列表中可以选择要使用的刻录机。

【份数】：指定需要复制的光盘份数。

【光盘类型】：显示当前空白光盘的类型。

【创建光盘】：启用该复选框，将把影片直接刻录到光盘上。

【刻录格式】：单击右侧的下拉按钮，从下拉列表中可以选择要使用的刻录格式。

【创建DVD文件夹】：启用该复选框，将在硬盘上创建一个DVD标准文件结构的文件夹，这样用户就可以在计算机上播放DVD影片。

【创建光盘镜像】：启用该复选框，将创建一个后缀为ISO的光盘镜像文件。这样，即使当前计算机上没有安装刻录机，也可以把这个ISO文件传输到其他计算机上直接刻录，而不需要再启动会声会影执行渲染和输出操作。

【等量化音频】：启用该复选框，将把影片中所有来源的音量等量化，避免出现某些片段声音小，某些片段声音大的状况。

【所需/可用硬盘空间】：显示项目的工作文件夹所需要的空间以及硬盘上可供使用的空间。

【所需/可用光盘空间】：显示光盘中容纳视频文件所需要的空间以及可供使用的空间。

【选项】：单击 按钮，在弹出的如图6-64所示的【刻录选项】对话框中可以进一步设置刻录属性。

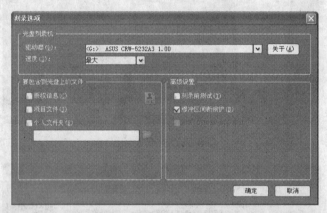

图6-64　【刻录选项】对话框

启用【个人文件夹】复选框，在对话框中可以指定一个文件夹，并可将文件夹中的所有内容刻录到光盘上。这样，在刻录影片的同时还保留了相应的原始素材；启用【刻录前测试】复选框，可以在正式刻录之前模拟刻录操作，以确保整个刻录过程正确无误。

提示　在将视频刻录到4.7GB的DVD光盘上时，需确保项目不超过4.37GB。如果要刻录接近2小时的DVD，则要考虑使用以下选项来优化项目的大小：使用不超过4000k/ps的视频数据速率、使用MPEG音频或使用静态图像菜单而非动态菜单。

（4）设置完成后，单击 按钮，开始渲染影片并刻录到光盘上。

6.8.5 制作光盘镜像文件

使用会声会影，在刻录输出步骤中可以将影片输出为光盘镜像文件或者直接创建DVD文件夹。它们主要应用于以下两个方面：

·编辑影片的计算机上没有安装光盘刻录机，输出完成后，可以将DVD文件夹或者光盘镜像文件直接拷贝到任意一台未安装会声会影的计算机上完成最终的影片刻录工作。

·制作完成后暂时不需要输出DVD光盘，以后可以使用DVD文件夹或者光盘镜像文件夹直接刻录。

光盘镜像文件又叫做光盘映像文件或ISO文件，它的存储格式和光盘文件系统相同，可以真实反映刻录后光盘的内容。标准光盘镜像文件的扩展名为（.iso）。想要将影片制作成镜像文件，可以按照以下步骤进行操作。

（1）按照前面章节介绍的方法选择想要制作的光盘类型，并进入最终的刻录输出步骤。

（2）取消启用【创建光盘】复选框，然后启用【创建光盘镜像】复选框，如图6-65所示。

图6-65　选中【创建光盘镜像】选项

（3）单击右侧的■按钮，在弹出的对话框中指定镜像文件的保存路径。这里需要注意的是，文件夹所在的磁盘剩余空间必须大于将要刻录的光盘的容量，如图6-66所示。

（4）设置完成后，单击【确定】按钮，然后单击■按钮，开始渲染影片并创建光盘镜像文件。创建完成后，在指定的文件夹中显示一个后缀为.iso的镜像文件，如图6-67所示。

图6-66　指定镜像文件的保存路径

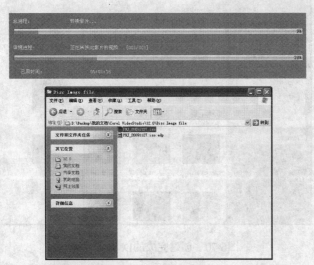

图6-67　渲染影片并创建镜像文件

6.8.6 创建DVD文件夹

使用会声会影创建DVD文件夹，程序将在指定的路径中按照标准DVD影音光盘的结构分别创建名称为AUDIO_TS和VIDEO_TS的文件夹。创建完成后，使用任何支持DVD数据刻录的软件就可以将它们直接刻录到光盘上，制作出DVD影音光盘。具体的操作方法如下。

（1）按照前面章节介绍的方法选择想要制作的光盘类型，并进入最终的刻录输出步骤。

（2）取消启用【创建光盘】选项，然后选中【创建DVD文件夹】复选框，如图6-68所示。

（3）单击右侧的█按钮，在弹出的对话框中指定DVD文件夹的保存路径，如图6-69所示。

（4）设置完成后，单击【确定】按钮，然后单击██按钮，开始渲染影片并创建DVD文件夹。创建完成后，在指定的文件夹中将会显示名称为AUDIO_TS和VIDEO_TS的文件夹，如图6-70所示。

图6-68 选中【创建DVD文件夹】选项

图6-69 指定DVD文件夹的保存路径

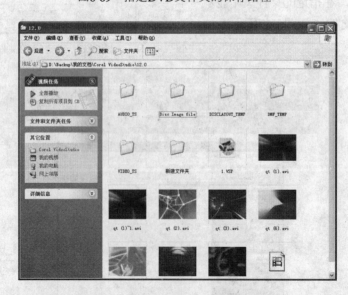

图6-70 创建完成的DVD文件夹

6.9 本章小结

　　本章主要讲述了怎样将会声会影中的项目文件或视频文件输出为各种各样的格式或形式，以满足不同用户的需要。会声会影X2提供的输出方式是比较全面的、向导式的操作方式，可以让用户在软件的带领下轻松完成影片的输出。同时，通过学习也使得用户对影片的刻录有了一定的了解，应该能够熟练地将使用会声会影制作的项目文件刻录成影音光盘，或者是导出为不同类型的影片了。

第2篇 精 通 篇

第7章 使用视频滤镜

随着数字时代的来临，越来越多的数码特效出现在各种影视节目中。视频滤镜效果就是其中的一种。通过对视频滤镜效果的使用，用户可以制作出变幻莫测的各种神奇的视觉效果，从而使视频作品更加能够吸引人们的眼球。

会声会影X2提供了多种视频滤镜特效，使用这些视频滤镜特效，可以制作出媲美好莱坞大片的神奇视觉效果。

7.1 视频滤镜简介

视频滤镜是指可以应用到视频素材上的效果，它可以改变视频文件的外观和样式。滤镜可套用于素材的每一个画面上，并设定开始和结束值，而且还可以控制起始帧和结束帧之间的滤镜效果的强弱与速度，也就是说在会声会影X2中，用户可以完全自定义视频滤镜。

会声会影X2提供了55种视频滤镜效果，如图7-1所示的画面即是运用自定义视频制作而成的效果。通过应用这些视频滤镜，可以模拟各种艺术效果，对素材进行美化，为素材添加光照或气泡等效果，从而制作出精美绝伦的视频作品。对素材添加视频滤镜后，滤镜效果将会应用到视频素材的每一帧上，通过调整滤镜的属性，可以控制起始帧到结束帧之间的滤镜强度、效果以及速度等。

图7-1 原图像与应用滤镜后的效果

7.2 视频滤镜的使用方法

视频滤镜可以将特殊的效果添加到视频或图像素材中，改变素材的样式或外观。例如，用户可以改善素材的色彩平衡、为素材添加动态的光照效果、使素材呈现出绘画效果等。通过调整滤镜属性，可以控制起始帧到结束帧之间的滤镜强度、效果等。

会声会影X2将视频滤镜分为二维映射、三维纹理映射、调整、相机镜头等9种类型，其中【NewBlue胶片效果】是会声会影X2新增的滤镜效果。单击【素材库】右侧的三角按钮，从下

图7-2 显示全部视频滤镜

拉列表中选择【视频滤镜】|【全部】，这样所有类型的滤镜效果都会显示在素材库中，如图7-2所示。

在视频轨上选择一个视频或图像素材，然后在素材库中选择一个视频滤镜的缩略图，并将它拖曳到视频轨的素材上，即可将滤镜应用到当前所选择的素材中。这时，选项面板上将显示预设设置以及可调整的参数，如图7-3所示。

【NewBlue胶片效果】的属性设置与其他视频滤镜的属性设置有所不同，它没有预设的效果，只能从【自定义滤镜】中进行设置。

图7-3 选项面板界面

7.3 自定义滤镜属性

会声会影允许用多种方式自定义视频滤镜，在自定义视频滤镜的操作过程中，每一种视频滤镜的参数均会有所不同，但对于这些属性的调节却大同小异。单击【自定义滤镜】按钮，在弹出的对话框中可以自定义滤镜属性，会声会影编辑器还允许在素材上添加关键帧，以便更加灵活地调整滤镜效果。下面就以【双色调】视频滤镜为例，介绍自定义视频滤镜时的属性设置。

提示 关键帧是为视频滤镜特别设计的几个关键画面，只有关键帧才能定义滤镜的属性或行为方式，而其他帧的效果则是由程序根据前后关键帧的内容自动生成的。这样就可以灵活地设置视频滤镜在素材任何位置上的外观。

（1）将要使用的视频滤镜从素材库中拖放到视频轨的素材上。

（2）单击选项面板上的【自定义滤镜】按钮，打开当前应用的滤镜的属性设置对话框，如图7-4所示。

提示 对于不同的视频滤镜，其对话框中可以调整的参数是不同的。

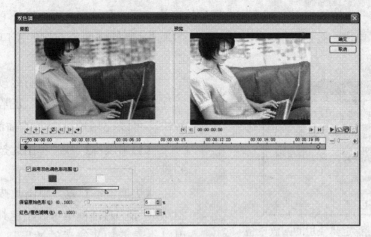

图7-4　自定义滤镜对话框

（3）在关键帧控件窗口中，把飞梭栏上的滑块拖动到需要调整效果的帧的位置处，如图7-5所示。

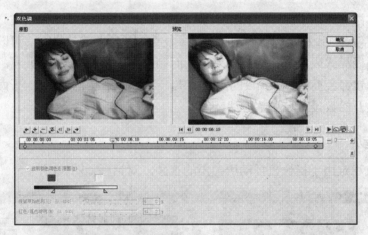

图7-5　将滑块移动到期望设置滤镜属性的帧的位置

（4）单击【添加关键帧】按钮，可以将此帧设置为素材中的关键帧。这时，就可以在对话框中调整此特定帧的滤镜属性。

提示　添加关键帧后，关键帧控件窗口上将显示一个菱形标记，表示此帧是素材中的一个关键帧。

（5）重复步骤（3）～步骤（4），将更多的关键帧添加到素材中。

（6）单击【预览】窗口右侧的【播放】按钮预览滤镜效果，单击【确定】按钮完成操作。

在对话框中添加关键帧以后，还可以使用一些控制按钮编辑关键帧，下面介绍它们的使用方法。

【删除关键帧】：单击此按钮可以删除已经存在的关键帧。

【翻转关键帧】：单击此按钮可以翻转时间轴中关键帧的顺序。视频序列将从终止关键帧开始，到起始关键帧结束。

【转到下一个关键帧】：可以使下一个关键帧处于编辑状态。

【转到上一个关键帧】：可以使上一个关键帧处于编辑状态。

另外，还有一些按钮用于控制添加效果后的影片的播放和输出，下面介绍它们的使用方法。

【播放】：单击▶按钮播放视频，左侧的窗口显示原始画面，右侧的窗口显示添加视频滤镜后的效果。

图7-6　指定要使用的回放设备

【播放速度】：单击此按钮，从弹出的下拉列表中可以选择的项有：正常、快、更快以及最快，可以控制预览画面的播放速度。

【启用设备】：单击此按钮，将启用指定的预览设备。

【更换设备】：单击此按钮，在弹出的如图7-6所示的对话框中可以指定其他的回放设备。用以查看添加滤镜后的效果。

7.4　视频滤镜详解

为视频素材添加视频滤镜后，系统会自动为所添加的视频滤镜效果指定一种预设模式。当用系统所指定的滤镜预设模式制作的画面效果不能达到所需要的效果时，可以重新为所使用的滤镜效果指定预设模式或自定义滤镜效果，从而制作出更加精美的画面。

每个视频滤镜都会提供多个预设的滤镜模式，以供读者选择和应用。下面详细介绍各种视频滤镜的功能以及参数设置和调整方法。

7.4.1　抵消摇动

用于校正或稳定由于摄像机摇动所拍摄的视频，对话框如图7-7所示。

图7-7　【抵消摇动】对话框

【程度】：用于控制抵消摇动的程度，数值越大效果越明显。

【增大尺寸】：向右拖动滑块，可以按百分比增大画面尺寸，最大数值为20%。

7.4.2　自动曝光

【自动曝光】滤镜可以自动分析并调整画面的亮度和对比度，改善视频的明暗对比。【自动曝光】滤镜应用前后的效果对比如图7-8所示。

图7-8　【自动曝光】应用效果对比

7.4.3　自动调配

与【自动曝光】滤镜类似，【自动调配】滤镜也可以对视频进行自动校正。【自动调配】滤镜除了对亮度、对比度进行调整，也会同时自动修正视频的色彩。【自动调配】滤镜没有可调整的参数，应用前后的对比效果如图7-9所示。

图7-9　【自动调配】应用效果对比

7.4.4　平均

【平均】是一个模糊滤镜，它可以查找图像或选定范围中的平均色，并将其填充到当前图像中。【平均】滤镜的对话框如图7-10所示。

图7-10　【平均】滤镜的对话框

7.4.5　模糊

【模糊】滤镜通过对画面边缘的相邻像素进行平均化，而产生平滑的过渡效果，从而使图像更加柔和。【模糊】滤镜的模糊程度较【平均】滤镜弱，【模糊】滤镜的对话框如图7-11所示。

图7-11　【模糊】滤镜的对话框

7.4.6　亮度和对比度

　　【亮度和对比度】滤镜允许用户手工调整自定义视频的亮度和对比度。【亮度和对比度】滤镜的对话框如图7-12所示。

图7-12　【亮度和对比度】滤镜的对话框

　　【通道】：单击右侧的下拉按钮，从下拉列表中可以选择主要、红色、绿色或者蓝色通道。选择【主要】可以针对全图进行调整；选择红色、绿色或者蓝色则针对单独的红色、绿色或者蓝色通道进行调整。

　　【亮度】：调整图像的明暗程度。向左拖动滑块画面变暗，向右拖动滑块画面变亮。

　　【对比度】：调整图像的明暗对比。向左拖动滑块对比度减小，向右拖动滑块对比度加大。

　　【Gamma】：调整图像的明暗平衡。

7.4.7　气泡

　　【气泡】滤镜用于在视频中添加动态的气泡效果，该滤镜对话框如图7-13所示。

1. 颗粒属性

【颜色方框】：右侧的三个颜色方框用于设置气泡高光、主体以及暗部的颜色。

【外部】：控制外部光线。

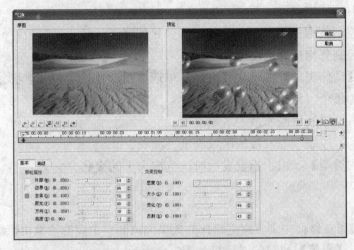

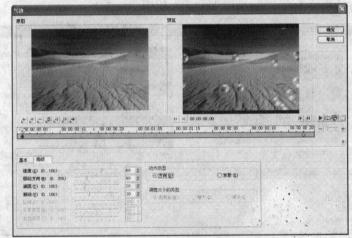

图7-13 【气泡】滤镜的对话框

【边界】：设置边缘或边框的色彩。

【主体】：设置内部或主体的色彩。

【聚光】：设置聚光的强度。

【方向】：设置光线照射的角度。

【高度】：调整光源相对于斜轴的高度。

2. 效果控制

【密度】：控制气泡的数量。

【大小】：设置最大气泡的尺寸。

【变化】：控制气泡大小的变化。

【反射】：调整强光在气泡表面的反射方式。

3. 动作类型

【方向】：选中该选项，气泡随机地运动。

【发散】：选中该选项，气泡从中央区域向外发散运动。

4. 其他参数

【速度】：控制气泡的加速度。

【移动方向】：指定气泡的移动角度。

【湍流】：控制气泡从移动方向上偏离的变化程度。

【振动】：控制气泡摇摆运动的强度。

以下参数在【动作类型】中选中【发散】单选按钮，才处于可调整状态。

【区间】：为每个气泡指定动画周期。

【发散宽度】：控制气泡发散的区域宽度。

【发散高度】：控制气泡发散的区域高度。

【调整大小的类型】：用于指定发散时，气泡大小的变化。

7.4.8　炭笔

【炭笔】滤镜可在画面中创建炭笔涂抹的效果。画面中主要的边缘用粗线描绘，中间色调用对角线条描绘。【炭笔】滤镜的对话框如图7-14所示。

图7-14　【炭笔】滤镜的对话框

【平衡】：调节绘制区域与原始画面之间的明暗平衡。

【笔划长度】：调节碳笔的程度，从而调节绘制画面的细致程度。

【程度】：调节炭笔绘制对画面的影响程度。

7.4.9　云彩

用于在视频画面上添加流动的云彩效果，【云彩】滤镜的对话框如图7-15所示。

1. 效果控制

【密度】：确定云彩的数量。

【大小】：设置单个云彩大小的上限。

【变化】：控制云彩大小的变化。

【反转】：启用该复选框，可以使云彩的透明和非透明区域反转。

2. 颗粒属性

【阻光度】：设置云彩的颜色。

【X比例】：控制云彩水平方向的平滑程度。设置的值越低，图像显得越破碎。

【Y比例】：控制云彩垂直方向的平滑程度。设置的值越低，图像显得越破碎。

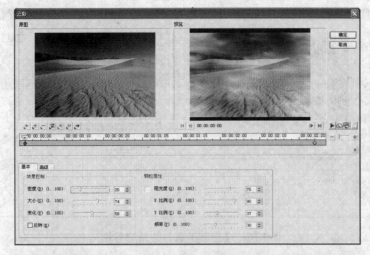

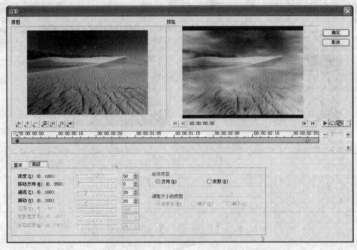

图7-15 【云彩】滤镜的对话框

【频率】：设置破碎云彩的数量。值越高，破碎云彩的数量就越多；值越低，云彩越大越平滑。

【高级】选项卡中的参数设置与7.4.7小节中的参数设置基本相同。

7.4.10 色彩平衡

【色彩平衡】滤镜可改变图像中颜色混合的情况。【色彩平衡】滤镜的对话框如图7-16所示。

在对话框中向右拖动红、绿、蓝下方的滑块可以分别增强图像中的红色、绿色和蓝色；向左拖动滑块则可以分别增强图像中的青色、洋红和黄色。

7.4.11 色彩偏移

色彩偏移是一种独特的视觉效果。我们在正常状态下所看见的画面效果是由红色、绿色、蓝色的信息重叠在一起最终合成的。色彩偏移则是使某一种颜色发生错位，而使它们的红色、绿色、蓝色没有重叠在一起而产生的效果。【色彩偏移】滤镜的对话框如图7-17所示。

图7-16 　【色彩平衡】滤镜的对话框

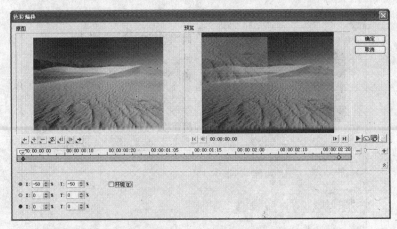

图7-17 　【色彩偏移】滤镜的对话框

在对话框中，左侧红色、绿色、蓝色的圆点分别对应画面中的红、绿、蓝，在【X】、【Y】中输入数值，就可以调整对应色彩的偏移量。选中【环绕】复选框，则可以使画面中偏移出的色彩延伸并填充到另外一侧未定义的空白区域。

7.4.12　色彩笔

【色彩笔】滤镜用于模拟彩色铅笔绘制的画面效果，该滤镜的对话框如图7-18所示。

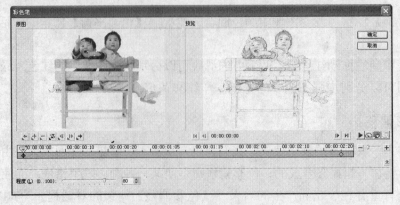

图7-18 　【色彩笔】滤镜的对话框

【程度】：控制【彩色笔】效果在画面上应用的明显程度，数值越大效果越明显。

7.4.13 漫画

【漫画】滤镜用于使画面呈现出漫画风格的效果，该滤镜的对话框如图7-19所示。

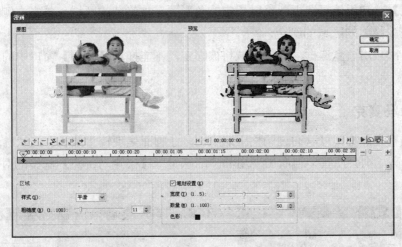

图7-19 【漫画】滤镜的对话框

【样式】：选择重绘画面采用的样式。【平滑】可以使画面中的色彩平滑过渡，而【平坦】则能够在画面上看见明显的色块分布。

【粗糙度】：调整画面的简化程度，数值越大，简化效果越明显。

【笔划设置】：启用该选项，将进一步设置和应用边缘绘制的笔画属性。

【宽度】：设置笔画绘制的宽度。

【数量】：设置绘制的笔触多少。

【色彩】：设置绘制边缘的画笔颜色。

7.4.14 修剪

用于修剪视频画面，并用指定的色彩遮挡局部区域。它的典型应用就是把4：3标准模式拍摄的影片，模拟成16：9模式的影片效果。【修剪】滤镜的对话框如图7-20所示。在对话框中，拖动【原图】窗口中的十字标记，可以调整修剪框的位置。

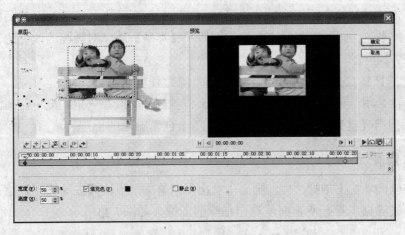

图7-20 【修剪】滤镜的对话框

【宽度】：以百分比设置修剪宽度。100%为原始宽度表示不修剪。输入小于100%的数值，则按比例修剪画面。

【高度】：以百分比设置修剪高度。100%为原始宽度表示不修剪。输入小于100%的数值，则按比例修剪画面。想制作16：9的影片效果，将【高度】设置为了75%即可。

【填充色】：启用该复选框，将以指定的色彩覆盖被修剪的区域。单击右侧的颜色方框，可以定义覆盖被修剪的区域的颜色。

【静止】：启用该复选框，修剪区域将被固定，不能拖动【原图】窗口中的十字标记调整修剪框的位置。

7.4.15　去除马赛克

【去除马赛克】滤镜可以通过调整压缩比例，让画面呈现较"柔和"的状态。如果故意将压缩率调到最高，则会使整个画面呈现出油画的感觉。【去除马赛克】滤镜的对话框如图7-21所示。

图7-21　【去除马赛克】滤镜的对话框

【压缩比例】：调整画面压缩的程度，增大数值可以使画面变得柔和。

【修复程度】：设置去除马赛克的程度，数值越大画面越柔和。

7.4.16　降噪

【降噪】滤镜通过检查画面中的边缘区域（有明显颜色改变的区域），然后模糊除边缘以外的部分并去掉杂色，同时保留原来图像的细节。【降噪】滤镜对画画的改变比较细微，该滤镜对话框如图7-22所示。

【程度】：调整减少杂色的程度，数值越大降噪程度也越强。

【锐化】：启用该复选框，然后拖动滑块调整参数，可以在一定程度上使画面变得清晰。

【来源图像阻光度】：控制来源图像被去除杂色影响后的出现程度。

7.4.17　去除雪花

在光线较暗的环境下拍摄影片，画面上会出现明显的杂点，【去除雪花】滤镜可改善并减少动态杂点，去除锯齿噪音使画面呈现出细腻的影像，如图7-23所示。

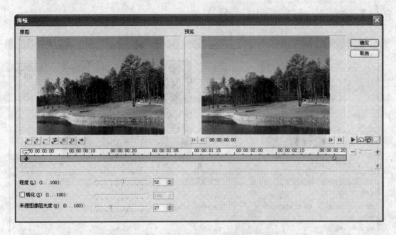

图7-22 【降噪】滤镜的对话框

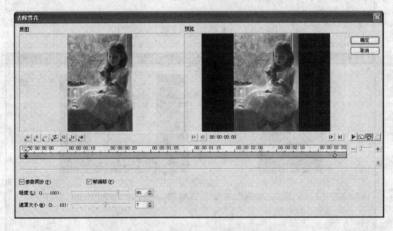

图7-23 【去除雪花】滤镜的对话框

【程度】：调整减少雪花的程度，数值越大去除雪花的效果越明显。

【遮罩大小】：设置对于雪花的识别程度，数值越大，越多的杂点会被识别为雪花并在画面上消除。

7.4.18 光芒

【光芒】滤镜用于在视频画面上添加旋转移动的光芒效果，该滤镜的对话框如图7-24所示。

【光芒】：输入数值，设置光芒的边数。

【角度】：输入数值，设置光芒在初始位置的旋转角度。

【半径】：拖动三角滑块可调整光晕的半径。

【长度】：拖动三角滑块可调整光线的长度。

【宽度】：拖动三角滑块可调整光线的宽度。

【阻光度】：控制光芒的透明度。

【静止】：启用该复选框，光芒将在固定位置旋转和变换，而不在画面上移动。

7.4.19 发散光晕

【发散光晕】滤镜用于在画面上应用发散光晕，模拟出在摄像机镜头上加装柔光镜的拍摄效果。【发散光晕】滤镜的对话框如图7-25所示。

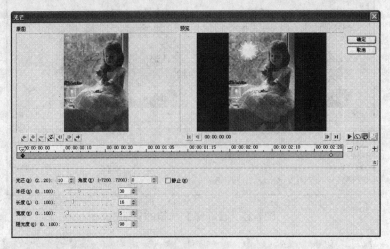

图7-24 【光芒】滤镜的对话框

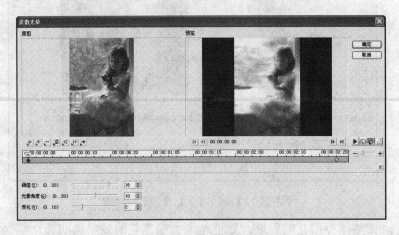

图7-25 【发散光晕】滤镜的对话框

【阈值】：定义应用光晕效果的区域。数值越小，应用光晕的区域越大。

【光晕角度】：设置光晕效果的强度，数值越大，像素越亮。

【变化】：设置添加到光晕中的杂点差异度，增大数值会显示出更多的杂点。

7.4.20 双色调

【双色调】相当于用不同的颜色来表示画面的灰度级别，其深浅由颜色的浓淡来实现。运用这种方式，可以得到一些特别的艺术化颜色效果。【双色调】滤镜的对话框如图7-26所示。

【启用双色调色彩范围】：启用该复选框，将把双色调效果应用到画面中，否则，将为画面去色，应用黑白效果。

【色彩方框】：定义双色调所使用的颜色及浓度。

【保留原始色彩】：向右拖动滑块，在画面中应用双色调的同时，能够更多地保留原始画面中的色彩，形成原始色彩与双色调混合的效果。

【红色/橙色滤镜】：模拟将红色/橙色滤光镜加装在镜头前的效果，向右拖动滑块，滤镜效果更加明显。

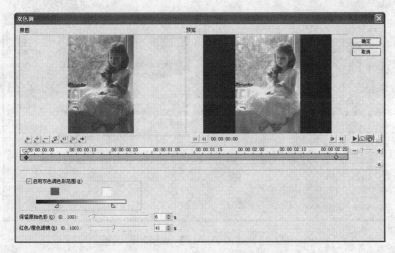

图7-26 【双色调】滤镜的对话框

7.4.21 浮雕

【浮雕】滤镜将画面的颜色转换为覆盖色，并用原填充色勾画边缘，使选区产生突出或下陷的浮雕效果。【浮雕】滤镜的对话框如图7-27所示。

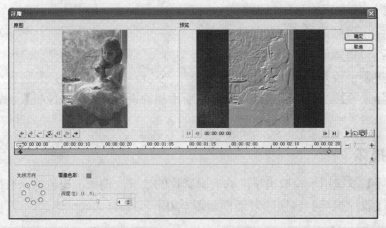

图7-27 【浮雕】滤镜的对话框

【光线方向】：选择画面上阴影的方向，以及图像的突起和下凹部分。光线来源位于图像上方时，较亮的区域显示为突起效果；光线来源位于图像左上方时，则较暗的区域显示为下凹效果。

【覆盖色彩】：在色彩方框上单击鼠标，从弹出的对话框中可以为画面选择一种新色彩。

【深度】：设置浮雕效果的强烈程度。设置的值越高，浮雕效果越强烈。

7.4.22 改善光线

【改善光线】滤镜用于改进视频的曝光程度，最适合于校正光线较差的视频。【改善光线】滤镜的对话框如图7-28所示。

【自动】：选中该选项，程序自动对画面的明暗平衡进行调整。

【填充闪光】：向左拖动滑块，画面整体变暗；向右拖动滑块，画面整体变亮。

【改善阴影】：向左拖动滑块，将加亮暗部区域；向右拖动滑块，将降低高光区域的亮度。

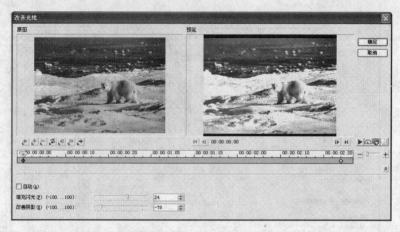

图7-28 【改善光线】滤镜的对话框

7.4.23 摄影机

【摄像机】滤镜用于模拟地震、轻微相机抖动等效果。【摄像机】滤镜的对话框如图7-29所示。

【Y抖动】：调整画面纵向抖动幅度。

【X抖动】：调整画面横向抖动幅度。

【边框】：设置画面抖动时的边框颜色。

【闪烁】：设置画面闪烁效果的强弱。

【闪烁速率】：设置画面闪烁的频率。

【显示实际来源】：启用该复选框，会将所添加的素材应用【摄像机】滤镜的实际效果显示出来。

7.4.24 胶片损坏

【胶片损坏】滤镜用于模拟出早期的老旧影片的效果。例如，褪色的、有碎片的、脏污的影片效果等。【胶片损坏】滤镜的对话框如图7-30所示。

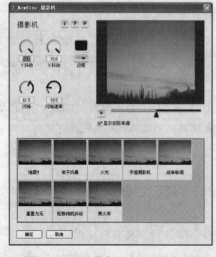

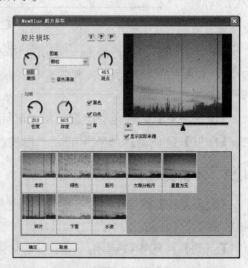

图7-29 【摄像机】滤镜的对话框　　　　图7-30 【胶片损坏】滤镜的对话框

【磨损】：调整画面的磨损程度。

【图案】：设置画面的磨损图案。

【斑点】：调整画面播放时的斑点数量。

【蓝色通道】：选中该选项可以制作出带有水渍的影片效果。

【密度】：设置划痕线的数量。

【深度】：设置划痕效果的强度。

【黑色】：启用该复选框，画面上的划痕线将以黑色显示。

【白色】：启用该复选框，画面上的划痕线将以白色显示。

【厚】：启用该复选框，画面上的划痕线将会变厚。

7.4.25 情景模板

【情景模板】滤镜可以模拟不同情景的影片效果。例如，20世纪60年代的回忆、老电影、恐怖电影等影片效果。【情景模板】滤镜的对话框如图7-31所示。

【抖动】：设置画面的抖动幅度。

【闪烁】：设置画面闪烁效果的强弱。

【色调】：调整画面的色彩。

【饱和度】：设置画面的饱和度，数值越小，画面的色彩越淡；数值越大，画面色彩越鲜艳。

【胶片Gamma】：调整画面的明暗平衡。

【磨损】：调整画面的磨损程度。

【斑点】：调整画面播放时的斑点数量。

【划痕】：设置划痕线的数量。

7.4.26 胶片外观

运用【胶片外观】滤镜可以制作出不同色调的胶片效果。例如，黑白胶片、分色胶片、钠光胶片等效果。【胶片外观】滤镜的对话框如图7-32所示。

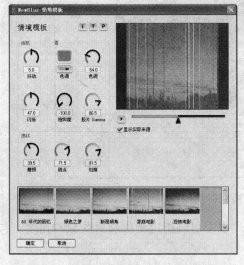

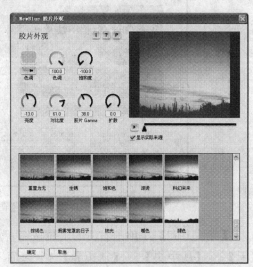

图7-31 【情景模板】滤镜的对话框　　　　图7-32 【胶片外观】滤镜的对话框

【扩散】：调整画面的对比度，数值越大，画面的明暗对比越强；数值越小，画面越柔和。其他的属性设置与【情景模板】滤镜的属性设置相同。

7.4.27 综合变化

运用【综合变化】滤镜可以制作出多种不同效果的影片。例如，褪色、烧焦、夜视、火光等影片效果。【综合变化】滤镜的对话框如图7-33所示。

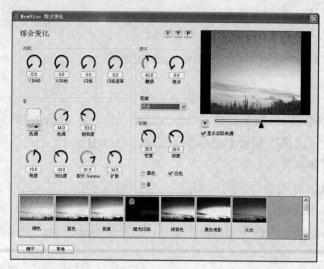

图7-33 【综合变化】滤镜的对话框

各项属性设置与前述滤镜的属性设置相同。

7.4.28 鱼眼

【鱼眼】滤镜通过模拟使用鱼眼镜头拍摄的视频扭曲效果，使观众感觉就像是通过一个玻璃球在观看画面。【鱼眼】滤镜的对话框如图7-34所示。

图7-34 【鱼眼】滤镜的对话框

【光线方向】：单击右侧的下拉按钮，从下拉列表中可以指定光源照射图像的角度，包括【无】、【从中央】、【从边界】3个选项。

7.4.29 幻影动作

【幻影动作】滤镜用于模拟在满速、长时间曝光状态下拍摄画面所形成的幻影效果，【幻影动作】滤镜的对话框如图7-35所示。

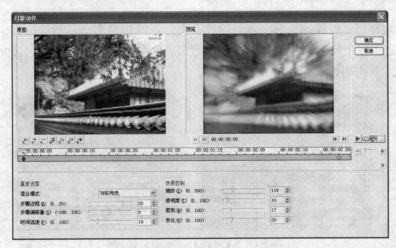

图7-35 【幻影动作】滤镜的对话框

【混合模式】：指定幻影移动后的图像与原图的叠加方式。

【步骤边框】：调整由于幻影而产生的边框的重复数量，数值越大重复数量越多。

【步骤偏移量】：调整幻影边框的偏移程度，数值越大偏移程度越明显。

【时间流逝】：设置幻影边框随时间推移的变化情况。

【缩放】：设置画面的缩放变化效果。100为原始尺寸的标准值。输入小于100的数值，画面收缩显示；输入大于100的数值，画面放大显示。

【透明度】：调整幻影画面与原始画面的透明叠加程度。增大数值将透出更多的幻影画面。

【柔和】：向右拖动滑块，将在幻影画面上应用模糊效果，使幻影边缘变得柔和。

【变化】：调整幻影的随机变化程度，数值越大幻影图案变得越不规则。

7.4.30 色调和饱和度

【色调和饱和度】滤镜于调整画面的颜色以及色彩饱和度，该滤镜的对话框如图7-36所示。

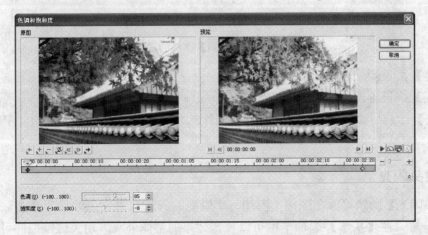

图7-36 【色调和饱和度】滤镜的对话框

【色调】：调整画面的色彩。

【饱和度】：用于将色彩添加到图像或从图像中删除色彩。向左拖动滑块，可以将图像的饱和度降低；向右拖动滑块可以使图像的饱和度增大。

7.4.31 反转

【反转】滤镜用于将图像反转，进行颜色互补处理，相当于正片与负片的反转效果。将图像反转时，通道中每个像素的亮度值会被转换为相应颜色刻度上相反的值。【反转】滤镜没有可调整的参数，其应用效果对比如图7-37所示。

图7-37　【反转】滤镜的对话框

7.4.32 万花筒

【万花筒】滤镜用于模拟通过万花筒看图像的拼贴效果，拖动【原图】预览窗口中的控制点，可以调整图像中的反射位置。该滤镜的对话框如图7-38所示。

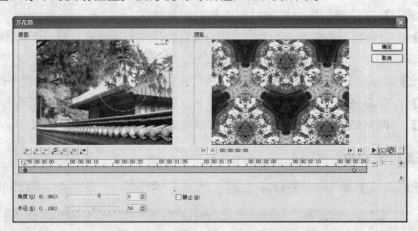

图7-38　【万花筒】滤镜的对话框

【角度】：设置反射图形的角度。

【半径】：设置反射图形的取样半径。

【静止】：启用该复选框，反射区域将被固定，不能拖动【原图】窗口中的控制点来调整位置。

7.4.33 镜头闪光

【镜头闪光】滤镜可以在图像上添加一个发亮的闪光效果。该效果非常类似于注视太阳时看到的闪光。在【基本】选项卡中可以设置效果的整体外观，用关键帧控件可以生成动态的效果。拖动【原图】窗口中的十字标记，可以调整镜头闪光的中心位置。该滤镜的对话框如图7-39所示。

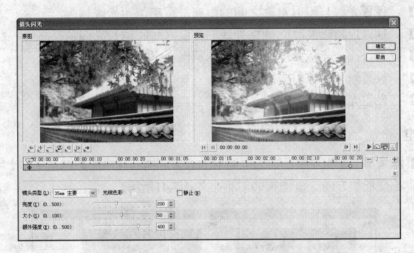

图7-39 【镜头闪光】滤镜的对话框

【镜头类型】：单击右侧的下拉按钮，从下拉列表中可以选择不同的镜头类型。不同的镜头类型将产生不同的闪光合成效果。

【光线色彩】：通过单击色彩框来改变光线的颜色。

【亮度】：调整整体效果的亮度。

【大小】：调整闪光的大小。

【额外强度】：调整周围光线的强度。默认情况下，图像将变得像一个调光器，以突出效果。输入较高的值或移动滑动条，可以使图像变亮。

7.4.34 光线

【光线】滤镜用于在画面上添加光照效果，该滤镜的对话框如图7-40所示。

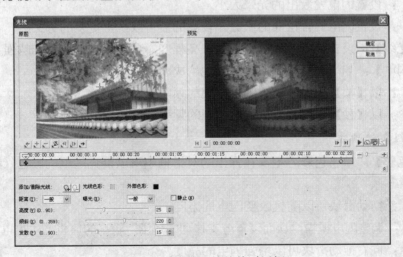

图7-40 【光线】滤镜的对话框

【添加/删除光线】：单击 按钮，可以在画面上添加新的光源；在预览窗口中选中一个光源，单击 按钮，可以将其删除。

【光线色彩】：单击色彩方框，在弹出的对话框中可以定义光线的中央色彩。

【外部色彩】：单击色彩方框，在弹出的对话框中可以定义光源周围的色彩。

【距离】：设置光源与照射对象之间的距离，距离越短光线越强。

【曝光】：通过设置曝光时间调整光线的亮度，时间越长光线越亮。

【高度】：通过改变光源角度调整照明的范围。

【倾斜】：设置光源的照射方向。

【发散】：设置光线的发散范围。

7.4.35　闪电

【闪电】滤镜用于在相片中添加闪电照射的效果，拖动【原图】窗口中的十字标记，可以调整闪电的中心位置和方向。该滤镜的对话框如图7-41所示。

图7-41　【闪电】滤镜的对话框

1. 【基本】选项卡

【光晕】：设置闪电发散出的光晕大小。

【频率】：设置闪电旋转扭曲的次数。较高的值可以产生更多的分叉。

【外部光线】：设置闪电对周围环境的照亮程度，数值越大，环境光越强。

【随机闪电】：启用该复选框，将随机地生成动态的闪电效果。

【区间】：以【帧】为单位设置闪电出现的频率。

【间隔】：以【秒】为单位设置闪电出现的频率。

2. 【高级】选项卡

【闪电色彩】：单击色彩方框，在弹出的对话框中可以设置闪电的颜色（默认色彩是白色）。

【因子】：拖动滑块可以随机改变闪电的方向。

【幅度】：调整闪电振幅，从而设置分支移动的范围。较高的值将产生更电子化的效果。

【亮度】：向右拖动滑块可以增强闪电的亮度。

【阻光度】：设置闪电混合到图像上的方式。较低的值使闪电更透明，较高的值使它更不透明。

【长度】：设置闪电中分支的大小。选取较高的值可以增加其尺寸。

7.4.36 镜像

【镜像】滤镜可以将画面分割、重复，从而在同一画面上显示多个副本。该滤镜的对话框如图7-42所示。

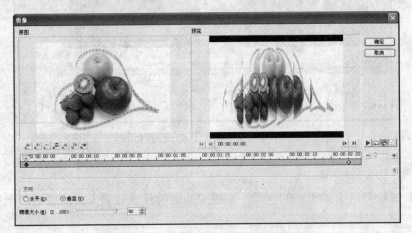

图7-42 【镜像】滤镜的对话框

【方向】：指定在【水平】或者【垂直】方向应用镜像效果。

【镜像大小】：拖动滑块设置镜像画面的大小，数值越大，镜像画面越大。

7.4.37 单色

【单色】滤镜用于去除画面中原先的彩色信息，并将某一种指定的颜色覆叠到画面上。该滤镜的对话框如图7-43所示。

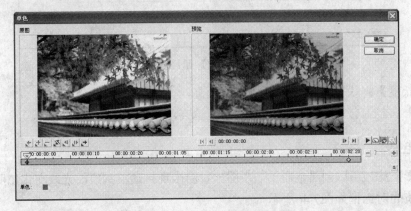

图7-43 【单色】滤镜的对话框

【单色】：单击色彩方框，在弹出的对话框中可以指定需要使用的单色色彩。

7.4.38 马赛克

【马赛克】滤镜可以将图像分裂为多个平铺块，并将每个平铺块中像素色彩的平均值用做该平铺块中所有像素的色彩，从而制作出马赛克画面的效果。该滤镜的对话框如图7-44所示。

图7-44 【马赛克】滤镜的对话框

7.4.39 油画

【油画】滤镜通过丰富图像的色彩，来模拟油画的外观效果。该滤镜的对话框如图7-45所示。

图7-45 【油画】滤镜的对话框

【笔划长度】：设置笔划的细节，数值越高，笔划就越大。

【程度】：控制效果的阻光度。设置的值越高，产生的效果就越明显。

7.4.40 老电影

【老电影】滤镜可以创建色彩单一，播放时会出现抖动、刮痕，光线变化忽明忽暗的画面效果。该滤镜的对话框如图7-46所示。

【斑点】：设置在画面上出现的斑点的明显程度，数值越大，斑点越多越明显。

【刮痕】：设置在画面上出现的刮痕的数量，数值越大刮痕越多。

【震动】：设置画面的晃动程度，数值越大画面抖动越厉害。

【光线变化】：设置画面上光线的明暗变化程度，数值越大明暗变化越明显。

【替换色彩】：单击色彩方框，在弹出的对话框中可以指定需要使用的单色色彩。

7.4.41 往内挤压

【往内挤压】滤镜可以将图像从拐角处向中间挤压，仿佛图像被挤得贴到球面的内部。该滤镜的对话框如图7-47所示。

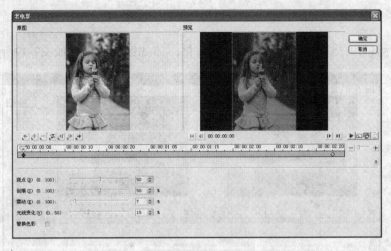

图7-46　【老电影】滤镜的对话框

图7-47　【往内挤压】滤镜的对话框

【因子】：设置的数值越高，向内挤压的效果越明显。

7.4.42　往外扩张

【往外扩张】：滤镜可以将图像从中央向拐角扩展，仿佛图像被蒙罩在一个球面上。该滤镜的对话框如图7-48所示。

图7-48　【往外扩张】滤镜的对话框

【因子】：设置的数值越高，向外扩张的效果越明显。

7.4.43 雨点

【雨点】滤镜用于在画面上添加雨丝的效果，该滤镜的对话框如图7-49所示。

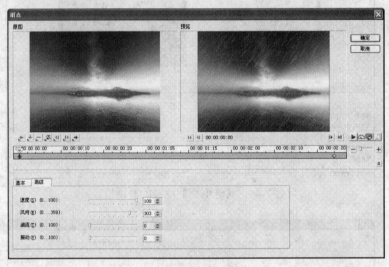

图7-49 【雨点】滤镜的对话框

1. 【基本】选项卡

【密度】：调整雨滴的个数。

【长度】：设置雨丝的长度。

【背景模糊】：控制背景图像被雨滴模糊的程度。

【宽度】：设置雨丝的宽度。

【变化】：控制颗粒大小的变化。

【主体】：确定雨滴的色彩以及打在图像上的重量。

【阻光度】：设置图像透过雨幕的可见度。

2. 【高级】选项卡

【速度】：控制雨滴的加速度。

【风向】：控制变化率，或使雨滴倾斜的风向。

【湍流】：控制雨滴从移动方向上偏离的变化程度。

【振动】：控制雨滴摇摆运动的强度。

7.4.44 涟漪

【涟漪】滤镜用于在图像上添加波纹，从而产生仿佛是通过水面来查看画面的效果。该滤镜的对话框如图7-50所示。

【方向】：选中【从中央】单选按钮，将使波纹从图像的中央开始，并按圆形的图样向外荡漾；选中【从边缘】单选按钮，使波纹像波浪一样在图像上涌动。

【频率】：设置的值越高，波纹的圈数就越多。

【程度】：设置的值越高，波浪就越大。

图7-50　【涟漪】滤镜的对话框

7.4.45　锐化

【锐化】滤镜用于使画面细节变得更为清晰，该滤镜的对话框如图7-51所示。

图7-51　【锐化】滤镜的对话框

【程度】：数值越大，锐化的效果越明显。

7.4.46　星形

【星形】滤镜用于在画面上添加动态的星光效果，该滤镜的对话框如图7-52所示。

【添加/删除星形】：单击 按钮，可以在画面上添加新的星形；在预览窗口中选中一个星形，单击 按钮，可以将其删除。

【星形色彩】：单击色彩方框，在弹出的对话框中可以定义星形的中央色彩。

【太阳大小】：调整中央区域的大小和色彩。

【光晕大小】：调整外部光晕的大小和色彩。

【星形大小】：调整射线的大小和色彩。

【星形宽度】：调整射线的宽窄度。

【阻光度】：调整整个星形的透明程度。此选项可以用于控制星形的亮度。

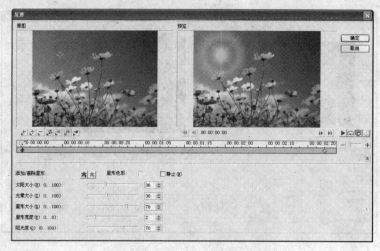

图7-52 【星形】滤镜的对话框

7.4.47 频闪动作

【频闪动作】滤镜用于模拟在频闪光线下视频画面出现的幻影效果，该滤镜的对话框如图7-53所示。

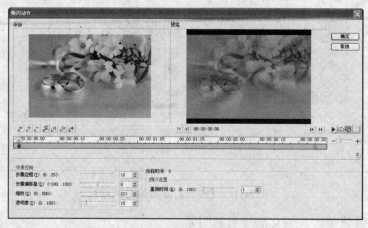

图7-53 【频闪动作】滤镜的对话框

【缩放】：设置画面的缩放变化效果。100为原始尺寸的标准值。输入小于100的数值，画面收缩显示；输入大于100的数值，画面放大显示。

【透明度】：调整幻影画面与原始画面的透明叠加程度。增大数值将透出更多的幻影画面。

7.4.48 波纹

【波纹】滤镜用于在图像上添加波纹，从而产生仿佛透过滚动的水珠查看画面的效果。该滤镜的对话框如图7-54所示。

【添加/删除波纹】：单击 按钮，可以在画面上添加新的波纹；在预览窗口中选中一个波纹，单击 按钮，即可将其删除。

【波纹半径】：调整波纹影响范围的大小，数值越大影响范围越大。

【涟漪强度】：调整波纹的起伏程度，数值越大起伏程度越大。

图7-54　【波纹】滤镜的对话框

7.4.49　视频摇动和缩放

　　【视频摇动和缩放】滤镜用于模拟拍摄时镜头的拉伸和摇动的效果，以增强画面的动感。在【原图】上拖动选取框的控制点，可以控制画面的缩放率，从而放大主题。该滤镜的对话框如图7-55所示。

图7-55　【视频摇动和缩放】滤镜的对话框

　　【网格线】：启用该复选框，将在原图画面上显示网格线，以便于对画面缩放进行精确定位。

　　【网格大小】：拖动滑块可以调整显示的网格尺寸。

　　【靠近网格】：启用该复选框，将使选取框与网格贴齐。

　　【无摇动】：若要放大或缩小固定区域而不摇动图像，则启用该复选框。

　　【停靠】：单击相应的按钮，可以以固定的位置移动图像窗口中的选取框。

　　【缩放率】：调整画面的缩放比率，与拖动选取框的控制点的作用相同。

　　【透明度】：如果要应用淡入或淡出效果，则增加【透明度】中的数值。这样，图像将淡化到背景中，单击下面的色彩框可以选择背景色。

7.4.50　肖像画

　　【肖像画】滤镜用于在画面上添加柔和的边缘效果，从而更加突出主体。该滤镜的对话框如图7-56所示。

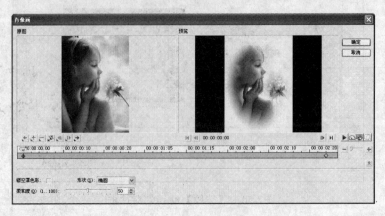

图7-56 【肖像画】滤镜的对话框

【镂空罩色彩】：单击色彩方框，在弹出的对话框中可以设置主体边缘被镂空后的填充色彩。

【形状】：单击其下拉按钮，从下拉列表中可以选择椭圆、圆形、正方形以及矩形等不同镂空的形状。

【柔和度】：设置边缘的柔化程度，数值越高，柔化效果越明显。

7.4.51 水流

【水流】滤镜用于在画面上添加流水效果，就好像通过流动的水面查看图像一样。该滤镜的对话框如图7-57所示。

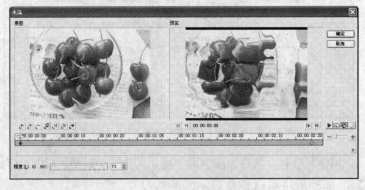

图7-57 【水流】滤镜的对话框

【程度】：调整水流对画面的影响程度。数值越大，画面的扭曲变形越明显。

7.4.52 水彩

【水彩】滤镜用于丰富图像中的色彩，模仿水彩画的外观。该滤镜的对话框如图7-58所示。

【笔划大小】：选择【小】则笔画较短；选择【大】则笔画较长。

【湿度】：设置的值越高，添加的笔画含水量越多。

7.4.53 漩涡

【漩涡】滤镜用于使画面扭曲变形，产生漩涡般的效果。该滤镜的对话框如图7-59所示。

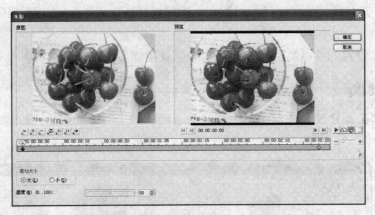

图7-58 【水彩】滤镜的对话框

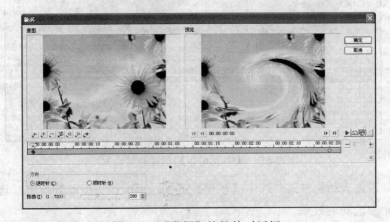

图7-59 【漩涡】滤镜的对话框

【方向】：可选择顺时针漩涡或逆时针漩涡。

【扭曲】：设置要使用的旋转量。设置的值越高，扭曲的程度也越高。

7.4.54 微风

【微风】滤镜用于产生画面被风吹动的感觉。该滤镜的对话框如图7-60所示。

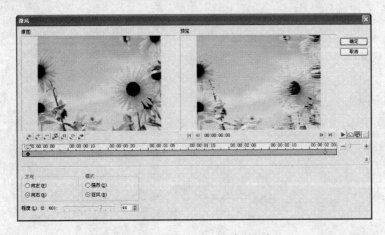

图7-60 【微风】滤镜的对话框

【方向】：选择风吹的方向。

【模式】：选择风的类型。【强烈】产生的感觉是从微风到强风，而【狂风】则是狂风大作的感觉。

【程度】：设置的值越高，产生的风吹效果就越强烈。

7.4.55 缩放动作

【缩放动作】滤镜使图像显示出由于镜头运动而产生的缩放效果。该滤镜的对话框如图7-61所示。

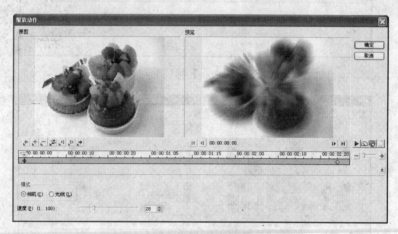

图7-61 【缩放动作】滤镜的对话框

【模式】：设置运动的方式。选中【相机】选项，模拟镜头运动的效果；选中【光线】选项，模拟自然光源运动的效果。

【速度】：设置动态效果的强烈程度。数值越大，效果越明显。

7.5 本章小结

本章详细介绍了会声会影X2视频滤镜效果的添加、设置等具体的操作方法。通过本章的学习，用户应熟练掌握各种视频滤镜的使用方法和技巧，并能与实践结合将视频滤镜效果合理地运用到所制作的视频作品中。

第8章　添加转场效果

从某种角度来说，转场就是一种特殊的滤镜效果，它是在两个图像或视频素材之间创建某种过渡效果。如果用户有效、合理地使用转场效果，可以使影片呈出专业化的视频效果。

从本质上讲，影片剪辑就是选取要用的视频片段并重新排列组合，而转场就是连接两段视频的方式，所以转场效果在视频编辑领域中占有很重要的地位。

在视频编辑工作中，素材与素材之间的连接称为切换。最常用的切换方法是一个素材与另一个素材紧密连接，使素材自然过渡，这种方法称为"硬切换"；另一种切换方法称为"软切换"，它是使用一些特殊的效果，在素材与素材之间产生自然、流畅、平滑的过渡，或者是为了让素材与素材之间的过渡产生某种奇特的视觉效果而使用的一种技术。

会声会影X2为用户提供了上百种的转场效果，使用这些转场效果，可以让素材之间的过渡更加完美，从而制作出绚丽多彩的视频作品。

8.1　自动添加转场效果

会声会影提供了默认转场功能，也就是说将素材添加到项目中时，会声会影会自动在两段素材之间添加转场效果。需要注意的是，使用默认转场效果主要是为了帮助初学者快速而方便地添加转场，想要灵活地手工控制转场效果，建议取消选择【参数选择】对话框中的【自动添加转场效果】复选框，手工添加转场。自动添加转场效果的方法如下：

（1）选择【文件】|【参数选择】菜单命令，或者按快捷键【F6】。

（2）在弹出的【参数选择】对话框中启用【编辑】选项卡中的【自动添加转场效果】复选框，如图8-1所示。

（3）通常系统默认的效果为【随机】，即随机选择一种转场效果。当然，可以在默认转场效果列表中选择想要使用的预设转场效果，如图8-2所示。

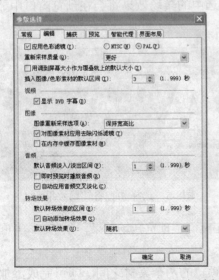

图8-1　启用【自动添加转场效果】复选框

图8-2　预设转场列表

（4）设置完成后，单击【确定】按钮，在视频轨中添加素材时，会声会影就会在素材之间自动添加转场效果，如图8-3所示。

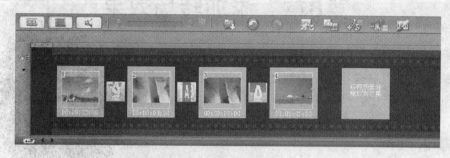

图8-3　预设转场效果

8.2　转场效果的基本应用

使用预定义的转场效果虽然非常方便，但是毕竟约束太多，不能很好地控制效果，下面介绍在会声会影中手工应用转场效果的方法。

8.2.1　手动添加转场效果

（1）在视频轨处单击鼠标右键，在弹出的快捷菜单中，选择【插入图像】选项，弹出【打开图像文件】对话框，选择所需要的图像，单击【打开】按钮将素材添加至视频轨上。

提示 在添加素材之前，需要先取消启用【参数选择】对话框中的【自动添加转场效果】复选框。

（2）单击菜单栏上的【效果】按钮，进入【效果】步骤。在操作界面右侧的素材库中，可以看到各种转场效果。

（3）单击素材库右侧的三角按钮，从如图8-4所示的下拉列表中选择需要查看的转场效果类别。选中其中的一个类别，可以在素材库中预览当前类别所包含的各种转场效果。

（4）在素材库中单击鼠标选中一个转场略图，选中的转场效果将会在预览窗口中显示出来，如图8-5所示。

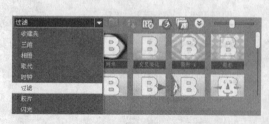

图8-4　选择要使用的转场效果类别

图8-5　选择和查看转场效果

（5）单击预览窗口下方的【播放】按钮，在窗口中预览转场效果。预览窗口中的A和B分别代表转场效果所连接的两个素材，如图8-6所示。

（6）将需要使用的转场效果拖曳到故事板中视频轨的两个素材之间，即可完成添加转场的工作，如图8-7所示。

图8-6 预览转场效果

图8-7 将转场拖曳到素材之间

提示 由于转场是用于素材之间的一种过渡效果，因此，必须把它添加到两段素材之间。

（7）添加完成后，在视频轨上单击要查看的转场，然后单击预览窗口下方的【播放】按钮 ，即可查看转场在影片中的效果，如图8-8所示。

图8-8 查看转场在影片中的效果

8.2.2 删除转场效果

如果对添加到素材之间的转场效果不满意的话，可以将其删除。方法如下：

· 在视频轨中选择要删除的转场，再按下【Delete】键即可完成删除操作。

· 在视频轨中选择要删除的转场，单击鼠标右键，弹出快捷菜单，选择【删除】选项，即可删除选中的转场。

8.3 调整转场效果

为素材之间添加转场效果之后，可以对转场效果的部分属性进行相应的设置，从而使视觉效果更为丰富。但需要注意的是，针对不同的转场效果，所能够调节的属性也各不相同。

8.3.1 调整转场效果的位置

如果需要移动转场的位置，可在视频轨中选择该转场缩略图后，将其拖动至另外的两段素材之间即可，如图8-9所示。

8.3.2　调整转场效果的播放时间

转场的默认时间长度是1s，可以根据需要改变转场的播放时间。调整转场效果播放时间的操作方法有3种，分别如下。

1. 调整时间码

在视频轨中选择需要调整时间的转场效果，然后在选项面板的【区间】中根据需要调整时间码，如图8-10所示。

图8-9　调整转场效果的位置　　　　　　　　图8-10　改变【区间】的数值

2. 拖动转场的黄色标记

在时间轴模式中，视频轨上添加的转场效果都将呈黄色显示，如图8-11所示。

将鼠标置于转场的左右边缘，当鼠标指针呈↔、↔形状时，单击鼠标左键并向左右拖曳，即可改变转场的播放时间，如图8-12所示。

图8-11　以黄色显示的转场　　　　　　　　图8-12　调整转场长度

3. 设置转场效果的默认时间

执行【文件】|【参数选择】菜单命令或按快捷键【F6】，弹出【参数选择】对话框，单击【编辑】选项卡，然后在【默认转场效果的区间】选项"右侧"可自定义转场时间。设置完成后，单击【确定】按钮，即可更改默认转场效果的时间。

8.3.3　设置转场效果的属性

如果需要更改影片中添加的转场效果的具体属性，可以选中该转场效果（选中的转场效果将以红色方框显示），此时在选项面板中将会显示该转场的相关属性，如图8-13所示。

该选项面板中主要选项的含义分别如下：

图8-13　选项面板中显示的转场效果的属性

【区间】　：以从左到右依次为"时：分：秒：帧"的形式显示素材上所应用的转场效果的持续区间。可以通过修改时间码中的数值来调整转场效果的持续时间。

【边框】：用于设置转场效果的边框宽度，其取值范围为0～10之间。

【色彩】：用于设置转场效果边框或两侧的颜色，单击其右侧的色块，在弹出的调色板中可选择颜色。

【柔化边缘】：单击相应的按钮，可以指定转场效果和素材的融合程度。柔化边缘将使转场效果不明显，从而在素材之间能够创建平滑的过渡。

【方向】：单击相应的按钮，可以指定转场效果的方向，不同转场的方向选项也可不同，如图8-14所示。

图8-14　不同转场效果的方向选项

8.4　收藏和使用收藏的转场

由于会声会影提供了上百种转场效果，可以根据个人习惯，将常用的转场效果收藏到收藏夹里，使用起来会非常方便。

在转场效果的略图上单击鼠标右键，从弹出菜单中选择【添加到收藏夹】命令，就可以将所选择的转场添加到收藏夹中，如图8-15所示。

图8-15　将转场添加到收藏夹

添加完成后，在素材库列表中选择【收藏夹】，就可以查看并选择所收藏的转场效果，如图8-16所示。

在收藏夹中选中一种要使用的转场效果，单击鼠标右键，从如图8-17所示的弹出菜单中选择【对视频轨应用当前效果】，就可以把选中的转场效果应用到视频轨上的素材之间了。

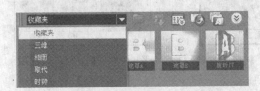

图8-16　查看收藏夹中的转场效果

图8-17　选择【对视频轨应用当前效果】

8.5　转场效果介绍

在会声会影中，转场效果的种类很多，某些转场效果独具特色，可以为影片添加非同一般的视觉体验。下面将介绍在视频编辑中常用的转场效果的应用。

8.5.1　【三维】转场

【三维】转场包括手风琴、对开门、百叶窗等15种转场类型，如图8-18所示，这类转场的特征是将素材A转换为一个三维对象，然后融合到素材B中。

图8-18　【三维】转场

在【三维】转场类型中，最具特色的包括【飞行折叠】、【飞行盒】以及【漩涡】转场的效果。其中【漩涡】转场具有特别的参数设置。在素材之间应用【漩涡】转场后，素材A将爆炸碎裂，然后融合到素材B中，如图8-19所示。

图8-19　【漩涡】转场的应用效果

【漩涡】转场的选项面板如图8-20所示。单击面板上的【自定义】按钮，将弹出如图8-21所示的【漩涡-三维】对话框。

【密度】：调整碎片分裂的数量，数值越大，分裂的碎片数量越多。

【旋转】：调整碎片旋转运动的角度，数值越大，碎片旋转运动越明显。

【变化】：调整碎片随机运动的变化程度，数值越大，运动轨迹的随机性越强。

【颜色键覆叠】：启用该复选框，然后单击右侧的颜色方框，将弹出如图8-22所示的对话框。在略图上单击鼠标，可以汲取需要透空的区域色彩；也可以单击【选取图像色彩】右侧的颜色方框，指定透空的色彩。【遮置色彩】则用于在略图上显示透空区域的颜色；【色彩相似度】用于控制指定的透空色彩的范围。设置完成后，单击【确定】按钮，可以使指定的透空色彩区域透出素材B相应区域的颜色。

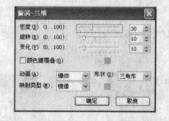

| 图8-20　【漩涡】转场的选项面板 | 图8-21　【漩涡】转场的参数设置对话框 | 图8-22　【图像色彩选取器】对话框 |

【动画】：选择碎片的运动方式，包括爆炸、扭曲和上升3种不同的类型。

【形状】：设置碎片的形状，可以选择三角形、矩形、球形和点4种不同的类型。

【映射类型】：设置碎片边缘的反射类型，包括镜像和自定义两种方式。

8.5.2　【相册】转场

【相册】转场对于显示卡的内存要求较高，在使用时容易出现显示器"花屏"的现象。建议使用64MB以上显存的显示卡。如果显示卡内存较低，可以尝试使用以下方法解决。

· 在设置和调整【相册】转场时尽量不要运行其他程序。

· 在计算机的【显示属性】对话框中，将【颜色质量】设置为16位。

· 在计算机的【显示属性】对话框中，将桌面背景设置为【无】。

【相册】转场的参数设置较为复杂，可以选择多种相册布局，还可以修改相册封面、背景和大小等。在素材之间添加【相册】转场效果后，单击视频轨上的转场，通过选项面板可以修改转场的属性。单击选项面板上的【自定义】按钮，将弹出如图8-23所示的【翻转-相册】对话框。

【布局】：单击相应的按钮为相册选取满意的外观，如图8-24所示。

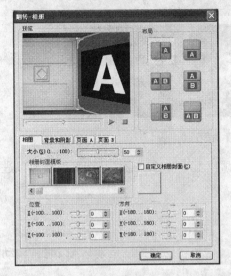

图8-23 【翻转-相册】对话框

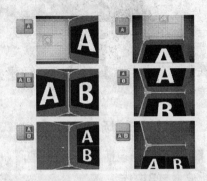

图8-24 不同布局的效果示意图

【相册】：设置相册的大小、位置和方向等参数。如果要改变相册封面，可以从【相册封面模板】中选取一个预设略图，或者启用【自定义相册封面】复选框，然后导入需要使用的封面图像。

【背景和阴影】：可以给相册添加背景或阴影效果。添加背景，可以在【背景模板】栏中选取一个预设略图，或者启用【自定义模板】复选框，然后导入需要使用的背景图像。添加阴影，则要启用【阴影】复选框，然后调整【X-偏移量】和【Y-偏移量】框中的数值，设置阴影的位置，如图8-25所示。将【柔化边缘】框中的数值增大可以使阴影看上去柔和一些。

【页面A】：在参数设置区中设置相册第一页的属性，如图8-26所示。如果要修改此页上的图像，在【相册页面模板】栏中选取一个预设略图，或者启用【自定义相册页面】复选框，然后导入需要使用的图像。如果要调整此页上素材的大小和位置，分别拖动【大小】以及【X】和【Y】右侧的滑块改变数值即可。

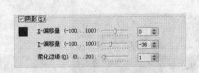

图8-25 阴影参数的设置

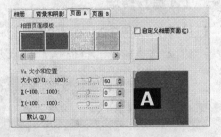

图8-26 【页面A】中参数的设置

【页面B】：与【页面A】选项卡中的属性设置相同。

8.5.3 【取代】转场

【取代】转场包括棋盘、对角线、盘旋等5种转场类型。这类转场的特征是素材A以棋盘、对角线、盘旋等方式逐渐被素材B取代，如图8-27所示。

图8-27　【取代】转场

在素材之间添加【取代】转场效果后，单击视频轨上的转场，通过其选项面板可以进一步修改转场属性。

8.5.4　【时钟】转场

【时钟】转场包括7种转场类型，如图8-28所示。这类转场的特征是素材A以时钟转动的方式逐渐被素材B取代。

图8-28　【时钟】转场

在素材之间添加【时钟】转场效果后，单击视频轨上的转场，通过其选项面板可以进一步修改转场属性。

8.5.5　【过滤】转场

【过滤】转场包括20种转场类型，如图8-29所示。【过滤】转场是影片中较为重要的一类的转场类型。这类转场的特征是素材A以自然过渡的方式逐渐被素材B取代。

图8-29　【过滤】转场

在【过滤】转场中，【箭头】、【喷出】、【刻录】等多种转场类型都没有可调整的参数；【打开】、【虹膜】、【镜头】等转场类型的参数设置与【三维】转场中的参数设置相似。

在【过滤】转场中，【遮罩】转场是一个独特的类型，它可以将不同的图案或对象作为过滤透空的模板，应用到转场效果中，如图8-30所示。可以选择预设遮罩或导入BMP文件，并将它们用做转场的遮罩。

图8-30 【过滤】-【遮罩】转场

在【过滤】转场类型中，最具特色的包括【刻录】、【淡化到黑】、【交叉淡化】、【遮罩】、【溶解】、【断电】效果。在影片中常常会用到【淡化到黑色】转场，如果在影片的开始部分需要设置黑场景与画面之间的过渡效果，就需要添加黑色的素材，然后使用【交叉淡化】转场。

8.5.6 【胶片】转场

【胶片】转场包括横条、对开门等13种转场类型，如图8-31所示。素材A的运动方式是翻页或者卷动，并以对开门、横条等方式逐渐被素材B取代。

8.5.7 【闪光】转场

【闪光】转场是一种重要的转场类型，它可以创建融解到场景中的灯光，构建梦幻般的画面效果。【闪光】转场包括14种类型，如图8-32所示。

图8-31 【胶片】转场

图8-32 【闪光】转场

在素材之间添加【闪光】转场效果后，单击视频轨上的转场，通过选项面板可以修改转场的属性。单击选项面板上的【自定义】按钮，将弹出如图8-33所示的【闪光-闪光】对话框。

【淡化程度】：设置遮罩柔化边缘的厚度。

【光环亮度】：设置灯光的强度。

【光环大小】：设置灯光覆盖区域的大小。

【对比度】：设置两个素材之间的色彩对比度。

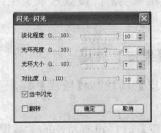

图8-33 【闪光】转场的属性设置

【当中闪光】：启用该复选框，将为融解遮罩添加一个灯光。

【翻转】：启用该复选框，将翻转遮罩的效果。

8.5.8 【遮罩】转场

【遮罩】转场可以将不同的图案或对象作为遮罩应用到转场效果中。可以选择预设遮罩或导入BMP文件，并将它用做转场的遮罩。【遮罩】转场包括42种不同的预设类型，如图8-34所示。

【遮罩】转场与【过滤】-【遮罩】的区别在于：在【遮罩】转场中，遮罩会沿着一定的路径运动；而【过滤】-【遮罩】中仅仅是简单地透过遮罩。

在素材之间添加【遮罩】转场效果后，单击视频轨上的转场，通过选项面板可以修改转场的属性。单击选项面板上的【自定义】按钮，将弹出如图8-35所示的对话框。

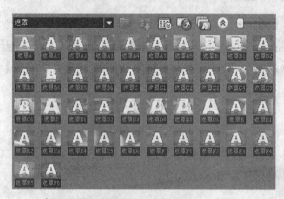

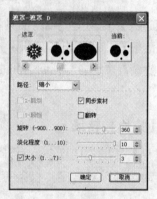

图8-34 【遮罩】转场   图8-35 【遮罩】转场的属性设置

【遮罩】：为转场选择用做遮罩的预设模板。

【当前】：单击略图将打开一个对话框，在对话框中选择用做转场遮罩的BMP文件。

【路径】：选择转场期间遮罩移动的方式，包括波动、弹跳、对角、飞向上方、飞向右边、滑动、缩小以及漩涡等多种不同的类型。

【X/Y-颠倒】：翻转遮罩的路径方向。

【同步素材】：将素材的动画与遮罩的动画相匹配。

【翻转】：翻转遮罩的效果。

【旋转】：指定遮罩旋转的角度。

【淡化程度】：设置遮罩柔化边缘的厚度。

【大小】：设置遮罩的大小。

8.5.9 【果皮】转场

【果皮】转场与【胶片】转场类似，包括对开门、交叉以及翻页等6种转场类型，如图8-36所示。

【果皮】转场没有特殊的参数设置，需要注意的是，在选项面板上可以自定义卷动区域的色彩。

8.5.10 【推动】转场

【推动】转场包括横条、网孔、运动和停止、侧面和彩带5种转场类型，如图8-37所示。这类转场的特征类似于【取代】转场，是素材A以所选择的【推动】转场方式被素材B取代，它比【取代】转场具有更为强烈的运动性。

图8-36 【果皮】转场

图8-37 【推动】转场

8.5.11 【卷动】转场

【卷动】转场包括横条、渐进、侧面等7种转场类型，如图8-38所示。这类转场的特征是素材A以卷动的方式被素材B取代。

图8-38 【卷动】转场

8.5.12 【旋转】转场

【旋转】转场包括拍打、盖板、旋转和分割板4种转场类型，如图8-39所示。这类转场的特征是素材A以旋转、运动或缩放的方式被素材B取代。其中最为常用的是【旋转】转场。

8.5.13 【滑动】转场

【滑动】转场包括对开门、横条、交叉等7种转场类型，如图8-40所示。这类转场的特征类似于【取代】转场，是素材A以滑行运动的方式被素材B取代。

图8-39 【旋转】转场

图8-40 【滑动】转场

8.5.14 【伸展】转场

【伸展】转场包括对开门、方盒、交叉缩放等5种转场类型，如图8-41所示。这类转场的特征在于素材A运动的同时会发生缩放变化，并逐渐被素材B取代。

图8-41 【伸展】转场

8.5.15 【擦拭】转场

【擦拭】转场包括箭头、对开门、横条、百叶窗等19种转场类型，如图8-42所示。这类转场的特征类似于【取代】转场，是素材A以选择的转场方式被素材B取代，但区别在于素材B出现的区域中素材A将以擦拭的方式被清除。

图8-42 【擦拭】转场

8.6 转场效果应用

虽然会声会影的转场效果非常多，但是在制作视频影片时，过多使用转场效果反而会破坏影片的整体美观。下面将介绍在视频编辑中常用的转场效果的应用。

8.6.1 【三维】-【飞行折叠】效果

（1）单击【将媒体文件插入到时间轴】 按钮，在弹出的下拉列表中选择【插入图像】选项，弹出【打开图像文件】对话框，选择所需要的两幅素材，单击【打开】按钮，将选择的图像插入至视频轨中，如图8-43所示。

（2）单击【效果】按钮，在弹出的下拉列表中选择【三维】|【飞行折叠】选项，如图8-44所示。

图8-43 插入的图像

图8-44 选择【飞行折叠】转场效果

（3）将【飞行折叠】转场拖动至视频轨中插入的两个素材图像之间，如图8-45所示。

（4）单击预览窗口下方的【播放】按钮，在预览窗口中观看转场效果，如图8-46所示。

（5）保持添加的转场处于选中状态。在选项面板中单击【方向】选项区域中的【右下到左上】按钮，转换转场的方向。

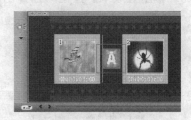

图8-45 添加转场

图8-46　预览转场效果

（6）按空格键可以在预览窗口中观看画面播放效果，如图8-47所示。

图8-47　观看播放效果

8.6.2　【过滤】-【遮罩】效果

（1）在视频轨处单击鼠标右键，在弹出快捷菜单中选择【插入图像】选项，插入两幅素材图像，如图8-48所示。

· 图8-48　插入的图像

（2）在选项面板中选择【重新采样选项】选项组中的【保持宽高比】项，如图8-49所示。

（3）单击【效果】按钮，在弹出的下拉列表中选择【过滤】|【遮罩】选项，如图8-50所示。

图8-49　选择【保持宽高比】项　　　　图8-50　选择【遮罩】转场效果

（4）将【遮罩】转场拖动至视频轨插入的两个素材图像之间，如图8-51所示。

（5）按下空格键，在预览窗口中观看画面播放效果，如图8-52所示。

图8-51 添加转场　　　　　　　　　　图8-52 预览转场效果

（6）在选项面板上单击【打开遮罩】按钮，弹出【打开】对话框，可以使用任意BMP格式的图像作为遮罩。

8.6.3 【胶片】-【对开门】效果

（1）在视频轨处单击鼠标右键，在弹出的快捷菜单中选择【插入图像】选项，插入两幅素材图像，如图8-53所示。

（2）在选项面板中选择【重新采样选项】选项组中的【保持宽高比】项。

（3）单击【效果】按钮，在弹出的下拉列表中选择【胶片】|【对开门】选项，如图8-54所示。

图8-53 插入的图像　　　　　　　　图8-54 选择【对开门】转场效果

（4）将【对开门】转场拖动至视频轨插入的两个素材图像之间，如图8-55所示。

（5）按下空格键，在预览窗口中观看画面播放效果，如图8-56所示。

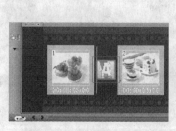

图8-55 添加转场　　　　　　　　　　图8-56 预览转场效果

（6）可以在选项面板中设置【对开门】效果的转场方向，例如，设置为【水平对开门】，效果如图8-57所示。

图8-57 【水平对开门】效果

8.6.4 【遮罩】-【遮罩C3】效果

（1）在视频轨处单击鼠标右键，在弹出的快捷菜单中选择【插入图像】选项，插入两幅素材图像，如图8-58所示。

（2）在选项面板中选择【重新采样选项】选项组中的【保持宽高比】项。

（3）单击【效果】按钮，在弹出的下拉列表中选择【遮罩】|【遮罩C3】选项，如图8-59所示。

图8-58 插入的图像　　　　　　　　图8-59 选择【遮罩C3】转场效果

（4）将【遮罩C3】转场拖动至视频轨中插入的两个素材图像之间，如图8-60所示。

（5）按下空格键，在预览窗口中观看画面播放效果，如图8-61所示。

图8-60 添加转场　　　　　　　　　图8-61 预览转场效果

8.6.5 【擦拭】-【搅拌】效果

（1）在视频轨处单击鼠标右键，在弹出快捷菜单中选择【插入图像】选项，插入两幅素材图像，如图8-62所示。

图8-62　插入的图像

（2）在选项面板中设置【重新采样选项】选项为【保持宽高比】。

（3）单击【效果】按钮，在弹出的下拉列表中选择【擦拭】|【搅拌】项，如图8-63所示。

（4）将【搅拌】转场拖动至视频轨插入的两个素材图像之间，如图8-64所示。

图8-63　选择【搅拌】转场效果

图8-64　添加转场

（5）按下空格键，在预览窗口中观看画面播放效果，如图8-65所示。

图8-65　预览转场效果

8.7　本章小结

　　本章使用了大量的篇幅，全面介绍了会声会影X2转场效果的添加、调整等具体的操作方法和技巧，同时对典型的转场效果用实例的形式，做了详尽的说明和效果展示。通过本章的学习，用户应该全面、熟练地掌握会声会影X2转场效果的添加、调整以及设置方法，并对会声会影常用的转场效果所产生的画面作用有所了解。

第9章　使用覆叠效果

"覆叠"就是使画面叠加，在屏幕上同时展示多个画面效果。在欣赏电视或电影节目时，常常看到在播放一段视频的同时，往往还能嵌套播放另一段视频，这就是覆叠效果的典型应用。覆叠视频技术的应用，在有限的画面空间中，创造了更加丰富的画面内容。

使用会声会影的【覆叠】功能，可以在覆叠轨上插入图像或视频，使素材产生叠加效果。同时还可以调整视频窗口的尺寸或者使它按照指定的路径移动。通过覆叠功能，可以轻松地制作出静态以及动态的画中画效果，从而使自己的作品更具有观赏性。

9.1　添加与删除覆叠素材

在【覆叠】步骤中，最基本的操作就是将素材添加到覆叠轨上。在会声会影中可以将保存在硬盘上的视频素材、图像素材、色彩素材或者Flash动画添加到覆叠轨上，也可以将对象和边框添加到覆叠轨上。

9.1.1　将素材库的文件添加到覆叠轨上

将素材库的文件添加到覆叠轨上的方法如下。

（1）在素材库中选中需要添加的视频或图像素材，单击预览栏下方的【播放】按钮，在预览窗口中观看当前选中的素材内容。

（2）单击视频轨上方的按钮，切换到时间模式。

（3）按住鼠标并拖动，把选中的文件从素材库拖动到覆叠轨中，如图9-1所示，释放鼠标即可完成操作。

图9-1　把选中的文件从素材库拖动到覆叠轨上

9.1.2 从文件添加视频

在大多数情况下，素材都保存在硬盘或光盘上。如果希望直接将这些素材添加到覆叠轨上（不添加到素材库），可以按照以下的步骤进行操作。

（1）单击视频轨上方的 按钮，切换到时间轴模式。

（2）单击步骤面板上的【覆叠】项进入覆叠步骤。

（3）单击故事板上方的【将媒体文件插入到时间轴】按钮，在如图9-2所示的弹出菜单中选择【插入图像】或者【插入视频】命令。

图9-2 选择【插入视频】或者
【插入图像】命令

（4）在弹出的如图9-3所示的【打开图像文件】对话框中选择要添加到覆叠轨上的素材文件。

（5）单击【打开】按钮，选中的素材将被插入到覆叠轨上，如图9-4所示。

图9-3 选中要添加到覆叠轨上的素材文件

图9-4 素材被插入到覆叠轨上

9.1.3 删除覆叠素材

删除添加至覆叠轨中的素材的操作方法有3种，分别如下：

· 在覆叠轨中选择需要删除的素材，单击鼠标右键，在弹出的快捷菜单中选择【删除】选项。

· 选择需要删除的素材，执行【编辑】|【删除】菜单命令。

· 选择需要删除的素材，按【Delete】键。

执行上述操作中的任意一种，均可删除当前覆叠轨中选择的素材。

9.2 【覆叠】参数设置

在覆叠轨上插入图像或视频后，可通过选项面板调整它们的参数设置。

1. 【编辑】选项卡

【编辑】选项卡中的参数用于设置覆叠素材的区间、声音效果以及回放速度等属性，如图9-5所示。

2. 【属性】选项卡

【属性】选项卡中的参数用于设置覆叠素材的运动效果并可以为覆叠的素材添加滤镜效果，如图9-6所示。

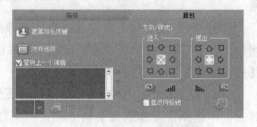

图9-5　【覆叠】步骤的【编辑】选项卡　　　　　图9-6　【覆叠】步骤的【属性】选项卡

【对齐选项】：单击此按钮，可以调整预览窗口中覆盖对象的位置。

【方向/样式】：决定要应用到覆叠素材上的移动类型。

【进入/退出】：设置素材进入和离开屏幕的方向。

■■■ ■■■：淡入/淡出，按下相应的按钮，可以使素材在进入或离开屏幕时，逐渐增加或减少透明度。

■ ■：按下相应的按钮，可以在覆叠画面进入或离开屏幕时应用旋转效果，同时，可以在预览窗口下方设置旋转之前或之后的暂停区间。

【遮罩和色度键】：单击此按钮，将打开如图9-7所示的覆叠选项面板，可以设置覆叠素材的透明度、边框以及覆叠选项。

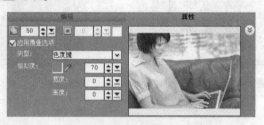

图9-7　设置覆叠素材的透明度与覆叠选项

- 透明度：设置素材的透明度。拖动滑动条或输入数值，可以调整透明度。
- 边框：输入数值，可以设置边框的厚度。单击色彩框，可以选择边框的颜色。
- 【应用覆叠选项】：启用该复选框，可以指定覆叠素材将被渲染的透明程度。
- 【类型】：选择是否在覆叠素材上应用预设的遮罩，或指定要渲染为透明的颜色。
- 【相似度】：指定要渲染为透明的色彩的选择范围。单击右侧的色彩框，可以选择要渲染为透明的颜色。单击 按钮，可以在覆叠素材中选取色彩。
- 【宽度】：拖动滑动条或输入数值，可以按百分比修剪覆叠素材的宽度。
- 【高度】：拖动滑动条或输入数值，可以按百分比修剪覆叠素材的高度。
- 【预览窗口】：在调整过程中，可以同时查看素材调整之前的原貌，方便比较调整效果。

9.3 【覆叠】的典型应用

视频叠加是影片中常用的一种编辑手法，会声会影提供了多种叠加方式，下面介绍覆叠效果在影片中的典型应用。

9.3.1 对象覆叠

【对象】是指边缘透空的一些装饰物件，它可以使影片变得有趣而富于变化，其使用方法如下。

（1）在视频轨上添加视频素材或者图像素材。

（2）单击素材库右侧的下拉按钮，从下拉列表中选择【装饰】|【对象】选项，如图9-8所示，切换到【对象】素材库。

（3）在素材库中选择一个要使用的对象，通过预览窗口查看它的效果，如图9-9所示。

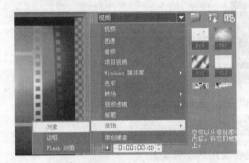

图9-8　选择【对象】选项

图9-9　查看对象效果

（4）将选中的对象拖曳到覆叠轨上，并将它移动到与视频轨上的影片对应的合适位置，然后拖曳两端的黄色标记调整覆叠素材的长度，如图9-10所示。

图9-10　将对象添加到覆叠轨并调整它的位置和长度

（5）在预览窗口中将对象移动到合适的位置，然后拖动控制点调整它的大小，如图9-11所示。

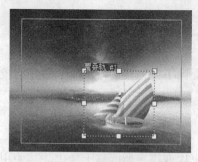

图9-11 调整对象的大小和位置

（6）在【方向/样式】栏中为添加的对象指定运动属性。

（7）调整完成后，单击预览窗口下方的【播放】按钮，即可看到影片中添加的对象效果。

9.3.2 自定义透空对象

虽然会声会影提供了一些可用的预设对象，但是这些对象并不能完全满足我们编辑影片的需要，因此，掌握自定义对象的方法是一种较为高级而实用的视频编辑技巧，下面介绍具体的制作方法。

（1）在Photoshop中打开需要提取对象的图像文件，如图9-12所示。

图9-12 在Photoshop中打开需要使用的图像文件

（2）在【图层】调板的【背景】图层上双击鼠标，然后在弹出的对话框中单击【确定】按钮，将背景图层转换为【图层0】，如图9-13所示。

图9-13 将【背景】图层转换为【图层0】

图9-14 抽出需要的素材

（3）选择【滤镜】|【抽出】菜单命令，将需要的素材抽出，如图9-14所示。

（4）选择【文件】|【存储为】菜单命令，将文件的格式设置为PNG，如图9-15所示。然后单击【保存】按钮保存图像。

（5）启动会声会影，切换到【对象】素材库，然后单击素材库上方的【加载装饰】按钮，在弹出的对话框中选中刚才保存的对象文件，然后单击【打开】按钮，把它添加到对象素材库中，如图9-16所示。

图9-15 将格式设置为PNG

图9-16 将自定义对象添加到素材库中

（6）把对象添加到覆叠轨上，并调整其大小和位置，完成自定义对象的添加工作，如图9-17所示。

图9-17 添加自定义对象

9.3.3 边框覆叠

边框覆叠的操作方法如下。

（1）在视频轨上添加视频素材或者图像素材。

（2）单击素材库右侧的下拉按钮，从下拉列表中选择【装饰】|【边框】选项，如图9-18所示，切换到【边框】素材库。

（3）在素材库中选择一个要使用的边框，通过预览窗口查看它的效果，如图9-19所示。

（4）将选中的边框拖曳到覆叠轨上，并将它移动到与视频轨上的影片对应的合适位置，然后拖曳两端的黄色标记调整覆叠素材的长度，如图9-20所示。

图9-18 选择【边框】选项

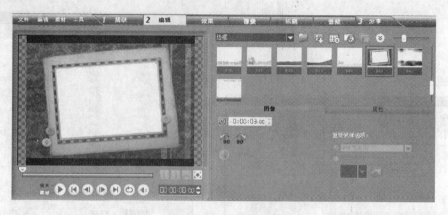

图9-19　查看边框效果

图9-20　将边框添加到覆叠轨并调整它的位置和长度

9.3.4　调整覆叠素材的大小和位置

将覆叠素材添加到覆叠轨上以后，有以下几种方式可以调整它的大小和位置。

1. 调整大小

· 在预览窗口中直接拖动黄色控制点，可以调整覆叠素材的大小，如图9-21所示。

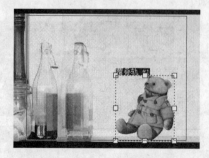

图9-21　拖动黄色控制点调整大小

· 在预览窗口的覆叠素材上单击鼠标右键，从弹出菜单中选择【调整到屏幕大小】命令，可以使覆叠素材自动适合屏幕，如图9-22所示。

此外，在右键菜单中还可以选择其他几种调整大小的方式。

【保持宽高比】：选择此命令，将使素材恢复到原始的宽高比例。

【默认大小】：选择此命令，将使覆叠素材恢复到默认大小。

【原始大小】：选择此命令，将以原始像素尺寸显示覆叠素材。

【重置变形】：选择此命令，可以将倾斜变形后的素材恢复到未变形状态。

图9-22 将覆叠素材调整到屏幕大小

2. 调整位置

•在预览窗口中，将鼠标放置在控制点包围的区域内，按住鼠标并拖动可以调整覆叠素材的位置，如图9-23所示。

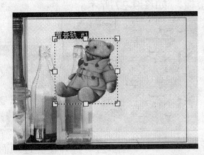

图9-23 调整覆叠素材的位置

•在覆叠素材上单击鼠标右键，从弹出的快捷菜单中选择【停靠在顶部】、【停靠在中央】、【停靠在底部】命令，然后从子菜单中选择【居左】、【剧中】或者【居右】，就可以使覆叠素材自动调整到相应的位置，如图9-24所示。

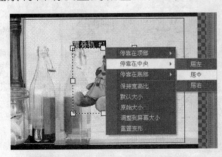

图9-24 使用右键菜单调整位置

•启用【显示网格线】复选框，然后单击 按钮设置网格的大小和颜色，拖动覆叠素材，可以更为精确地通过网格线进行定位，如图9-25所示。

9.3.5 给覆叠素材添加边框

在编辑影片时，也可以为覆叠画面添加边框，使覆叠素材与背景清晰地区分开，或者模拟出相框效果，操作方法如下。

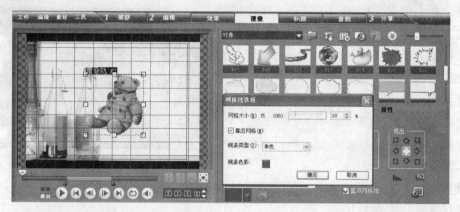

图9-25 使用网格线定位

（1）选中覆叠轨上的素材，单击选项面板上的【属性】选项卡，显示【属性】选项面板，如图9-26所示。

（2）单击 按钮，打开覆叠选项面板，如图9-27所示。

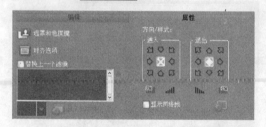

图9-26 显示【属性】选项面板

图9-27 打开覆叠选项面板

（3）在选项面板的【边框】中输入数值，并单击右侧的颜色方框，指定边框的颜色，如图9-28所示。

图9-28 为覆叠素材添加边框并指定颜色

（4）单击预览窗口下方的【播放】按钮 ，即可看到覆叠画面上添加的边框效果。

9.3.6 画面叠加

这里所介绍的画面叠加效果，是指两个视频画面以半透明的形式重叠在一起，显示出若隐若现的画面叠加效果，操作方法如下。

（1）在视频轨上添加视频素材或者图像素材。

（2）单击菜单栏上的【覆叠】按钮进入覆叠步骤，在覆叠轨上添加覆叠素材，如图9-29所示。

图9-29 添加覆叠素材

（3）在预览窗口的覆叠素材上单击鼠标右键，从弹出的快捷菜单中选择【调整到屏幕大小】命令，可以使覆叠素材自动适合屏幕，如图9-30所示。

（4）在选项面板的【属性】选项卡中单击 遮罩和色度键 按钮，打开覆叠选项面板。在选项面板上将【透明度】设置为30，如图9-31所示。

图9-30 调整覆叠素材尺寸

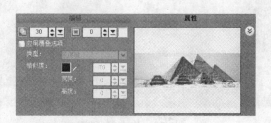

图9-31 设置【透明度】为30

（5）设置完成后，单击右上角的 按钮关闭【覆叠选项】面板，然后单击预览窗口下方的【播放】按钮 ，即可看到影片中应用的画面叠加效果。

9.3.7 覆叠素材变形

除了调整覆叠素材的大小，会声会影也可以任意倾斜或扭曲视频素材，以配合倾斜或扭曲的覆叠画面，使视频应用变得更加自由，操作方法如下。

（1）在视频轨上添加视频素材或者图像素材。

（2）单击菜单栏上的【覆叠】按钮进入【覆叠】步骤，在覆叠轨上添加覆叠素材，如图9-32所示。

图9-32 添加覆叠素材

（3）单击预览窗口右下角的 ▣ 按钮，将窗口放大，如图9-33所示。

（4）覆叠素材的每个角落都有绿色的控制点，拖动这些绿色的控制点使覆叠素材变形，让覆叠视频与下方的画面相吻合，如图9-34所示。

图9-33 放大视频窗口

图9-34 使覆叠素材与下方画面相吻合

（5）单击预览窗口右下角的 ▣ 按钮，将窗口恢复到标准状态，再单击【播放】按钮 ▦▶，即可看到覆叠素材变形播放的效果。

> **提示** 可以将一个覆叠素材的属性（大小和位置）应用到影片项目的其他覆叠素材上。要应用相同的属性，应先用鼠标右键单击覆叠轨上的源覆叠素材，从弹出的快捷菜单中选择【复制属性】命令。然后用鼠标右键单击目标素材，从弹出的快捷菜单中选择【粘贴】命令。

9.3.8 覆叠素材的运动

将素材添加到覆叠轨上以后，可以指定素材的运动方式，从而将动画效果应用到覆叠素材上，操作方法如下。

（1）在视频轨上添加视频素材或者图像素材。

（2）单击菜单上的【覆叠】按钮进入【覆叠】步骤，在覆叠轨上添加覆叠素材，如图9-35所示。

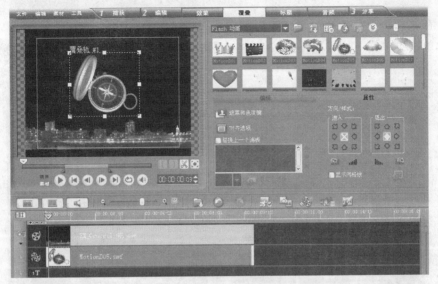

图9-35 添加覆叠素材

（3）在选项面板的【方向/样式】栏中设置覆叠素材的进入方向、退出方向，并根据需要指定淡入淡出效果，如图9-36所示。

（4）拖动预览窗口下方的修整控制点，调整如图9-37所示的蓝色区域的长度，设置覆叠素材在离开屏幕前停留在指定区域的时间。

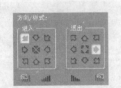

图9-36 指定运动方式　　　　图9-37 设置覆叠素材停留在指定区域的时间

（5）单击预览窗口下方的【播放】按钮，即可看到覆叠素材在影片中的运动效果，如图9-38所示。

图9-38 覆叠素材在影片中的运动效果

9.3.9 覆叠素材旋转运动

除了水平和倾斜方向的运动以外，在会声会影中还可以使覆叠素材旋转运动，操作步骤如下。

（1）在视频轨上添加视频素材或者图像素材。

（2）单击菜单栏上的【覆叠】按钮进入【覆叠】步骤，在覆叠轨上添加覆叠素材，如图9-39所示。

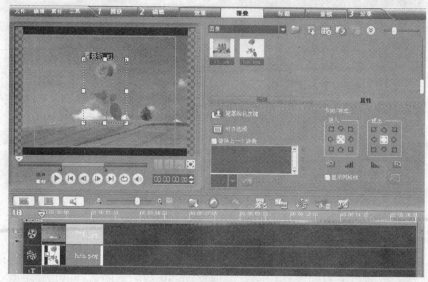

图9-39　添加覆叠素材

（3）在选项面板的【方向/样式】栏中设置覆叠素材的进入方向、退出方向，同时按下 按钮和 按钮，为进入和退出应用旋转效果。如图9-40所示。

（4）拖动预览窗口下方的修整控制点，调整如图9-41所示的蓝色区域的长度，设置覆叠素材在离开屏幕前停留在指定区域的时间，空白的区域就是素材旋转运动的时间。

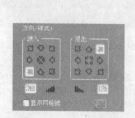

图9-40　指定运动方式

图9-41　设置覆叠素材停留在指定区域的时间

（5）单击预览窗口下方的【播放】按钮 ，即可看到覆叠素材在影片中的旋转运动效果，如图9-42所示。

图9-42　覆叠素材在影片中的旋转运动效果

9.3.10 视频滤镜的应用

【视频滤镜】分为二维映射、三维纹理映射、调整、相机镜头、暗房、焦距等9种类型，其中NewBlue胶片效果是会声会影X2新增的视频滤镜效果。

（1）在视频轨上添加视频素材或者图像素材。

（2）单击菜单栏上的【覆叠】按钮进入【覆叠】步骤，在覆叠轨上添加覆叠素材，如图9-43所示。

图9-43　添加覆叠素材

（3）选中覆叠轨上的素材，单击【素材库】右侧的下拉按钮，从下拉列表中选择【视频滤镜】|【全部】选项，这样【视频滤镜】所有的效果都会显示在素材库中，如图9-44所示。

（4）在素材库中选择一个视频滤镜的略图，并将它拖曳到覆叠轨的素材上，即可将滤镜应用到当前所选择的素材中，如图9-45所示。

（5）单击素材库上方的 按钮将素材面板缩回，然后在【属性】选项卡中对视频滤镜的属性进行设置，如图9-46所示。

图9-44　选择【全部】选项

图9-45　将滤镜应用到覆叠素材中

（6）如果对所选择的滤镜不满意的话，单击删除按钮█，就可以将添加的视频滤镜删除掉。单击视频滤镜右侧的下拉按钮，会弹出该视频滤镜的其他范本，如图9-47所示。

提示 如果启用【替换上一个滤镜】复选框，则视频滤镜将不能叠加。

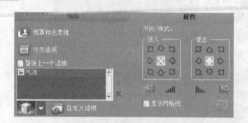

图9-46　【视频滤镜】的【属性】选项卡

图9-47　其他范本

（7）单击【自定义滤镜】按钮，弹出如图9-48所示的对话框，在这里可以调整气泡的各种属性。

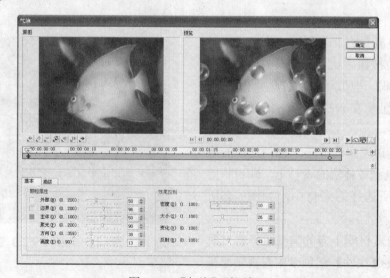

图9-48　【气泡】对话框

【NewBlue胶片效果】包括摄影机、胶片损坏、情境模板、胶片外观综合变化五种效果。它与其他视频滤镜效果的属性设置是有所区别的。

· 【NewBlue胶片效果】没有其他范本，必须单击【自定义滤镜】按钮打开相应对话框去进行设置。

· 【NewBlue胶片效果】的属性设置对话框会直接将各种效果显示出来，如图9-49所示。可以根据需要调整各项属性设置来达到所要的效果。

9.3.11　色度键透空覆叠

色度键功能也就是通常所说的蓝屏、绿屏抠像功能，可以使用蓝屏、绿屏或者其他任何颜色来进行视频抠像，这样就可以虚拟出电视演播室效果，也可以制作出风格独特的MTV影片，创建专业的电视作品。操作方法如下。

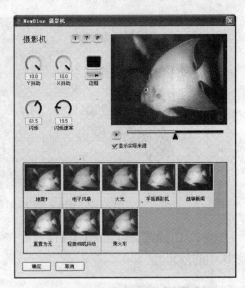

图9-49　【NewBlue胶片效果】的设置对话框

（1）在视频轨上添加视频素材或者图像素材。

（2）单击菜单栏上的【覆叠】按钮进入【覆叠】步骤，在覆叠轨上添加覆叠素材，如图9-50所示。

图9-50　添加覆叠素材

（3）在预览窗口中单击鼠标右键，从弹出的快捷菜单中选择【调整到屏幕大小】命令，调整覆叠素材的尺寸。

（4）单击选项面板上的 遮罩和色度键 按钮，打开覆叠选项面板。

（5）启用【应用覆叠选项】复选框，在【类型】下拉列表框中选择【色度键】选项，然后单击【色彩框】，选择要被渲染为透明的颜色，就可以看到使用色度键透空背景的效果，如图9-51所示。

图9-51　使用色度键透空背景的效果

（6）单击预览窗口下方的【播放】按钮，即可看到使用色度键透空功能的覆叠素材在影片中的效果。

9.3.12 遮罩透空叠加

遮罩可以使视频轨和覆叠轨上的视频素材局部透空叠加，操作方法如下。

（1）在视频轨上添加视频素材或者图像素材。

（2）单击菜单栏上的【覆叠】按钮进入【覆叠】步骤，在覆叠轨上添加覆叠素材，如图9-52所示。

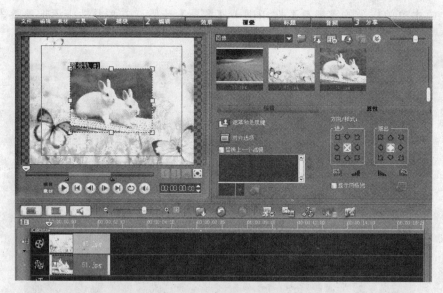

图9-52　添加覆叠素材

（3）在预览窗口中单击鼠标右键，从弹出的快捷菜单中选择【调整到屏幕大小】命令，调整覆叠素材的尺寸。

（4）单击选项面板上的按钮，打开覆叠选项面板。

（5）启用【应用覆叠选项】复选框，在【类型】下拉列表框中选择【遮罩帧】选项，如图9-53所示。

（6）在选项面板下方的遮罩略图中选择一个要使用的遮罩类型。单击预览窗口下方的【播放】按钮，即可看到用遮罩完成透空叠加的效果。

图9-53　选择【遮罩帧】选项

9.3.13　Flash透空覆叠

在会声会影中，可以把以透明方式储存的
Flash对象或素材添加到视频轨或者覆叠轨上，制
作出卡通式的覆叠效果，使影片变得更加生动。

（1）在视频轨上添加视频素材或者图像素
材。

（2）单击素材库右侧的下拉按钮，从下拉列
表中选择【装饰】|【Flash动画】选项，如图9-54
所示。

图9-54　选择【Flash动画】选项

（3）将素材库中需要使用的对象拖曳到覆叠轨上，并将它移动到与视频轨上的影片对应
的合适位置，然后拖曳两端的黄色标记调整覆叠素材的大小，如图9-55所示。

图9-55　将Flash动画添加到覆叠轨并调整它的位置和大小

（4）调整完成后，单击预览窗口下方的【播放】按钮，即可看到影片中添加的透空
Flash动画效果，如图9-56所示。

9.3.14　多轨覆叠

会声会影X2提供了1个视频轨、6个覆叠轨、2个标题轨和1个声音轨、1个音乐轨，极大地增强了画面的叠加与运动的方便性，使用轨道管理器可以创建和管理多个覆叠轨，制作出多轨叠加的画面效果。

（1）单击▥按钮，切换到时间轴模式。

（2）单击时间轴上方的▦按钮，打开【轨道管理器】对话框，如图9-57所示。

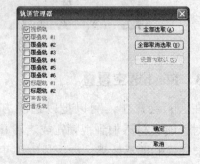

图9-56　在影片中添加的透空Flash动画效果　　　图9-57　【轨道管理器】对话框

（3）将覆叠轨#2～#6选中，就可以在预设的覆叠轨#1下方添加新的覆叠轨，以便于进行多轨的视频叠加和编辑操作，如图9-58所示。

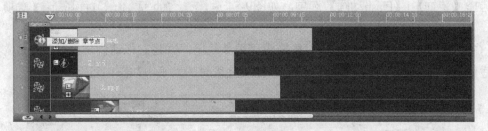

图9-58　添加多个覆叠轨的效果

在这种模式下，单击时间轴上方的▦按钮，就可以展开所有覆叠轨，查看所有素材的分布状况，如图9-59所示。

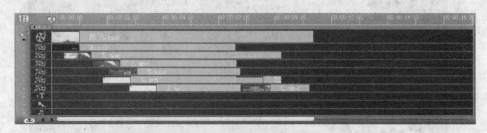

图9-59　完全展开的覆叠轨

在制作多轨覆叠的影片时，针对每一个轨的操作都可以把它当做单独的覆叠轨处理。因此，需要考虑的只是画面之间的相对位置、运动方式以及融合方式。

9.4 覆叠效果应用

通过前面的学习，读者对会声会影X2的覆叠功能应该有了一定的了解，下面通过制作一些实例来使用户进一步掌握覆叠功能。

9.4.1 添加装饰对象

（1）在视频轨中添加一幅图像素材，如图9-60所示。

（2）单击菜单栏上的【覆叠】按钮进入【覆叠】步骤，从下拉列表中选择【装饰】|【对象】选项，在素材库中显示【对象】素材。

（3）从【对象】素材库中拖动D32对象至覆叠轨上，如图9-61所示。

图9-60 添加图像素材

图9-61 将对象添加到覆叠轨上

（4）在覆叠轨中选择添加的对象略图，再在预览窗口中使用鼠标对选择的对象进行适当的缩放，并移动其位置，最终效果如图9-62所示。

9.4.2 添加flash动画

（1）在视频轨中添加一幅图像素材，如图9-63所示。

（2）单击菜单栏上的【覆叠】按钮进入【覆叠】步骤，从下拉列表中选择【装饰】|【Flash动画】选项，在素材库中显示【对象】素材。

图9-62 画面效果

（3）在素材库中选择MotionD12动画略图，将其拖曳至覆叠轨上，如图9-64所示。

图9-63　添加图像素材

图9-64　将Flash动画添加到覆叠轨上

（4）单击预览窗口下方的【播放】按钮 ⬛ ▶，即可看到影片中添加的透空Flash动画效果，如图9-65所示。

9.4.3　半透明叠加效果

（1）在视频轨中添加一幅图像素材，如图9-66所示。

图9-65　观看播放的Flash动画效果

图9-66　添加图像素材

（2）在覆叠轨上插入一幅素材图像，如图9-67所示。

（3）将覆叠素材进行适当的位置、大小调整，如图9-68所示。

（4）保持覆叠素材处于选中状态，在【属性】选项卡中单击 ⬛ 遮罩和色度键 按钮，在弹出的选项面板中将【透明度】选项数值设为70。此时，可以在预览窗口中观看到调整透明度后的画面效果，如图9-69所示。

图9-67　插入素材图像　　　　图9-68　调整位置和大小　　　　图9-69　调整透明度后的画面效果

9.4.4 制作遮罩效果

（1）在视频轨中添加一幅图像素材，如图9-70所示。

（2）在覆叠轨上插入一幅图像素材，如图9-71所示。

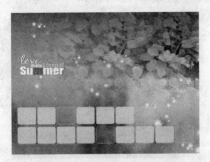

图9-70 添加图像素材

图9-71 插入图像素材

（3）在覆叠轨中选择添加的素材略图，在预览窗口中单击鼠标右键，在弹出的快捷菜单中选择【原始大小】选项，再次单击鼠标右键，在弹出快捷菜单中选择【保持宽高比】选项，设置素材保持原始的比例，如图9-72所示。

（4）在预览窗口中适当地移动选择的图像素材，效果如图9-73所示。

图9-72 使覆叠素材保持原始的比例

图9-73 移动图像的位置

（5）保持覆叠轨中的素材处于选中状态，在【属性】选项卡中单击 遮罩和色度键 按钮，在弹出的选项面板中启用【应用覆叠选项】复选框，单击【类型】右侧的下拉按钮，在弹出的下拉选项中选择【遮罩帧】选项，如图9-74所示。

（6）在遮罩图案中选择合适的图形，此时可在预览窗口中观看到图像应用遮罩后的效果，如图9-75所示。

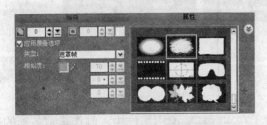

图9-74 选择【遮罩帧】选项

图9-75 画面效果

9.4.5　让覆叠素材动起来

（1）在视频轨中添加一幅图像素材，如图9-76所示。

（2）在覆叠轨上插入一幅需要添加动画效果的图像素材，如图9-77所示。

图9-76　添加图像素材

图9-77　插入素材图像

（3）将覆叠素材进行适当的位置、大小的调整，如图9-78所示。

（4）在【属性】选项卡中的【方向/样式】组中依次单击【从左下方进入】██按钮和【从右上方退出】██按钮，如图9-79所示。

图9-78　调整覆叠素材

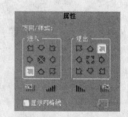

图9-79　设置素材的运动方向

（5）在【属性】选项卡中单击【淡入动画效果】和【淡出动画效果】按钮，为选择的素材添加淡入淡出效果。

（6）单击预览窗口下方的【播放】按钮██，观看覆叠素材的动画效果，如图9-80所示。

图9-80　预览画面效果

9.5　本章小结

　　本章全面介绍了会声会影的覆叠功能，这对于在实际视频编辑工作中，制作丰富多彩的视频叠加效果起到了很大的帮助。通过本章的学习，用户在进行视频编辑的时候，可以大胆地使用会声会影X2提供的各种覆叠效果，制作出更加生动、多样的影片。

第10章 设计标题和字幕

【标题】步骤用于为影片添加文字说明。影片中的说明性文字能够有效地帮助观众理解影片。字幕是视频作品不可缺少的重要组成部分，漂亮的字幕设计可以使影片更具有吸引力和感染力。会声会影高质量的字幕功能，让用户使用起来更加得心应手，并且可以在很短的时间内创造出专业化的字幕。本章将介绍在影片中添加标题和字幕的方法。

10.1 将预设标题添加到影片中

会声会影的素材库中提供了丰富的预设标题，可以直接将它们添加到标题轨上，然后修改标题的内容，使它们与影片融为一体。具体的操作步骤如下。

（1）按照前面章节所介绍的方法，在视频轨上添加视频或图像素材。

（2）单击菜单栏上的【标题】按钮，进入【标题】步骤。

（3）在素材库中选中需要使用的标题模板，把它直接拖曳到【标题轨】上，如图10-1所示。

图10-1 将素材库中的预设标题添加到标题轨上

（4）在标题轨上选中已经添加的标题，然后在预览窗口中双击要修改的标题，使它处于编辑状态，如图10-2所示。

（5）根据需要直接修改文字的内容，并在选项面板上设置标题的字体、样式和对齐方式等属性，如图10-3所示。

图10-2 使标题处于编辑状态

图10-3　编辑预设标题

（6）在标题的编辑区域之外单击鼠标，拖动标题四周的黄色控制点调整标题的大小，然后将鼠标指针放置在标题的编辑区中，按住鼠标并拖动，调整标题的位置，如图10-4所示。

图10-4　调整标题的大小和位置

（7）在标题添加完成后，还可以在标题轨上拖动标题两侧的黄色标记调整标题的长度，也可以直接在标题轨上拖动它，调整标题与影片内容对应的位置。

10.2　【标题】的选项面板

在影片中添加标题后，可以在选项面板上设置、调整标题的属性。【标题】步骤的选项面板如图10-5所示。

图10-5　【标题】步骤的选项面板

1．【编辑】选项卡

· 【区间】 ![区间]：以"时：分：秒：帧"的形式显示标题的播放时间。可以通过修改时间码的值来调整标题在影片中播放时间的长短。

· 【字体样式】 ![字体样式]：用于为选中的文字设置粗体、斜体或下画线等效果（如图10-6所示）。按下 ![B]按钮可用添加粗体效果，按下 ![I]按钮可以添加斜体效果，按下 ![U]按钮可以添加下画线效果。当前添加到文字中的字体样式的相应按钮以黄色标记显示，在按钮上再次单击，可以取消应用的字体样式。

VideoStudio
标准状态

VideoStudio
加粗状态

VideoStudio
斜体效果

<u>VideoStudio</u>
下画线状态

图10-6 不同类型的字体样式

- 【对齐方式】▇▇▇：用于设置多行文本的对齐方式，当前正在使用的对齐方式会以黄色按钮显示。将鼠标指针放置于标题区内，单击▇按钮，文字左对齐；单击▇按钮，文字居中对齐；单击▇按钮，文字右对齐。
- 【垂直文字】▇：按下该按钮，可以使水平排列的标题变为垂直排列，如图10-7所示。
- 【字体】▇：在预览窗口中选中需要改变字体的文字，单击右侧的三角按钮，可从如图10-8所示的下拉列表中为预览窗口中选中的文字选择新的字体，也可以先设置字体然后输入新的文字。

图10-7 横排文字改垂直文字效果 　　　　　　图10-8 设置新字体

- 【字体大小】▇：在预览窗口中选中需要调整大小的文字，单击右侧的三角按钮，从下拉列表中可以指定选中文字的尺寸，也可以直接在文本框中输入数值进行调整。
- 【色彩】▇：在预览窗口中选中需要调整色彩的文字，单击右侧的色彩方框，从弹出的菜单中可以为选中的文字指定新的色彩，也可以从菜单中选择【Corel色彩选取器】或【Windows色彩选取器】选项，在弹出的对话框中自定义色彩。
- 【多个标题】：选中该单选按钮，可以为文字使用多个文字框。多个标题能够更灵活地将文字中的不同单词放到视频帧的任何位置，并允许调整文字的叠放次序。
- 【单个标题】：选中该单选按钮，可以为文字使用单个文字框。单个标题可以方便地为影片创建开幕词和闭幕词。
- 【行间距】▇：用于调整多行标题素材中两行之间的距离。在预览窗口中选中需要调整行间距的文字（必须是两行以上的文字），单击【行间距】文本框右侧的三角按钮，从下拉列表中选择需要使用的行间距的数值或者在文本框中直接输入数值，即可改变选中的多行文本的行间距，如图10-9所示。
- 【角度】▇：在▇后的文本框中输入数值，可以调整文字的旋转角度，如图10-10所示。参数设置范围为 $-359°\sim359°$。
- 【打开字幕文件】▇：单击▇按钮，将弹出如图10-11所示的对话框。

图10-9 改变行间距

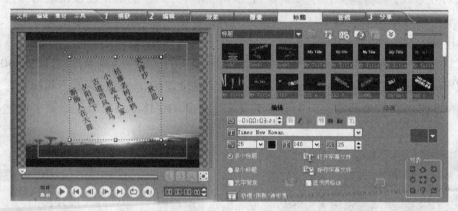

图10-10 调整文字的角度

·【保存字幕文件】: 单击按钮，将弹出如图10-12所示的【另存为】对话框，在对话框中可以将自定义的影片字幕保存为.utf格式字幕文件，以备将来使用，也可以修改并保存已经存在的.utf字幕文件。

图10-11 打开字幕文件

图10-12 保存字幕文件

·【显示网格线】：启用该复选框，可以显示网格线。单击按钮，在弹出的【网格线选项】对话框中可以设置网格大小、颜色等属性，如图10-13所示。

·【边框/阴影/透明度】：允许为文字添加阴影和边框，并调整透明度，如图10-14所示。

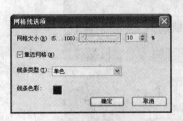

图10-13 网格线选项　　　　　　图10-14 设置文字的边框/阴影/透明度

· 【文字背景】：启用该复选框，可以将文字放在一个色彩栏上。单击右侧的 █ 按钮，在弹出的【文字背景】对话框中可以修改文字背景的属性，如色彩和透明度等，如图10-15所示。

· 【对齐】：设置文字在画面上的对齐方式。单击相应的按钮，可以将文字对齐到左上角、上方中央、居中和右下角等位置。

2. 【动画】选项卡

选择选项面板上的【动画】选项卡，在图10-16所示的选项面板上可以设置动画属性。

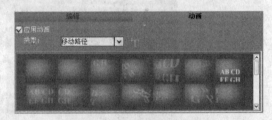

图10-15 制作文字背景效果　　　　　　图10-16 【动画】选项卡

· 【应用动画】：启用该复选框，将启用应用到标题素材上的动画，并且可以设置标题的动画属性。

· 【类型】：单击右侧的下拉按钮，从下拉列表中可以选择需要使用的标题的运动类型。

· 【自定义动画属性】 █ ：单击该按钮，在弹出的对话框中可以定义所选择的动画类型的属性。

· 【预设】：在列表中可以选择预设的标题动画。

10.3　在影片中添加标题

在上一节中已经介绍过，会声会影可以为影片添加单个或多个标题。下面具体讲解添加标题的方法。

10.3.1　添加单个标题

单个标题可以方便地为影片添加片名以及演员表等内容，下面介绍添加单个标题的方法。

（1）单击【标题】按钮进入添加和编辑标题步骤，然后使用导览面板上的播放控制按钮，找到需要添加标题的帧的位置，如图10-17所示。

图10-17　用播放控制按钮找到需要添加标题的帧的位置

　　（2）选中选项面板上的【单个标题】单选按钮，在预览窗口中双击鼠标，进入标题编辑状态，然后输入要添加的文字，如图10-18所示。

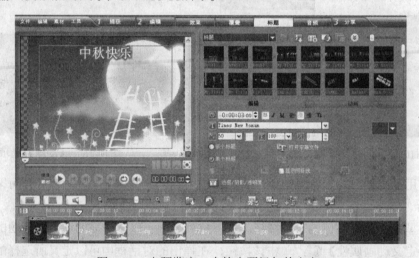

图10-18　在预览窗口中输入要添加的文字

提示　预览窗口中有一个矩形框标出的区域，它代表标题安全框。这是程序允许输入标题的范围，在这个范围内输入的文字才会在播放时正确显示。

　　（3）根据需要在选项面板上设置文字的字体、大小和对齐方式等属性，如图10-19所示。

　　（4）设置完成后，单击预览窗口下方的【播放】按钮，即可查看标题在影片中的效果。

提示　如果需要在以后的影片中应用同样的标题效果，可以选中标题轨上的标题，按住并拖动鼠标将其拖曳到素材库中。在下次使用时，只需要直接把它拖到标题轨上即可。

10.3.2　添加多个标题

　　多个标题允许用户更灵活地将不同单词放到视频帧的任何位置，并且可以排列文字的叠放次序，操作方法如下。

图10-19 调整文字属性

（1）单击【标题】按钮进入添加编辑标题步骤，然后使用导览面板上的播放控制按钮，找到需要添加标题的帧的位置。

（2）选中选项面板上的【多个标题】单选按钮。在预览窗口中双击鼠标，进入标题编辑状态，然后输入要添加的文字，如图10-20所示。

图10-20 在预览窗口中输入要添加的文字

（3）根据需要在选项面板上设置文字的字体、颜色、大小和对齐方式等属性。

（4）在需要添加标题的新位置双击鼠标，然后添加新的文字内容并设置字体、颜色、大小和对齐方式等属性，如图10-21所示。用同样的方式，也可以在一帧画面上添加更多的标题内容。

图10-21 添加新的标题内容

图10-22　调整标题打大小和位置

（5）输入完成后，在标题框上单击鼠标，使它的四周出现控制点。拖动黄色控制点可以调整标题的大小；将鼠标放置在控制点包围的区域中，按住并拖动鼠标可以调整标题的位置，如图10-22所示。

（6）如果需要编辑多个标题属性，可以在标题轨上选中该标题素材，然后在预览窗口中单击鼠标进入标题编辑模式，双击要编辑的标题框，使标题处于编辑状态，然后在选项面板上调整标题的属性。

提示 单个标题转换为多个标题之后，将无法撤销还原。多个标题转换为单个标题时有两种情况：如果选择了多个标题中的某一个标题，转换时将只有选中的标题被保留，其他标题将被删除；如果没有选中任何标题，在转换时，将只有首次输入的标题被保留。在这两种情况下，【文字背景】复选框将被禁用。

10.4　使用字幕文件

会声会影提供了打开字幕文件的功能，这样就能一次性批量导入字幕，非常适用于导入歌词，使字幕与音乐完美的配合。下面将介绍使用字幕文件的方法。

10.4.1　下载音乐文件

目前，下载音乐的网站越来越多，下面以百度为例，介绍下载音乐的方法。

（1）开启IE浏览器，打开http：//mp3.baidu.com/网页，在搜索栏中输入歌曲名，如图10-23所示。

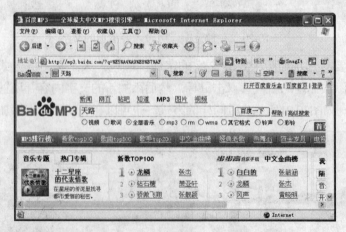

图10-23　登录百度mp3页面并输入歌曲名

（2）单击【百度一下】按钮，页面显示查找到的符合要求的曲目，如图10-24所示。

（3）在想要下载的曲目右侧单击【试听】按钮，打开对应歌曲的试听窗口，如图10-25所示。

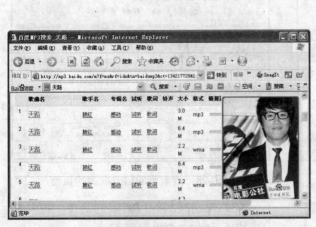

图10-24 查找到符合要求的曲目　　　　　　　　　　　图10-25 打开试听窗口

（4）在【请点击】的链接上单击鼠标右键，从弹出的快捷菜单中选择【目标另存为】命令，并在弹出的【另存为】对话框中指定歌曲保存的名称和路径，如图10-26所示。

图10-26 指定歌曲保存的名称和路径

（5）单击【保存】按钮，将音乐下载到指定的路径中。

10.4.2 下载LRC字幕

LRC字幕是一种字幕格式，它的特点是歌词与歌曲一一对应，比会声会影所支持的UTF字幕更为流行。因此，我们需要先下载LRC字幕，再将它转换为会声会影支持的UTF字幕。

（1）在先前下载的曲目右侧单击【歌词】按钮，打开对应歌曲的歌词页面，如图10-27所示。

（2）找到与歌词对应的文字部分，单击右侧的【搜索"天路"LRC歌词】链接，弹出搜索到的"天路"LRC歌词的页面，如图10-28所示。

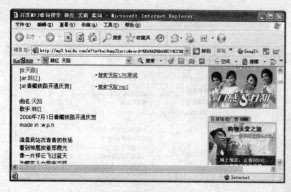

图10-27　打开歌词页面

图10-28　搜索到的LRC歌词的页面

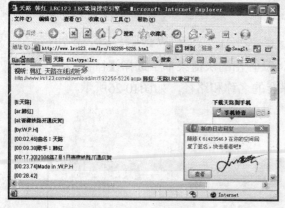

图10-29　打开LRC歌词页面

（3）单击搜到的LRC歌词链接，打开如图10-29所示的LRC歌词页面。

（4）单击【韩红　天路LRC歌词下载】按钮，在弹出的【文件下载】对话框中单击【保存】按钮，然后在【另存为】对话框中指定文件名称和保存路径，如图10-30所示。

（5）单击【保存】按钮，将LRC歌词保存到指定的路径中。

10.4.3　将LRC字幕转换为UTF字幕

现在，需要下载"LRC歌词文件转换器"，将LRC歌词转换为会声会影支持的UTF格式，操作步骤如下。

图10-30　保存LRC歌词

（1）下载并安装"LRC歌词文件转换器"工具。

（2）启动"LRC歌词文件转换器"，单击【源文件】右侧的【浏览】按钮。在弹出的对话框中选中先前保存的LRC文件，然后单击【打开】按钮，指定要转换的文件。再单击【输出文件】右侧的【浏览】按钮，指定转换后的SRT文件的保存路径，如图10-31所示。

（3）单击【转换】按钮，将LRC文件转换为SRT文件。转换完成后，退出"LRC歌词文件转换器"。

（4）在Windows资源管理器中选中转换完成的SRT文件，按快捷键F2使文件名称处于编辑状态，将它的后缀修改为UTF，如图10-32所示。

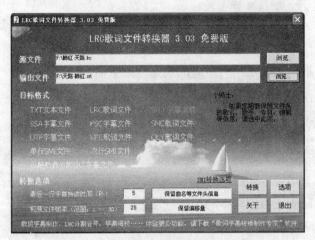

图10-31　指定文件的保存路径

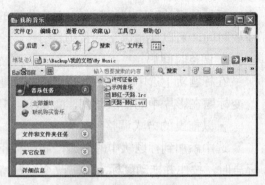

图10-32　将后缀修改为UTF

10.4.4　添加字幕文件

添加字幕文件的步骤如下。

（1）在视频轨上添加影片所需的视频素材，然后在声音轨或音乐轨上添加刚才下载的音乐文件。

（2）单击步骤面板上的【标题】按钮，然后单击选项面板上的【打开字幕文件】按钮，在弹出的【打开】对话框中选中刚才转换完成的UTF格式的字幕文件，并在对话框下方设置字体、字号大小、颜色以及色彩等属性，如图10-33所示。

（3）设置完成后，单击【打开】按钮，会显示如图10-34所示的信息提示窗口。

图10-33　选择并设置字幕文件的属性

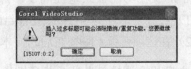

图10-34　显示的信息提示窗口

（4）单击【确定】按钮，歌词被自动插入到标题轨上，并与歌曲中的唱词一一对应。

10.5 标题的基本调整

将字幕添加到标题轨上以后，还可以进一步调整标题的属性。下面介绍一些基本的调整方法。

10.5.1 调整标题的播放时间

标题的播放时间与视频轨上对应位置的素材长度是一一对应的关系，如果需要调整标题的播放时间，可以使用以下两种方法。

· 调整时间码

在标题轨上选中并双击需要调整的标题，然后在选项面板的【区间】中调整时间码，从而改变标题在影片中的播放时间，如图10-35所示。

· 以拖曳的方式调整

选中添加到标题轨中的标题，将鼠标指针放在当前选中的标题一端，当鼠标指针变为箭头标志时，按住并拖动鼠标，即可改变标题持续的时间。选项面板的【区间】中的数值将产生相应的变化。

10.5.2 调整标题的位置

调整标题位置的方法如下。

（1）在预览窗口中选择需要移动位置的标题，选择的标题将显示出一个变换控制框，如图10-36所示。

图10-35 通过【区间】栏调整时间码

图10-36 选择的标题

（2）将鼠标置于变换控制框内，当鼠标指针呈 形状时，单击鼠标左键并向想要移动的方向拖曳。

（3）拖曳到适合的位置后，释放鼠标即可。

10.5.3 旋转标题

文字的旋转功能极大地提高了影片的趣味性，旋转标题的操作方法如下。

（1）在标题轨上选中并双击需要调整的标题，使它处于编辑状态，图10-37所示。

（2）在选项面板上 按钮后的文本框中输入数值，调整文字的旋转角度，如图10-38所示。

提示 文字处于编辑状态时，将鼠标指针置于四角的紫色控制点上，鼠标指针变为可旋转的标记，按住鼠标并拖动，也可旋转文字。

图10-37 使标题处于编辑状态

图10-38 旋转标题文字

10.5.4 为标题添加边框

使用选项面板上的 T 按钮，可以快速为标题添加边框、改变透明度及柔和程度，或者添加阴影，操作方法如下。

（1）在标题轨上选中需要调整的标题，然后在预览窗口中双击鼠标，使标题处于编辑状态。

（2）单击选项面板上的 T 按钮，在弹出的【边框/阴影/透明度】对话框中设置边框、阴影等属性，如图10-39所示。

【透明文字】：启用该复选框，可以使文字透明显示。

【外部边界】：启用该复选框，可以制作为文字描边的效果。

【边框宽度 ↕】：设置每个字符周围的边框宽度。

图10-39 设置边框、阴影等属性

【线条色彩】：单击色彩方框，在弹出的下拉列表中可以为边框指定色彩。

【透明度 ▓】：调整标题的可见程度，可以直接输入数值进行调整。

【柔化边缘 ⊙】：调整标题和视频素材的边缘混合程度。

（3）设置完成后，单击对话框中的【确定】按钮，即可为标题添加边框，如图10-40所示。

10.5.5 为标题添加阴影

为标题添加阴影可以更好地区分文字和视频，使文字显得更加清晰，操作步骤如下。

（1）在标题轨上选中需要调整的标题，然后在预览窗口中双击鼠标，使标题处于编辑状态。

（2）单击选项面板下方的 按钮，在如图10-41所示的【边框/阴影/透明度】对话框中选择切换到【阴影】选项卡，其中有4种阴影类型，分别为无阴影、下垂阴影、光晕阴影和突起阴影。

图10-40 为标题添加边框   图10-41 【阴影】选项卡

【无阴影 A】单击该按钮，可以取消应用到标题中的阴影效果。

【下垂阴影 A】单击该按钮，可以根据定义的X和Y坐标将阴影应用到标题上。其中X、Y用于调整阴影的位置， 用以设置下垂阴影的色彩， 用于设置下垂阴影的透明度， 用于设置下垂阴影的柔化边缘程度。通过调整参数，可以得到不同类型的下垂阴影效果。

【光晕阴影 A】单击该按钮，可以在文字周围加入扩散的光晕区域。其中【强度】用于设置阴影的浓度。

【突起阴影 A】单击该按钮，可以为文字加入深度，让它看起来具有立体外观。通过X、Y的坐标可以设置阴影的偏移量，较大的X、Y偏移量可增加深度。

（3）设置完成后，单击对话框中的【确定】按钮，即可将定义的阴影效果添加到标题中。如图10-42所示为分别设置下垂阴影、光晕阴影和突起阴影3种类型阴影的效果。

图10-42 不同类型的阴影效果

10.5.6 应用文字特效模板

会声会影提供了文字特效模板功能，只需要在预设的特效模板上单击鼠标，所选的效果将被应用到预览窗口中被选中的文字上。

（1）在标题轨上单击鼠标选中需要应用特效的文字。

（2）双击预览窗口中的文字内容，使它处于编辑状态，如图10-43所示。

（3）单击选项面板上的文字特效框 ，从下拉列表中选择要使用的预设特效，如图10-44所示。

图10-43 使标题处于编辑状态

图10-44 选择预设文字特效

（4）在选项面板上重新设置字体，即可完成特效文字制作，如图10-45所示。

图10-45 完成特效文字制作

10.6 制作动画标题和字幕

会声会影还可以为标题添加动画效果，下面将介绍添加和编辑动画标题的方法。

10.6.1 应用预设动画标题

预设的动画标题是会声会影内置的一些动画模板，使用它们可以快速创建动画标题，操作方法如下。

（1）在标题轨上选中需要创建动画的标题，然后在预览窗口中双击鼠标，使标题处于编辑状态，如图10-46所示。

图10-46　选中要编辑的标题

（2）切换到选项面板上的【动画】选项卡，然后启用【应用动画】复选框。单击【类型】右侧的下拉按钮，从下拉列表中选择一种动画类型，如图10-47所示。

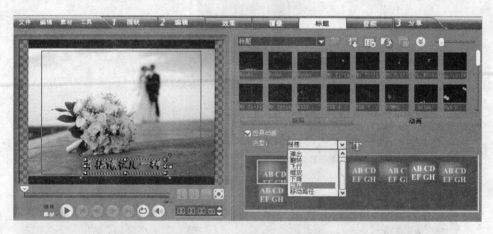

图10-47　选择动画类型

图10-48　选择预设模板类型

（3）在如图10-48所示的预设列表中选择要使用的预设模板类型。

（4）设置完成后，单击【播放】按钮，即可看到运动的标题效果，如图10-49所示。

图10-49　动画标题效果

10.6.2 向上滚动的字幕

在影片的结尾通常会显示向上滚动的演员表，使用会声会影可以添加向上滚动的字幕，轻松制作出专业的影片字幕效果，具体的操作步骤如下。

（1）在时间轴模式下，拖动时间标尺上的当前位置标记，把它放置到需要添加标题的位置，如图10-50所示。在预览窗口中，可以查看当前位置的视频效果。

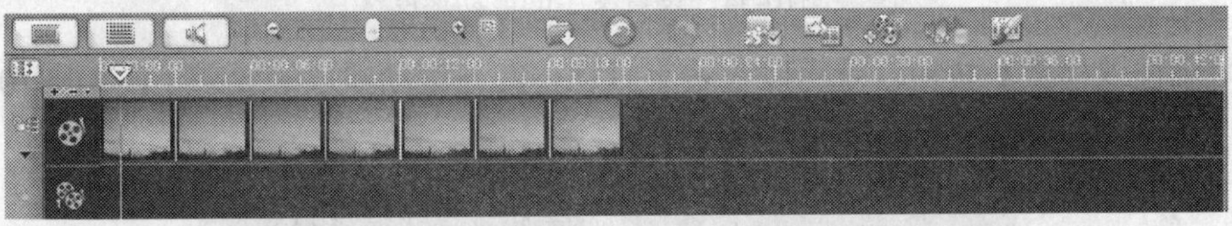

图10-50 在时间轴上找到需要添加标题的帧的位置

（2）单击步骤面板上的【标题】按钮，进入标题步骤。

（3）选中选项面板上的【单个标题】单选按钮，并在预览窗口中双击鼠标进入标题编辑状态。

（4）在标题区中输入要添加的标题内容，如图10-51所示。

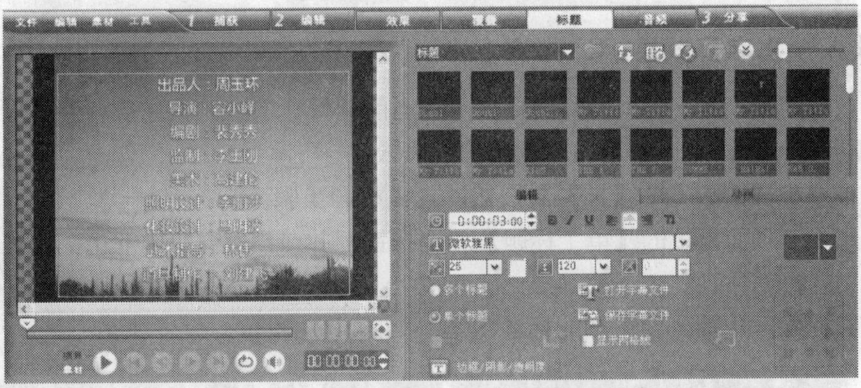

图10-51 在标题区中输入要添加的标题内容

（5）切换到选项面板上的【动画】选项卡，然后启用【应用动画】复选框，并将类型设置为【飞行】，如图10-52所示。

（6）单击【自定义动画属性】按钮，在弹出的【飞行动画】对话框中设置文字的运动方式，如图10-53所示。

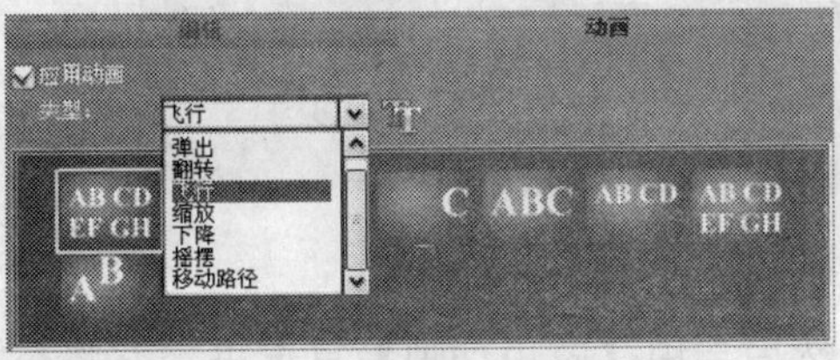

图10-52 将类型设置为【飞行】

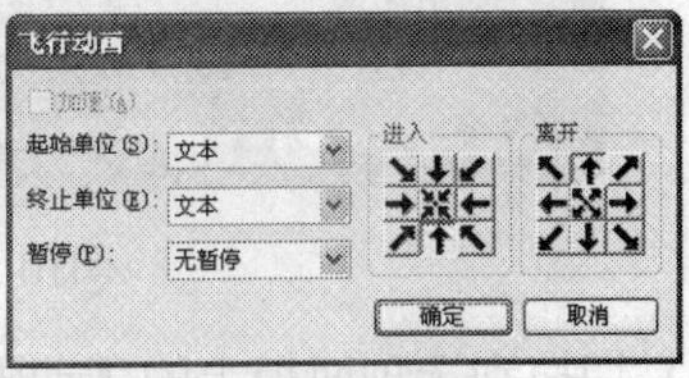

图10-53 设置文字的运动方式

（7）设置完成后，单击【确定】按钮，然后在标题轨上单击鼠标完成标题的添加工作。

（8）切换到【编辑】选项卡，在【区间】中调整字幕的播放时间，从而控制文字向上滚动的速度，如图10-54所示。

图10-54 设置文字的滚动速度

（9）单击【播放】按钮，就可以查看字幕从下向上滚动播放的效果了，如图10-55所示。

图10-55 字幕的滚动播放效果

10.6.3 淡入淡出字幕效果

（1）在时间轴模式下，拖动时间标尺上的当前位置标记，把它放置到需要添加标题的位置，在预览窗口中，可以查看当前位置的视频效果。

（2）单击步骤面板上的【标题】按钮，进入标题步骤。

（3）选中选项面板上的【单个标题】单选按钮，并在预览窗口中双击鼠标进入标题编辑状态。

（4）在标题区中输入要添加的标题内容，如图10-56所示。

图10-56 输入要添加的标题内容

（5）切换到选项面板上的【动画】选项卡，然后启用【应用动画】复选框，并将类型设置为【淡化】，如图10-57所示。

（6）单击【自定义动画属性】按钮，在弹出的【淡化动画】对话框中设置文字的运动方式，如图10-58所示。

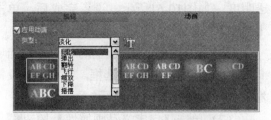

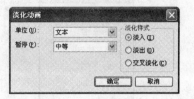

图10-57　将类型设置为【淡化】　　　　图10-58　自定义动画属性

（7）设置完成后，单击【确定】按钮，然后单击【播放】按钮，查看字幕淡入淡出的播放效果，如图10-59所示。

图10-59　字幕的淡入淡出播放效果

10.6.4　跑马灯字幕效果

跑马灯字幕也是影片中常见的移动运动文字效果，文字会从屏幕的一端向另一端滚动播出，具体设置方法如下。

（1）在时间轴模式下，拖动时间标尺上的当前位置标记▽，把它放置到需要添加标题的位置。在预览窗口中，可以查看当前位置的视频效果。

（2）单击步骤面板上的【标题】按钮，进入标题步骤。

（3）选中选项面板上的【多个标题】单选按钮，并在预览窗口中双击鼠标进入标题编辑状态。

（4）在标题区中输入要添加的标题内容，并在选项面板上设置字体、文字颜色、文字大小以及对齐方式等属性，如图10-60所示。

图10-60　添加文字并设置文字属性

（5）单击█按钮，在弹出的对话框中将【背景类型】设置为单色背景栏，将【色彩设置】设置为渐变，为背景指定新的渐变颜色与渐变方向，然后在【透明度】中输入数值指定背景的

图10-61　设置文字背景

透明度，如图10-61所示。设置完成后，单击【确定】按钮。

（6）切换到选项面板上的【动画】选项卡，启用【应用动画】复选框，并将类型设置为【飞行】，如图10-62所示。

（7）单击【自定义动画属性】按钮，在弹出的【飞行动画】对话框中设置文字的运动方式，如图10-63所示。设置完成后，单击【确定】按钮。

图10-62　设置动画类型

图10-63　设置文字运动的方式

（8）在标题轨上拖动标题右侧的黄色标记，改变标题在影片中的持续播放时间，从而调整字幕的滚动速度。

（9）单击【播放】按钮，查看跑马灯字幕的播放效果，如图10-64所示。

图10-64　跑马灯字幕效果

10.6.5　移动路径字幕效果

使用移动路径效果可以使文字产生沿指定的路径运动的效果。

（1）在时间轴模式下，拖动时间标尺上的当前位置标记，把它放置到需要添加标题的位置。在预览窗口中，可以查看当前位置的视频效果。

（2）单击步骤面板上的【标题】按钮，进入标题步骤。

（3）选中选项面板上的【多个标题】单选按钮，并在预览窗口中双击鼠标进入标题编辑状态。

（4）在标题区中输入要添加的标题内容，并在选项面板上设置字体、文字颜色、文字大小以及对齐方式等属性，如图10-65所示。

（5）切换到选项面板上的【动画】模板选项卡，然后启用【应用动画】复选框，并将类型设置为【移动路径】，如图10-66所示。

（6）选择需要的预设动画模板。单击【播放】按钮，查看字幕应用【移动路径】后的效果，如图10-67所示。

图10-65 添加文字并设置文字属性

图10-66 设置动画类型

图10-67 移动路径字幕效果

10.7 将标题保存到素材库

将标题添加到素材库的操作方法有几种，分别如下：

• 在标题轨中选择需要添加到素材库中的标题，单击鼠标右键，在弹出的快捷菜单中选择
【复制】（或选择【编辑】|【复制】命令），然后在【标题】步骤的素材库中单击鼠标右键，
在弹出的快捷菜单中选择【粘贴】命令（或选择【编辑】|【粘贴】命令，或者按【Ctrl+V】快
捷键）。

• 在标题轨中选择需要添加到素材库的标题，单击鼠标左键并直接将其拖动至【标题】步
骤的素材库中。

10.8 本章小结

本章详细讲解了会声会影X2的标题及字幕的创建、调整以及相关属性的设置方法。通过
本章的学习，用户可以很好地掌握会声会影X2的标题字幕功能。想要制作出好的标题和字幕，
还需多加练习，这对熟练掌握标题字幕的制作技巧有很大的帮助。

第11章 配 音 配 乐

如果一部影片缺少了声音，再漂亮的画面也将黯然失色，而优美动听的背景音乐和娓娓动听的配音不仅可以为影片锦上添花，更可以使影片颇具感染力，从而使影片质量更上一个台阶。

会声会影将音频文件分为声音和音乐两种类型，这是为了更加明确地区分它们的功能，也便于在声音轨和音乐轨之间制作混合效果。

11.1 音频的选项面板

【音频】步骤的选项面板上包含两个选项卡：【音乐和声音】选项卡和【自动音乐】选项卡，如图11-1所示。

11.1.1 【音乐和声音】选项卡

【声音和音乐】选项卡：可以让用户从CD中复制音乐、录制声音，以及将音频滤镜应用到音频轨。

【区间】 0:00:16.23：以"时．分．秒．帧"的形式显示录音的区间。可以预设录音的长度或者调整音频素材的长度。

【音量控制】 100：右侧的微调按钮可以调整音量，也可以直接在文本框中输入一个数值，调整素材的音量。

【　　　　】：可以设置声音素材的淡入淡出效果。

【录音】单击该按钮，可以从麦克风录制画外音，并在时间轴的声音轨上创建新的声音素材。

【从音频CD导入】：可以将CD上的音乐转换为WAV格式的声音文件并保存在硬盘上。

【回放速度】：在打开的对话框中可以修改音频素材的速度和区间。

【音频滤镜】：将打开【音频滤镜】对话框，可以选择并将音频滤镜应用到所选的音频素材上。

【音频视图】：将切换到音频视图模式，与单击时间轴上方的 按钮功能相同。

11.1.2 【自动音乐】选项卡

【自动音乐】选项卡可以从音频库里选择音乐并自动与影片相配合，选项面板如图11-2所示。

图11-1 选中【音频】步骤选项面板

图11-2 【自动音乐】选项卡

【区间】 ⓒ 0:00:16.29 ⬍：用于显示所选音乐的总长度。

【音量】：用于调整所选音乐的音量。值为100可以保留音乐的原始音量。

【⬛⬛⬛⬛】：可以设置自动音乐的淡入淡出效果。

【范围】：用于指定程序搜索SmartSound文件的方法（SmartSound是一种智能音频技术，只需要通过简单的曲风选择，就可以从无到有、自动生成符合影片长度的专业级的配乐，还可以实时、快速地改变和调整音乐的乐器和节奏。）。

【库】：单击右侧的下拉按钮，从下拉列表中可以选择当前可导入的音乐素材库。

【音乐】：在列表中可以选取用于添加到项目中的音乐。

【变化】：单击右侧的下拉按钮，从下拉列表中可以选择不同的乐器和节奏，并将它应用到所选择的音乐中。

【播放所选的音乐】：单击该按钮，可以播放应用了【变化】效果后的音乐。

【添加到时间轴】：单击该按钮，可以将所选择的音乐插入到时间轴的音乐轨上。

【SmartSound Quicktracks】：单击该按钮将弹出一个对话框，在对话框中可以查看和管理SmartSound素材库。

【自动修整】：启用该复选框，将基于飞梭栏的位置自动修整音频素材，使它与视频相配合。

11.2 添加声音和音乐

将声音添加到影片中的方法与添加视频的方法类似，可以从素材库中直接添加声音文件，还可以通过话筒录制画外音或者从CD音乐光盘上截取音频素材，甚至可以从视频文件中获取音频素材。

11.2.1 从素材库添加声音

从素材库添加声音是最基本的操作，使用这种方法，可以将声音素材添加到素材库中。并且能够在操作中快速调用。具体的操作步骤如下。

（1）单击菜单栏上的【音频】按钮进入【音频】步骤。

（2）单击素材库右上角的【加载音频】按钮⬛，在弹出的如图11-3所示的【打开音频文件】对话框中找到音频素材所在的路径，并选中需要添加的文件。

提示 即使选中的是一个AVI、MOV或MPEG格式的视频文件，单击【打开】按钮，也可以将视频中的声音分离出来单独添加到声音的素材库中。

（3）单击【打开】按钮，在弹出的如图11-4所示的【改变素材序列】对话框中以拖曳的方式调整音频素材的排列顺序。

（4）单击【确定】按钮，将选中的声音文件添加到素材库中，如图11-5所示。

（5）选中素材库中的一个声音文件，按住并拖动鼠标将其放置到【声音轨】或【音频轨】上，然后释放鼠标，就完成了从素材库添加声音的操作，如图11-6所示。

图11-3 在对话框中选择要添加的音频文件

图11-4 调整音频素材的排列顺序

图11-5 将选中的声音文件添加到素材库中

图11-6 从素材库中添加声音

11.2.2 从硬盘文件夹中添加声音

如果硬盘中的声音文件只需应用到当前影片中，而不需要添加到素材库中，可以直接将声音文件添加到影片中。具体的操作步骤如下。

（1）单击时间轴上的【将媒体文件插入到时间轴】按钮 ，在弹出的如图11-7所示的快捷菜单中选择【插入音频】|【到声音轨】或【到音乐轨】命令。

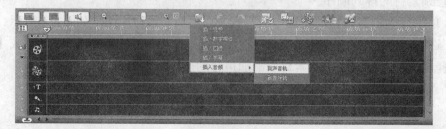

图11-7 选择【插入音频】命令

（2）在弹出的如图11-8所示的【打开音频文件】对话框中选择需要添加的声音文件，然后单击对话框下方的 ► 按钮试听声音效果。

图11-8 选中要添加的音频文件

（3）单击【打开】按钮，选中的音频素材将作为最后的一段音频插入到指定的音频轨上，如图11-9所示。

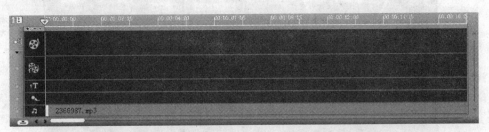

图11-9 将选中的音频插入至音乐轨

提示 会声会影支持的音频输入格式包括Dolby Digital Stereo、Dolby Digital5.1、MP3、MPA、QuickTime、WAV、Windows Media Format，不支持RM文件的输入，编辑完成的声音文件可以输出为RM格式。

11.2.3 添加自动音乐

自动音乐是会声会影自带的另一个音频素材库中的音乐，可以在预设的音乐库中选择不同类型的音乐，然后根据影片的需要改变音乐风格并将它添加到影片中，其操作步骤如下。

（1）在【音频】选项面板中切换到【自动音乐】选项卡。

（2）在选项面板上单击【范围】右侧的下拉按钮，从如图11-10所示的下拉列表中选择【自有】选项，使【库】中列出当前系统中已经安装的音乐文件。

（3）单击【库】右侧的下拉按钮，在下拉列表中选取要用于导入音乐的素材库。

（4）在音乐列表中选择需要使用的音乐，如图11-11所示，单击【播放所选的音乐】按钮 试听效果。

图11-10 设置要使用的音乐范围

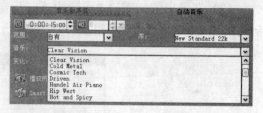

图11-11 选择需要使用的音乐

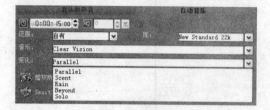

图11-12 选择变化效果

（5）单击【变化】右侧的下拉按钮，在弹出的下拉列表中选择一种变化风格，如图11-12所示，然后单击【播放所选的音乐】按钮试听变化后的效果。

（6）单击【添加到时间轴】按钮，所选择的音乐将自动添加到时间轴的音乐轨上，如图11-13所示。

图11-13 添加到音乐轨上的自动音乐

（7）在时间轴上选中添加的自动音乐，然后在选项面板上可以设置音量以及淡入淡出等属性。

11.2.4 从CD光盘中获取音频

背景音乐一般都是从其他音乐载体上捕获的，CD是最常见的音乐载体。下面将介绍如何从CD光盘中获取音频。

（1）将CD放入光驱中。

（2）单击菜单栏上的【音频】按钮进入【音频】步骤。单击选项面板上的【从音频CD导入】按钮 ，打开如图11-14所示的【转存CD音频】对话框。

（3）在CD曲目列表中选中要转存的曲目，如图11-15所示。

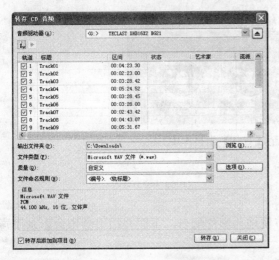

图11-14 【转存CD音频】对话框

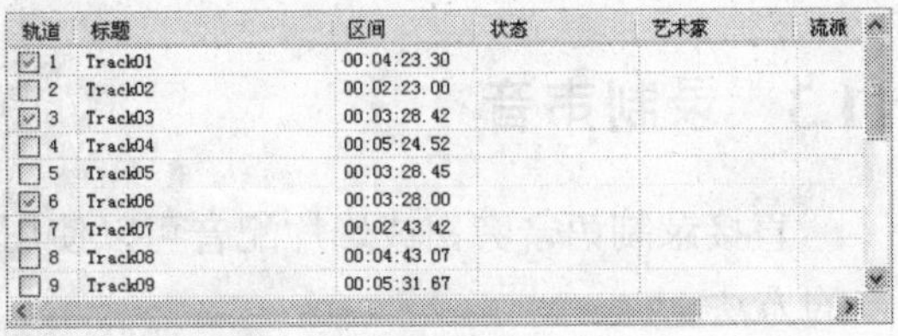

图11-15 选中要转存的曲目

提示 选中列表中的一个曲目，单击列表上方的▶按钮可以试听效果。

（4）单击【输出文件夹】右侧的【浏览】按钮，在弹出的如图11-16所示的【浏览文件夹】对话框中指定转存后的音频文件的保存路径。

（5）单击【质量】右侧的下拉按钮，从如图11-17所示的下拉列表中选择转换后的声音文件的质量。如果在列表中选择【自定义】选项，再单击右侧的【选项】按钮，在弹出的如图11-18所示的【音频保存选项】对话框中则可以进一步设置音频的压缩格式以及高级属性。

图11-16 指定音频文件的保存路径

图11-17 选择声音文件的质量

（6）单击【文件命名规则】右侧的下拉按钮，从如图11-19所示的下拉列表中选择转换后的音频文件的命名规则。

图11-18 设置音频的压缩格式和高级属性

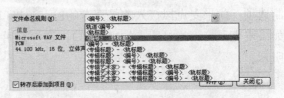

图11-19 选择音频文件的命名规则

（7）启用【转存后添加到项目】复选框，单击【转存】按钮，即可将选择的曲目添加至【音频】素材库中，如图11-20所示。

图11-20　将曲目添加至【音频】素材库中

11.3　录制声音

直接录制语音旁白或影片配音可以使用户方便地为影片配音，下面介绍用会声会影录制声音的方法。

11.3.1　录制前的属性设置

在录制前，需要将麦克风与计算机正确连接，并对系统做相应的设置。

（1）将麦克风的插头插入声卡的Line in或者Mic（Microphone）接口。

（2）双击Windows快捷方式栏上的【音量】图标，如图11-21所示。

（3）在弹出的【主音量】对话框中选择【选项】|【属性】命令，弹出【属性】对话框，在【混音器】下拉列表中选择所需要的设备，如图11-22所示。

（4）选中【录音】单选按钮，并同时启用【显示下列音量控制】列表中的【CD唱机】、【线路输入】、【麦克风】复选框，如图11-23所示。

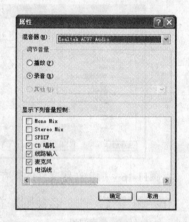

图11-21　【音量】图标　　　图11-22　在【混音器】下拉列表　　　图11-23　选中【录音】单选按钮并
　　　　　　　　　　　　　　　　中选择所需要的设备　　　　　　　　　选择要显示的音量控制

（5）单击【确定】按钮，根据录音设备所选择的连接方式在对话框中选中相应的音量控制选项。如果麦克风接入的是声卡的Line in接口，启用【线路输入】底部的【选择】复选框。如果麦克风接入的是声卡的Mic接口，选中启用【麦克风】底部的【选择】复选框，如图11-24所示。

11.3.2 录制声音

正确地将设备连接并设置好后，就可以录制声音了，具体的操作步骤如下。

（1）进入会声会影X2编辑器，单击视频轨上方的【时间轴视图】按钮，切换到时间轴模式。

（2）拖动时间标尺上的当前位置标记，把它放置到需要添加声音的起始位置，如图11-25所示。

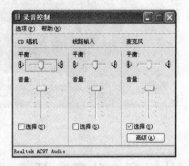

图11-24 选择并调整录音设备的音量

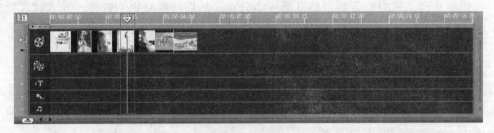

图11-25 选择需要添加声音的起始位置

提示 不能将声音录制在一个已存在的音频素材上，因此在录制之前，应确定声音轨上对应的位置是否处于空白状态。

（3）单击选项板中的【录制声音】按钮，弹出【调整音量】对话框，如图11-26所示。该对话框是用来测试音量的，试着对麦克风说话，对话框中的指示格会变亮，指示格上的刻度表明音量的大小。可以根据所选择的录音音源在音量控制面板中调整话筒的音量。

提示 对着麦克风说话时，如果【调整音量】对话框中的指示格没有反应，此时需要检查麦克风与声卡连接是否正确，一些耳机上的线控上有录音切换开关，检查一下它是否处于打开状态。

（4）调整完毕后，单击【开始】按钮开始录制声音，这时按钮将变为按钮，可以在预览窗口中查看当前视频的位置，以确保录制的声音与视频同步。在录制过程中，选项面板的区间中显示当前已经录制的时间。

（5）录制到需要的声音后，单击选项面板上的【停止】按钮或者按【Esc】键，录制的声音将被添加到指定的位置，如图11-27所示。

图11-26 【调整音量】对话框

提示 如果希望录制指定长度的声音文件，可以先在选项面板的【区间】中指定要录制的声音长度，然后单击【录音】按钮开始录制。录制到指定长度后，程序将自动停止录音。

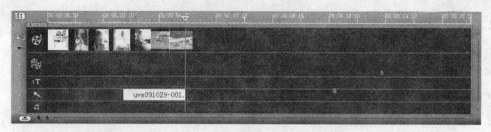

图 11-27　添加到声音轨上的录制的声音

11.4　从视频中分离音频素材

在编辑影片时，有时需要将音频从影片中分离，然后替换原先的音频，或者对音频部分做进一步的单独调整。这时，可以使用分割音频功能直接从视频中分离音轨。

11.5　购买自动音乐库

除了在安装过程中提供了自动音乐库以外，会声会影还可以通过网络购买更多不同风格的自动音乐库。下面介绍购买自动音乐库的使用方法。

（1）进入【音频】步骤并切换到【自动音乐】选项卡。

（2）单击【范围】右侧的下拉按钮，从如图 11-28 所示的下拉列表中选择【全部】选项，使【库】中列出所有提供的音乐的素材库。

（3）在选项面板上单击【库】右侧的下拉按钮，从如图 11-29 所示的下拉列表中选取要用于导入音乐的素材库。

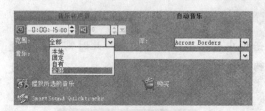

图 11-28　设置要使用的音乐范围

图 11-29　选取要用于导入音乐的库

（4）在【音乐】列表中选择需要使用的音乐，如图 11-30 所示，单击【播放所选的音乐】按钮 试听效果。

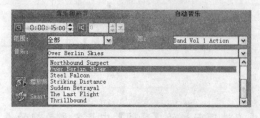

图 11-30　选择需要使用的音乐

（5）将计算机与 Internet 连接，单击选项面板上的【购买】按钮 ，打开购买向导，如图 11-31 所示。

（6）按照提示信息一步一步操作，就可以通过网络购买所选择的音乐。

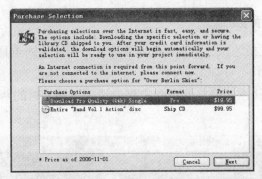

图11-31 进入音乐库购买向导

11.6 修整音频素材

将声音或背景音乐添加到音频轨或音乐轨中后，可以根据实际需要修整音频素材。首先在时间轴上单击【声音轨】按钮 或【音乐轨】按钮 ，切换到相应的轨，然后使用以下几种方法来修整音频素材。

11.6.1 使用区间修整音频

使用区间修整音频可以精确控制声音或音乐的播放时间。如果对整个影片的播放时间有严格的限制，可以使用区间修整的方式来调整。具体的操作步骤如下。

（1）在相应的音频轨上选中需要修整的素材，在【音乐和声音】选项卡的【区间】中将显示当前选择的音频素材的长度，如图11-32所示。

（2）单击时间格上需要更改的数值，然后通过单击【区间】右侧的微调按钮来增加或减少素材的长度。也可以直接在相应的时间格中输入数值，调整声音素材的长度。

图11-32 【区间】中显示当前选中的
音频素材的长度

（3）设置完成后，在选项面板的空白区域单击鼠标，程序将自动按照指定的数值在音频素材的结束位置增加或减少素材的长度，如图11-33所示。

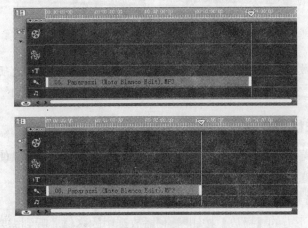

图11-33 原素材长度与减少后的素材长度

11.6.2　使用略图修整音频

使用略图修整素材是最为快捷和直观的修整方式，但它的缺点是不容易精确地控制修剪的位置。具体的操作步骤如下。

（1）在时间轴中选择需要修整的音频素材，选中音频素材的两端会以黄色标记表示，如图11-34所示。

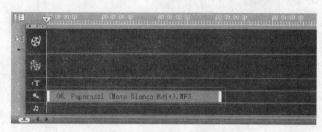

图11-34　选择的音频素材

（2）在黄色标记上按住鼠标并拖动可改变选中素材的长度。调整完成后就可以看到修整后的音频素材的效果，如图11-35所示。

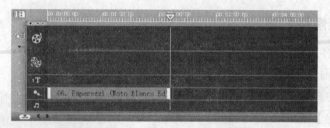

图11-35　修整后的音频素材

（3）使用略图减少素材的长度后，在【音乐和声音】选项卡的【区间】栏中将显示调整后的音频素材的长度，如图11-36所示。

图11-36　显示原素材的长度和修整后的长度

提示　为了避免音频被修整后的开始或结束位置过于生硬，可以按下选项面板上的淡入或淡出按钮　，使音乐在开始或结尾部分的声音逐渐变大或变小。

11.6.3　使用修整栏修整音频

使用修整栏和预览栏修整音频素材是最为直观和精确的方式，可以使用这种方式对音频素材进行修剪，具体的操作步骤如下。

（1）在相应的音频轨上选中需要修整的素材。

（2）单击预览栏下方的【播放】按钮　播放选中的素材，听到需要设置的起始位置时，按下【F3】键将当前位置设置为开始标记点。

（3）再次单击【播放】按钮继续播放素材，听到需要设置的结束位置时，按下【F4】键将当前位置设置为结束标记点。这样，程序就会自动保留开始标记与结束标记之间的音频素材。

11.6.4 改变音频的回放速度

在进行视频编辑时，可以改变音频的回放速度，使它与影片能更好地融合。

（1）在相应的音频轨上选中需要调整的音频素材。

（2）切换到【音乐和声音】选项卡，然后单击【回放速度】按钮，打开如图11-37所示的【回放速度】对话框。

图11-37 【回放速度】对话框

（3）在【速度】微调框中输入数值或拖动滑块调整音频素材的速度。较慢的速度可以使音频素材的播放时间更长，而较快的速度可以使音频素材的播放时间更短。

> **提示** 可以在【时间延长】区间中指定素材播放的时间长度。素材的速度将自动调整为特定的区间。如果指定较短的时间，此功能将不会修整素材。

11.7 音量控制与混合

影片中可能存在4种类型的声音：视频轨素材声音、覆叠轨素材声音、音频轨素材声音和音乐轨素材声音。在会声会影中添加了所有的视频素材和音频素材后，如果将影片中的画外音、音乐以及视频素材的原始声音，同时以100%的音量播放，会使整个影片非常嘈杂。这时，就需要对整个影片各个部分音频的音量进行调节了。

11.7.1 调节整个音频的音量

调节方法如下。

（1）在时间轴中单击某个轨中的素材，如果该素材中包含有音频，此时【音乐和声音】选项卡中将会显示音量控制选项，如图11-38所示。

（2）单击音量控制选项右侧的三角按钮，在弹出的窗口中可以拖动滑块以百分比的形式调整视频和音频素材的音量，如图11-39所示；也可以直接在文本框中输入一个数值，调整素材的音量。100表示原始的音量大小，0表示不发出任何声音，200表示将原始素材的音量增大一倍，50表示将原始音量减小一半。可以根据需要选择适当的数值来调整音量的大小。

图11-38 音量控制选项

图11-39 调整音频素材的音量

如果想要重点体现视频素材中的声音，可以将背景音乐的音量设置为20%，将画外音设置为0；如果需要重点表现画外音，可以将视频素材中的音量设置为0，背景音乐的音量设置为20%；如果只需要出现背景音乐，可以将视频素材和画外音的音量都设置为0。

11.7.2　使用音频混合器控制音量

混合器是一种"动态"调节音量的方法，它允许在播放影片项目的同时，实时调整某个轨道素材任意一点的音量。下面介绍音频混合器的使用方法。

（1）单击时间轴上方的【音频视图】按钮 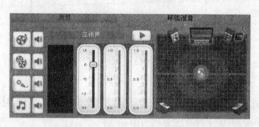，将在选项面板上显示音频混合器，如图11-40所示。

图11-40　显示的音频混合器

（2）在选项面板上单击鼠标选择要调整音频的轨，被选择的轨将呈黄色显示，如图11-41所示。

（3）单击选项面板上的【即时回放】按钮 ，播放影片中添加的所有音频素材，并且可在混合器中看到音量起伏的变换，如图11-42所示。

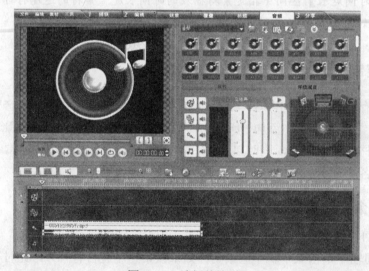

图11-41　选择的轨道

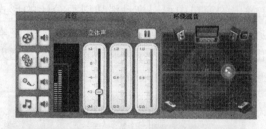

图11-42　试听选择的轨道中的音频

（4）拖动音频混合器中的滑块，就可以实时调整当前所选择的音轨的音量。在调整轨道素材音量的同时，在时间轴中可以观看音量变化曲线，如图11-43所示。

提示　在选项面板上单击音轨对应的 标记，可以决定需要回放的特定音轨。当标记处于 状态时，表示对应的音轨中的声音不播放，如图11-44所示。

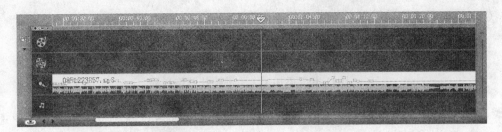

图11-43 音轨上显示音量变化曲线

拖动【环绕混音】中的音频图标，可以控制音频左、右声道的音量大小，如图11-45所示。

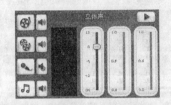

图11-44 音轨中的声音不能播放　　　　图11-45 控制左、右声道的音量大小

11.7.3 使用音量调节线

除了使用音频混合器控制声音的音量变化外，也可以直接在相应的音频轨上使用音量调节线控制不同位置的音量。音量调节线是音频轨中央的水平线，仅在【音频视图】中可以看到，如图11-46所示。

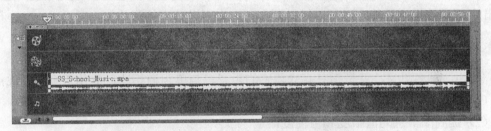

图11-46 音频轨中央的音量调节线

用音量调节线调整音量的操作步骤如下。

（1）单击时间轴上的【音频视图】按钮，显示音量调节线。

（2）在时间轴上，单击鼠标选择要调整音量的音频素材。

（3）单击音量调节线上的一个点添加关键点，这样就可以调节此关键帧上音轨的音量，如图11-47所示。

图11-47 在音量调节线上添加关键帧

（4）向上/向下拖动添加的关键帧，可以增加或减小素材在当前位置上的音量，如图11-48所示。

图11-48 拖动关键帧调整当前位置的音量

（5）添加更多的关键帧并调节音量，如图11-49所示。

图11-49　添加多个关键帧并调整音量

提示 在音频轨上选中一个音频素材，单击鼠标右键，从如图11-50所示的弹出菜单中选择【重置音量】命令，可以将调整后的音量调节线恢复到初始状态。

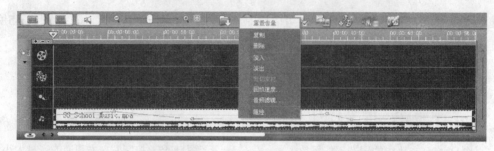

图11-50　选择【重置音量】命令

11.8　声道控制与混合

会声会影X2能将拍摄时录制的5.1声道的音频还原为现场音效，并且可以通过环绕音效混合器和变调滤镜实现完美的混音调整。即使是普通的双声道影片，也可以切换到5.1声道模式，模拟出5.1声道效果。另外，还可以轻松制作左、右声道分离的影片。

11.8.1　立体声和5.1声道

立体声，顾名思义，就是指具有立体感的声音。与单声道相比，立体声有如下优点：

（1）具有各声源的方位感和分布感；

（2）提高了信息的清晰度和可懂度；

（3）提高节目的临场感、层次感和透明度。立体声技术广泛运用于自Sound Blaster Pro以后的大量声卡，成为了影响深远的一个音频标准。目前，立体声依然是许多产品遵循的技术标准。

5.1声道就是使用5个喇叭和1个超低音扬声器来实现一种身临其境的效果的音乐播放方式，它是由杜比公司开发的，所以叫做"杜比5.1声道"。在5.1声道系统里采用左（L）、中（C）、右（R）、左后（LS）、右后（RS）五个方向输出声音，使人产生犹如身临音乐厅的感觉。五个声道相互独立，其中"0.1"声道，则是一个专门设计的超低音声道。正是因为前后左右都有喇叭，所以就会产生被音乐包围的真实感。

下面介绍在会声会影中双声道与5.1声道之间的切换方法。

（1）在视频轨、声音轨或者音乐轨上添加视频和音频文件。

（2）单击时间轴上方的【音频视图】按钮 ，切换到音频视图，如图11-51所示。

（3）在双声道模式下，单击选项面板上的 按钮可以在选项面板的音频混合器左侧看见两个声道的播放效果。

图11-51 切换到音频视图

（4）单击视频轨上方的 按钮，在弹出的信息提示窗口中单击【确定】按钮，将声音模式切换到5.1声道，如图11-52所示。

图11-52 切换到5.1声道

（5）这时，单击选项面板上的按钮 ，可以在选项面板的音频混合器左侧看见5.1声道的播放效果，如图11-53所示。再次单击 按钮，可以切换回双声道模式。

11.8.2 复制声道

有时音频文件会把歌声和背景音频分开并放到不同的声道上。在【音频】步骤中，切换到【属性】选项卡，如图11-54所示。

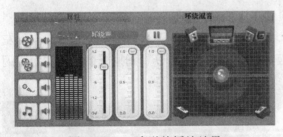

图11-53 5.1声道的播放效果

图11-54 【属性】选项卡

选中【复制声道】复选框可以使其他声道静音。例如，左声道是歌声，右声道是背景音乐。选中【右】单选按钮可以使歌曲的声音部分静音，仅保留要播放的背景音乐。

11.8.3 左右声道分离

在编辑影片时，常常需要制作左右声道分离的效果。下面介绍具体的操作方法。

（1）在视频轨、声音轨或者音乐轨上添加视频和音频文件。

（2）进入【音频】步骤，然后单击时间轴上方的【音频视图】按钮 ，切换到音频视图，如图11-55所示。

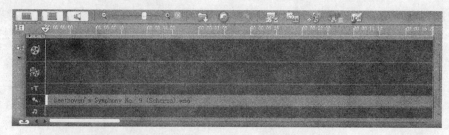

图11-55 切换到音频视图

（3）在视频轨上单击选择视频轨，然后拖动预览窗口下方的三角滑块，把它拖动到视频的开始位置，如图11-56所示。

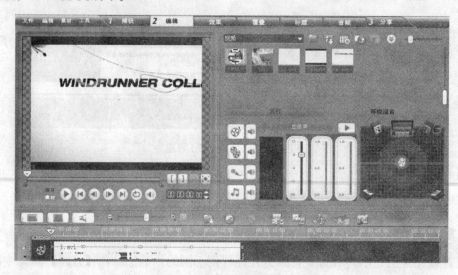

图11-56 选中视频轨并把滑块拖动到开始位置

（4）在预览窗口下方将播放模式设置为项目播放模式 🔘▶。

（5）在选项面板上将环绕混音中的音符滑块拖动到最左侧，表示将视频轨的声音放到左侧，如图11-57所示。调整完成后，单击选项面板上的 🔊 按钮，可以看到只有最左侧的声道闪亮，如图11-58所示。

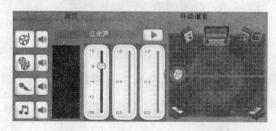

图11-57 将【环绕混音】中的音符滑块拖动到最左侧

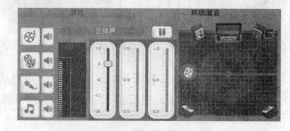

图11-58 查看声道效果

（6）在音频轨上单击鼠标，使它处于被选状态。

（7）在预览窗口下方再次将播放模式设置为项目播放模式 🔘▶，并将预览窗口下方的滑块拖动到最左侧。

（8）在选项面板上将【环绕混音】中的音符滑块拖动到最右侧，表示将视频轨的声音放到右侧，如图11-59所示。调整完成后，单击选项面板上的 🔊 按钮，可以看到只有第二声道闪亮，如图11-60所示。

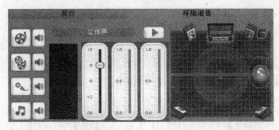
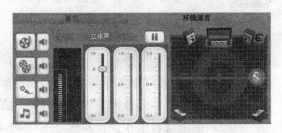

图11-59 将【环绕混音】中的音符滑块拖动到最右侧 　　图11-60 查看声道效果

（9）设置完成后，刻录并输出影片，就可以制作左右声道分离的效果。

11.9 音频滤镜的应用

在会声会影X2中，可以将音频滤镜应用至【音乐轨】和【声音轨】中的音频素材上，制作如放大、长回音、等量化、删除噪音以及音乐厅等的效果。下面介绍为音频文件应用滤镜的操作步骤。

11.9.1 添加音频滤镜

下面讲解添加音频滤镜的方法。

（1）切换到【时间轴视图】模式，然后选择要应用音频滤镜的音频素材，如图11-61所示。

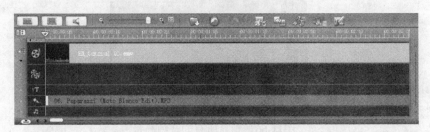

图11-61 选择要应用音频滤镜的音频素材

（2）单击选项面板上的【音频滤镜】按钮，打开【音频滤镜】对话框，如图11-62所示。

（3）在【可用滤镜】列表中选择需要的音频滤镜并单击【添加】按钮，将其添加到【已用滤镜】列表框中，如图11-63所示。

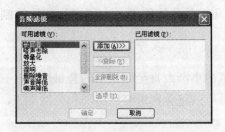

图11-62 打开【音频滤镜】对话框 　　图11-63 添加要使用的音频滤镜

（4）单击【确定】按钮，即可将添加的音频滤镜应用至所选择的音频素材中。

提示 对于一些音频滤镜，【选项】按钮处于可用状态时，单击【选项】按钮，在打开的对话框中可以自定义音频滤镜的属性。

11.9.2 删除音频滤镜

如果为音频素材添加了音频滤镜，试听后觉得不满意，可以将其删除。

（1）在轨道中选择需要删除音频滤镜的音频素材。

（2）单击【音乐和声音】选项卡中的【音频滤镜】按钮，弹出【音频滤镜】对话框。

（3）在对话框中选择需要删除的音频滤镜，如图11-64所示，单击【删除】按钮，即可删除选择的音频滤镜，如图11-65所示。

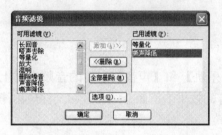

图11-64 选中要删除的音频滤镜   图11-65 删除音频滤镜

（4）如果单击对话框中的【全部删除】按钮，即可删除【已用滤镜】列表中所有的滤镜，如图11-66所示。

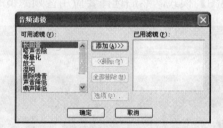

图11-66 删除所有的音频滤镜

（5）设置完成后，单击【确定】按钮即可。

11.10 音频特效实例

在学习音频素材的添加和编辑之后，下面通过几个具体的实例，介绍音频特效的制作。

11.10.1 制作淡入淡出的音频效果

音频的淡入淡出效果是一段音乐在开始时，音量由小渐大直至以正常的音量播放，在结束时音量逐渐变小，直至消失。使用这种音频编辑效果可以避免音乐突然出现和突然消失，使音乐能够有一种自然的过渡效果。

（1）将音频素材添加到音频轨上，如图11-67所示。

（2）切换至【音频视图】模式，选中添加的音频素材，在选项面板上的【属性】选项卡中分别单击█和█按钮，设置淡入淡出效果，如图11-68所示。

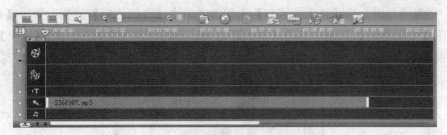

图11-67 添加音频素材

（3）为音频素材设置好淡入淡出效果后，此时系统将根据默认的参数设置，为音频素材设置相应的淡入、淡出时间。而音频的淡入淡出时间，也可以自定义。

（4）选择【文件】|【参数选择】命令或按快捷键【F6】，弹出【参数选择】对话框。切换到【编辑】选项卡，在【默认音频淡入/淡出区间】数值框中输入所需的数值，如图11-69所示。

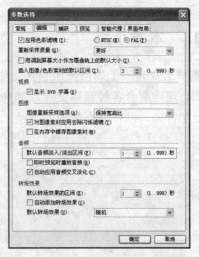

图11-68 【淡入】、【淡出】按钮　　　　图11-69 设置音频素材的淡入/淡出区间

（5）设置完成后，单击【确定】按钮，然后单击预览窗口下方的【播放】按钮，可试听音乐效果。

11.10.2 使用【放大】滤镜

（1）将音频素材添加到音频轨上，如图11-70所示。

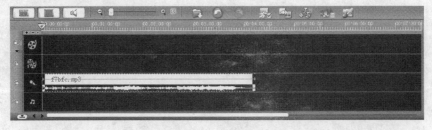

图11-70 添加音频素材

（2）切换至【时间轴视图】模式，选中添加的音频素材。

（3）在选项面板上的【音乐和声音】选项卡中单击【音频滤镜】按钮，弹出【音频滤镜】对话框。在【可用滤镜】列表中选择【放大】滤镜，单击【添加】按钮，将【放大】滤镜加至【已用滤镜】列表框中，如图11-71所示。

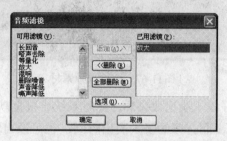

图11-71　添加【放大】滤镜

（4）单击【确定】按钮，将【放大】滤镜应用至选择的音频素材上。单击预览窗口下方的【播放】按钮 █ ▶ ，可试听音乐效果。

11.11　本章小结

本章主要介绍了如何使用会声会影X2来为影片添加背景音乐或声音，以及怎样编辑音频文件和合理地混合各种音频文件，制作出满意的效果。通过本章的学习，可以掌握和了解在影片中添加音频与制作混合效果的方法，从而为自己的影视作品搭配完美的音乐，使作品锦上添花。

第12章　相关软件组合应用

中文版COOL 3D 3.5是Ulead公司推出的功能强大的三维标题制作软件，如图12-1所示。用COOL 3D，你的文字和形状可以轻松地自定义成醒目的三维作品。COOL 3D的动画时间轴非常易用，并且功能强大，能使动画与众不同。同时，软件还提供了炫目的外挂特效、三维几何形状和强大的矢量对象编辑能力。COOL 3D 3.5版的界面如图12-1所示。

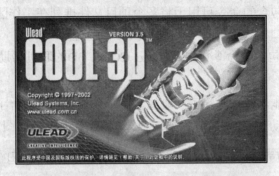

图12-1　COOL 3D 3.5中文版

12.1　操作界面简介

COOL 3D 3.5提供了很多的工具栏与按钮，如图12-2所示，下面将对操作界面做简单介绍。

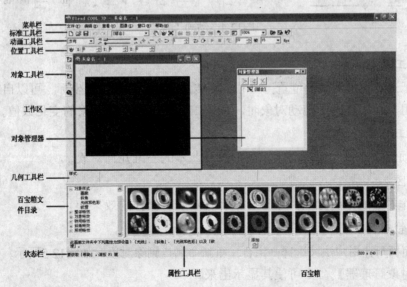

图12-2　COOL 3D 3.5的操作界面

1. 菜单栏
菜单栏位于操作界面的上方，由一系列菜单命令组成，按照其功能分为【文件】、【编辑】、【查看】、【图像】、【窗口】和【帮助】6个菜单项。

【文件】：菜单中包含的命令可制作Ulead COOL 3D的标题。可以使用这个菜单来创建新的窗口、打开现有的文件，并保存作品。

【编辑】：菜单中包含的命令可让剪贴板作为暂时存放区，以供复制或粘贴标题属性之用，它也提供了可撤销错误操作的命令。同时，也可以插入、编辑、删除图形和文字。

【查看】：菜单中包含的命令可显示或隐藏Ulead COOL 3D工具栏、工具区等其他组件，处于选中状态的组件将被显示出来。

【图像】：菜单中包含的命令可设定三维对象的显示和输出质量，其中的尺寸命令可用来调整项目文件的大小。

【窗口】：菜单中包含的命令可用于将多个项目文件排列在工作区中，【调到图像大小】命令则可以缩放图像窗口的大小，使其与项目尺寸相适应。

【帮助】：菜单中包含的命令可显示Ulead COOL 3D的联机帮助、注册和版权信息。

2. 标准工具栏

包含所有常用的功能与命令。除了一般的文件命令外，它也包含了对象和斜角的表面选取按钮，以及三个基本的动作控制按钮：旋转、移动和改变大小，如图12-3所示。

图12-3 标准工具栏

3. 动画工具栏

用于显示处理动画项目所需的所有控制选项，包括了关键帧和时间轴控制选项、动画循环模式、帧编号和帧速率项，如图12-4所示。

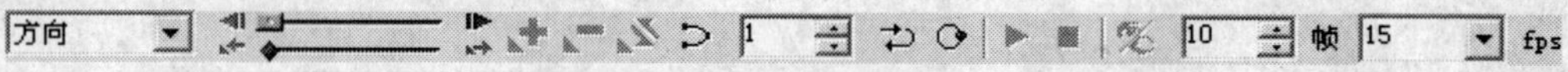

图12-4 动画工具栏

4. 位置工具栏

用于显示选定三维对象的位置、尺寸、旋转角度、光线和纹理坐标。可以自行输入数值进行调整。当用户在工作区中拖动对象时，位置工具栏显示当前对象的变化数值。

5. 对象工具栏

用于在项目中放置和编辑文字、图形以及基本的三维几何对象。

6. 工作区

位于操作界面的中间区域，用于显示和查看所有操作的效果。

7. 对象管理器

此浮动面板可让用户快速选择、组合、重新命名与删除对象，如图12-5所示。选中【查看】菜单中的【对象管理器】命令可使其显示出来。

8. 几何工具栏

当用户插入基本的三维几何对象（球体、立方体、圆锥体、角锥体、合并球体、圆环、单圆锥体等）时，就会出现此工具栏，如图12-6所示。用户可以自定义几何对象的尺寸并选取要编辑的平面。

图12-5　对象管理器

图12-6　几何工具栏

9. 百宝箱文件目录

单击列表中的文件夹可以在百宝箱中显示对应的预设略图。

10. 状态栏

将鼠标指向一个按钮或命令时，状态栏显示这些按钮和命令的用途，进行对象调整时，显示当前对象所改变的坐标值，如图12-7所示。

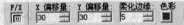

图12-7　状态栏

11. 属性工具栏

程序将根据工作区正在使用的效果显示相应的属性工具栏，如图12-8所示，在属性工具栏中可以微调应用到工作区的各种效果的属性。

图12-8　属性工具栏

12. 百宝箱

在百宝箱文件目录中选择一个文件夹，百宝箱中显示当前可用的预设样式，用户可以在预设略图上双击鼠标或者用拖放操作将略图中的效果应用到工作区中选中的对象上，如图12-9所示。

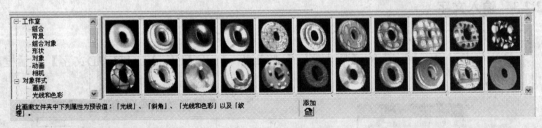

图12-9　百宝箱

12.2　制作三维文字

熟悉了操作界面之后，下面通过实例来介绍制作三维文字的方法。

12.2.1　新建项目文件

选择【文件】|【新建】菜单命令，工作区中将显示一个新项目窗口，用户可以在这里创建和编辑新的项目文件，如图12-10所示。

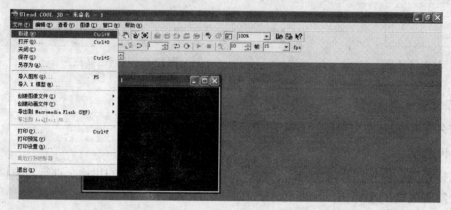

图12-10　新建项目文件

提示 使用快捷键【Ctrl+N】，或单击【标准】工具栏上的【新建】按钮也可以新建项目文件。

12.2.2　设置项目文件

创建项目后，首先应该根据需要设置项目尺寸。

（1）选择【图像】|【尺寸】菜单命令，弹出【尺寸】对话框，如图12-11所示。

（2）选中【自定义】单选按钮，然后在【宽度】和【高度】文本框中输入项目尺寸。

（3）设置完成后，单击【确定】按钮。

（4）选择【窗口】|【调到图像大小】菜单命令，使项目窗口在工作区中完全显示。

提示 在编辑过程中最好使用较小的尺寸。这样，在尝试各种特效和设置时，能以较快的速度渲染项目。

12.2.3　输入文字

设置好项目尺寸后，将在项目窗口输入文字内容。

（1）单击对象工具栏上的【插入文字】按钮，打开【Ulead COOL 3D文字】对话框，如图12-12所示。

图12-11　打开【尺寸】对话框

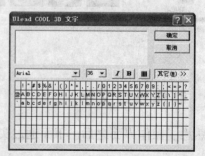

图12-12　【Ulead COOL 3D文字】对话框

（2）在弹出的对话框中输入要添加到项目中的文字，如图12-13所示。

（3）选中输入的文字，在文本输入区下方设置字体和字号大小，如图12-14所示。

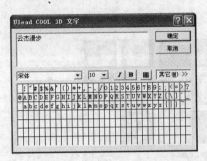

图12-13　输入文字内容

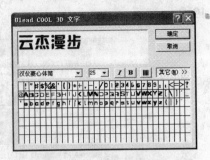

图12-14　设置文字属性

（4）设置完成后，单击【确定】按钮，输入的文字将会显示在工作区中，如图12-15所示。

12.2.4　制作三维效果

在COOL 3D中，可以做出各种风格的三维文字效果，具体操作方法如下。

（1）单击鼠标选择百宝箱文件目录中的【画廊】项，如图12-16所示。

图12-15　输入的文字显示在工作区中

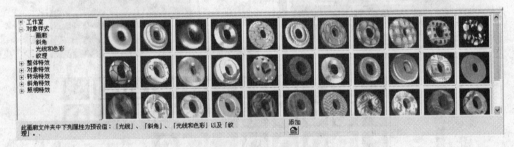

图12-16　选择【画廊】项

（2）双击百宝箱中要使用的预设样式，即可应用相应的预设三维标题效果，如图12-17所示。

（3）接下来要应用一种组合模板中使用的金属效果立体标题。选择百宝箱文件目录中的【组合】，将百宝箱中的第一个效果拖曳到工作区，然后选择【查看】|【对象管理器】菜单命令，打开【对象管理器】窗口，如图12-18所示。

图12-17　应用相应的预设三维标题效果　　　　图12-18　打开【对象管理器】窗口

（4）在【对象管理器】中选择COOL1。选择百宝箱文件目录中的【画廊】，然后单击属性工具栏上的【添加】按钮，将模板中文字COOL1所使用的立体标题样式添加到画廊中，如图12-19所示。

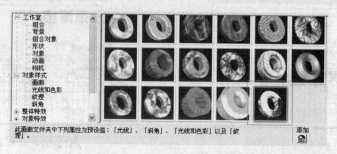

图12-19　将立体标题样式添加到画廊中

（5）切换到先前创建的项目文件，双击百宝箱中新增的立体标题样式，将它应用到文字中，如图12-20所示。

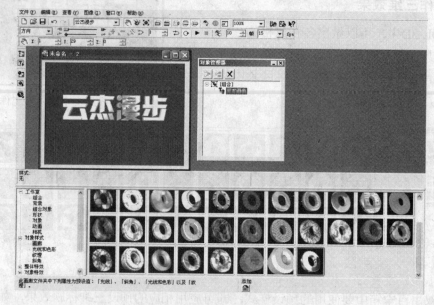

图12-20　在项目中应用金属文字效果

12.2.5　绘制图形

在COOL 3D中，用户可以在工作区中绘制和插入各种矢量图形。下面我们来给文字插入一个底座。

（1）选择【编辑】|【插入图形】菜单命令，或者单击【对象】工具栏上的按钮，弹出【路径编辑器】窗口，如图12-21所示。

（2）在弹出的【路径编辑器】窗口中按下按钮。

（3）在【宽度】、【高度】文本框中分别输入"200"。

（4）在图形绘制窗口中单击鼠标创建一个正圆，如图12-22所示。

（5）单击【确定】按钮，将创建完成的圆形对象添加到工作区。

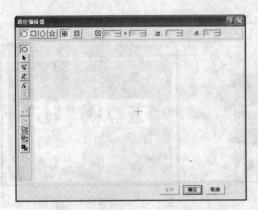

图12-21 弹出【路径编辑器】窗口

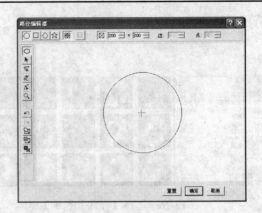

图12-22 创建正圆图形

12.2.6 调整圆形对象

（1）按下标准工具栏上的【大小】按钮，如图12-23所示。

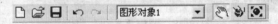

图12-23 按下标准工具栏上的【大小】按钮

（2）为了保证圆形对象按比例变化，按住【Shift】键并拖动鼠标，可将对象放大或缩小。

（3）如果需要精确地控制对象的尺寸，可以直接在位置工具栏中输入数值。

（4）按下标准工具栏上的【旋转对象】按钮或者按快捷键【S】。

（5）在位置工具栏中将【X】设置为"−77"，使对象沿X轴旋转，如图12-24所示。在默认状态下插入的对象的X、Y、Z轴旋转角度均为"0"。

> **提示** 旋转对象时可沿着三个轴来旋转它的位置，工具栏中的数值代表旋转角度。例如，将数值设置成360°将旋转一整圈；将数值设置成180°则旋转半圈。在使用对象来制作动画时，旋转角度的概念非常重要。

（6）按下【标准】工具栏上的按钮或者按快捷键【A】。

（7）在工作区中拖动鼠标或者在【位置】工具栏中输入数值以获取精确的结果。

（8）这里，我们将对象的【Y】设置为"−70"，如图12-25所示。

图12-24 调整对象的空间角度

图12-25 将对象向下移动70

（9）在百宝箱文件目录中选择【光线和色彩】选项，如图12-26所示。

（10）选择属性工具栏的【调整】|【表面】选项。单击【色彩】框口，在弹出的对话框中

将色彩设置为灰色，增强对象的金属质感，如图12-27所示。

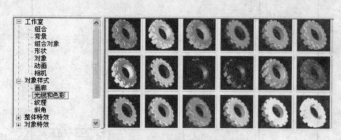

图12-26 选择【光线和色彩】选项　　　　　图12-27 调整对象的表面色彩

提示 在属性工具栏的【调整】列表中选择【光线】、【反射】和【外光】选项，可以进一步调整场景中的光线属性，如图12-28所示。

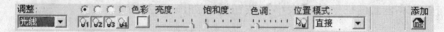

图12-28 调整【光线】属性

12.2.7 设置并调整纹理

（1）在百宝箱文件目录中选择【纹理】选项，然后双击如图12-29所示的预设纹理样式，将它应用到对象中。

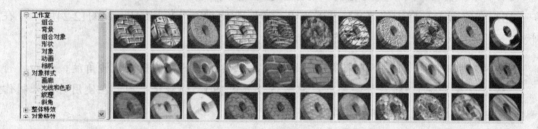

图12-29 应用预设纹理

（2）在属性工具栏上按下【调整纹理大小】按钮。在工作区中的圆形对象上向左或向上拖动鼠标，将纹理的尺寸缩小，如图12-30所示。

12.2.8 复制、粘贴对象并调整

（1）选择【查看】|【对象管理器】菜单命令，选中【对象管理器】窗口中的【图形对象1】，如图12-31所示。

（2）按快捷键【Ctrl+C】复制所选对象，再按快捷键【Ctrl+V】粘贴所复制的对象，然后在【对象管理器】中将粘贴的对象更名为【图形对象2】，如图12-32所示。

（3）按下标准工具栏上的【移动对象】工具，将【图形对象2】向下移动，如图12-33所示。

（4）按下标准工具栏上的【大小】按钮，在【位置】工具栏上调整【图形对象2】的尺寸，如图12-34所示。

图12-30 调整纹理大小

图12-31 选中【图像对象1】

图12-32 更名为【图像对象2】

图12-33 向下移动对象

图12-34 调整图形对象的大小

12.2.9 移动文字与图形对象

（1）在【对象管理器】窗口中选择文字对象，按下【标准】工具栏上的【移动对象】工具，在【位置】工具栏上将【Z】设置为 -60，如图12-35所示。

（2）在【对象管理器】中选择【组合】选项，如图12-36所示。

（3）按下标准工具栏上的【移动对象】工具，向上拖动鼠标，组合中包含的所有对象会同时移动，如图12-37所示。

图12-35 调整文字的空间位置

图12-36 选中【组合】选项

图12-37 整体移动对象

12.2.10 改变背景

（1）在百宝箱文件目录中选择【背景】选项。

（2）单击属性工具栏上的【色彩】下方的颜色方框，如图12-38所示。

（3）在弹出的【颜色】对话框中指定所要使用的色彩，如图12-39所示。

（4）单击【确定】按钮，将所选择的色彩应用到背景中，如图12-40所示。

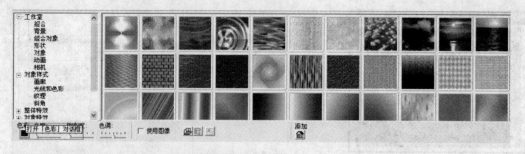

图12-38　单击颜色方框

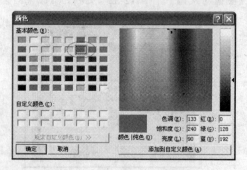

图12-39　选择要使用的颜色

图12-40　添加背景颜色

提示 在背景预设样式中双击一个略图，也可以将所选择的背景应用到项目中。可以将剪贴板上的图像用做项目的背景，也可以从保存的图像文件中加载背景图像，如图12-41所示。

12.2.11　插入几何对象

几何对象是指球体、立方体、圆锥体、角锥体、合并球体、圆环等基本的几何形状。在COOL 3D中可以直接将这些几何形状插入。

（1）单击对象工具栏上的【插入几何对象】按钮❸右下角的小三角，在弹出的下拉菜单中选择【平截头体】，如图12-42所示。

图12-41　从保存的图像文件
中加载背景图像

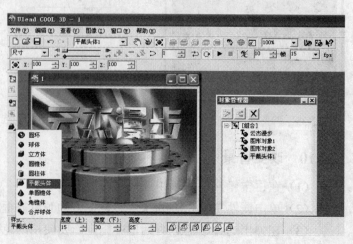

图12-42　插入【平截头体】

（2）按下标准工具栏上的【移动对象】 ✍、【旋转对象】 ❀ 和【调整大小对象】 ◙ 按钮，调整平截头体的位置、空间角度、大小和光线，效果如图12-43所示。

12.2.12　添加组合对象

COOL 3D还提供了很多制作完成的组合对象，可以直接将其添加到自己创建的项目中。

（1）在百宝箱的文件目录中选择【组合对象】选项。

（2）双击要添加的预设样式，将其添加到当前项目中，如图12-44所示。

图12-43　调整后的画面效果　　　　　图12-44　添加预设的组合对象

（3）按下标准工具栏上的【移动对象】按钮 ✍，在位置工具栏上输入数值调整添加对象的空间位置，如图12-45所示。

12.2.13　保存文件

1. 保存为c3d文件

（1）从【文件】菜单中选择【保存】或【另存为】菜单命令可保存文件，也可以按快捷键【Ctrl+S】。

（2）在对话框中输入文件名称，并将保存类型设置为Ulead COOL 3D文件（*.c3d），如图12-46所示。

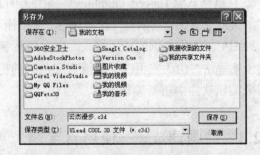

图12-45　调整组合对象的空间位置　　　　图12-46　指定保存的名称和路径

（3）单击【保存】按钮按照指定的文件名称和路径保存当前项目文件。

提示 .c3d是Ulead COOL 3D特有的文件格式，可以保存项目中所有的信息，包括斜角、光线、纹理、特效以及动画属性等。用户可以随时使用Ulead COOL 3D重新打开这种格式的项目文件，并修改和调整对象的属性。

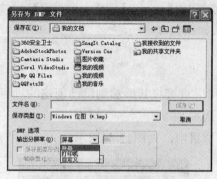

图12-47 设置输出分辨率

2. 保存为BMP文件

选择【文件】|【创建图像文件】|【BMP文件】命令，在打开的【另存为BMP文件】对话框中，单击【输出分辨率】文本框右侧的下拉按钮，如图12-47所示，在弹出的下拉列表中可以设置输出图像的分辨率。

· 屏幕：选择该选项，将以默认的屏幕分辨率96像素/英寸保存图像。

· 打印机：选择该选项，将以默认的打印分辨率600像素/英寸保存图像。

· 自定义：选择该选项，可以在文本框中输入数值，自行指定输出分辨率。

如果在项目中创建了动画效果，并且希望将动画中的各个帧保存为单独的图像文件，可以在【BMP选项】中选中【保存图像序列】复选框，并在对话框下方指定帧类型。

3. 保存为GIF文件

GIF是图像交换格式（Graphics Interchange Format）的简称，它是由美国CompuServe公司在1987年所提出的图像文件格式，用于方便地保存和显示联机图像。

GIF最多包含256色彩，在压缩过程中不会丧失原始图像质量，但是可以将图像缩减为原来大小的40%。尽管GIF是一种"无损"格式，但从其他文件格式转换为GIF格式时，会丧失一定的图像质量。GIF文件的众多特点都适应了Internet的需要，因此GIF格式是Internet上最流行的图像格式之一。

4. 保存为JPEG文件

与GIF不同，JPEG保留了图像中所有的颜色信息，通过去掉数据来压缩文件，压缩率与品质是相对应的，压缩得厉害，品质就下降了，因此另存以后，图像质量必然改变。

5. 保存为TGA文件

TGA格式（Tagged Graphics）是由美国Truevision公司为其显示卡开发的一种图像文件格式，文件后缀为".Tga"，已被国际上的图形、图像工业所接受。TGA的结构比较简单，属于一种图形、图像数据的通用格式，在多媒体领域有很大影响。TGA格式支持压缩，使用不失真的压缩算法。由于它可以在保留真彩色的前提下创建透明背景，因此，可以非常方便地在其他图像编辑软件中重新编辑。

12.3 动画速成——使用百宝箱

COOL 3D不仅可以制作三维立体文字效果，还可以制作动画。

12.3.1 添加对象

（1）按快捷键【Ctrl+N】在工作区创建一个新的项目文件。

（2）从百宝箱文件目录中选择【组合对象】项，并把预设样式中的汽车拖曳到新建的项目文件中，如图12-48所示。

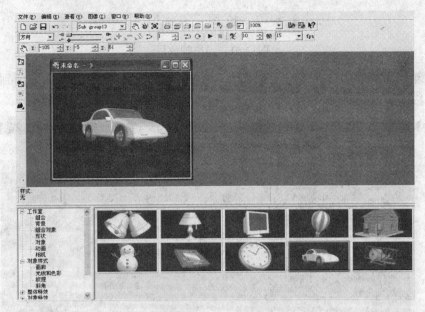

图12-48 新建项目并添加对象

12.3.2 应用百宝箱动画

（1）选择百宝箱文件目录中的【对象特效】|【爆炸】选项，然后双击如图12-49所示的预设变形效果。

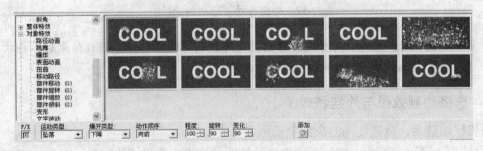

图12-49 应用爆炸特效

（2）单击【播放】按钮▶，就可以看到一个简单的汽车爆炸动画效果，如图12-50所示。

图12-50 应用到汽车中的爆炸动画

12.3.3 设置帧数目

帧数目决定动画的总帧数，Ulead COOL 3D通常预设的帧个数为10，如果希望增加或减少帧数，可以直接在动画工具栏的帧数目文本框中输入数值，也可以单击右侧的微调按钮来调整帧数，如图12-51所示。

图12-51　调整帧数目

在百宝箱目录列表中选择【组合】选项，将如图12-52所示的组合动画拖动到项目中。单击【播放】按钮▶查看动画效果。

图12-52　将组合动画拖动到项目中

提示 第一次播放时，程序会对整个动画进行运算，因此速度较慢。播放结束后，再次单击【播放】按钮，即可看到流畅的动画效果。

12.3.4　选择动画效果与外挂特效

设置好帧数后，就需要为对象添加动画效果了。

（1）单击【属性】框右侧的下拉按钮，从下拉列表中选择【位置】，然后在时间轴上为位置的变化设置关键帧，如图12-53所示。

图12-53　为位置变化设置关键帧

（2）除了在百宝箱中双击应用外挂效果之外，也可以选择【编辑】|【外挂特效】菜单命令，当前对象可用的外挂特效分别显示在【对象特效】和【整体和照明特效】列表框中，如图12-54所示。

（3）在列表选项中选中需要添加的外挂特效，单击【添加】按钮，所选择的特效项目将被添加到右侧的窗口中，如图12-55所示。

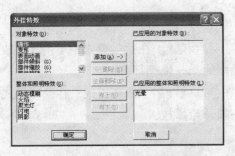
图12-54　可用的外挂特效

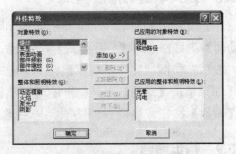
图12-55　添加新的特效

（4）单击【确定】按钮，这时会发现所选择的特效都出现在动画工具栏的【属性】框中了，如图12-56所示。

12.3.5　设置关键帧

（1）指定要制定的关键帧的位置，如图12-57所示。

（2）按下时间轴控制区中的【添加关键点】按钮✚，当前指定的位置就添加了一个菱形的关键点，这时，所指定的帧就变为关键帧了，如图12-58所示。

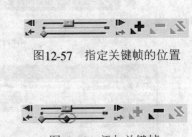
图12-57　指定关键帧的位置

图12-56　特效列表

图12-58　添加关键帧

提示　如果添加了多余的关键帧，单击【删除关键点】按钮➖，就可以将它删除，不过第一个关键帧是无法被删除的。

12.3.6　平滑动画路径

如果希望制作的动画路径较为平滑，可以单击【动画】工具栏上的【平滑动画路径】按钮⊃。这样，就可以让动画在移动过程中更加流畅。

12.3.7 设置播放顺序

动画设计完成后，如果希望看看反方向播放的效果，不必重复设置关键帧的操作，只要单击【动画】工具栏上的【翻转】按钮，就能将动画的顺序颠倒，就像倒转录像带一样。

12.3.8 定义动画的播放模式

自定义动画的最后一个步骤是选择动画的播放模式，可以选择乒乓模式和循环模式。单击【动画】工具栏上的【乒乓模式】按钮，就开启了乒乓模式。在乒乓模式中单击【播放】按钮，最后一帧播放完毕后将以最后一帧作为整个动画的第一帧循环插放。

如果单击【动画】工具栏上的【循环模式】按钮，就开启了循环模式。在循环模式中单击【播放】按钮，最后一帧播放完毕后重新从第一帧开始播放。

12.3.9 输出动画

动画制作完成后，在COOL 3D中可以将其输出为GIF或AVI格式。

（1）选择【文件】|【创建动画文件】菜单命令，选择需要创建的动画文件的类型，如图12-59所示，这里选择GIF文件格式。

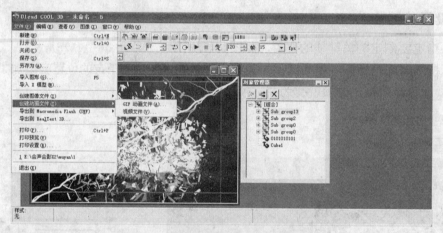

图12-59　选择【创建动画文件】命令

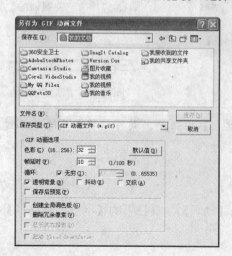

图12-60　打开【另存为GIF动画文件】对话框

（2）选择子菜单中的【GIF动画文件】命令后将弹出【另存为GIF动画文件】对话框，如图12-60所示。

（3）为了保证GIF文件的质量，将色彩设置为最高的256色。

（4）在帧延时中指定动画中每张图像的显示时间，经过这段时间之后，图像就会被序列中的下一张图像取代。帧延迟时间越短，动画的播放速度越快。

（5）启用【循环】中的【无穷】复选框，动画将一直循环播放。取消启用该复选框，则可以在后面的文本框中输入数值，设置动画循环播放的次数。

在对话框中还可以根据需要设置以下一些参数。

· 透明背景：启用该复选框，可以保存图像中的透明通道。

· 抖动：启用该复选框，可以在图像中以较少的颜色表现较为丰富的色彩。

· 交织：启用该复选框可以将图像保存为交错显示的效果。在下载图像时，用户可以看到图像渐进地在浏览器中显示。

· 保存后预览：启用该复选框，将在保存动画后启动系统默认的浏览器预览动画效果。

· 创建全局调色板：启用该复选框，将根据动画中包含的所有帧的色彩来创建全局调色板。这样可以缩小文件所占用的磁盘空间，但是会影响图像质量，因此，用户需要在保存后检查生成的动画质量是否满足需求。

· 删除冗余像素：启用该复选框，程序会将所有动画帧中相同的像素去除，以减小文件所占用的磁盘空间。

（6）设置完成后，单击【保存】按钮，将按照设置的属性将文件保存为GIF格式的动画文件。这样的文件适合应用到网页中。

12.4 COOL 3D动画与影片合成

下面详细介绍COOL 3D动画与影片合成的运用方法。

12.4.1 COOL 3D在影片中的应用

会声会影允许用户使用COOL 3D创建具有透明背景的视频，并添加到覆叠轨上，三维动画能够与影片完美地融合在一起。不过想要做出完美的合成效果，需要注意以下几点：

· 在COOL 3D中将制作完成的动画以标准的c3d格式或者AVI视频格式保存。

· 将动画背景设置为黑色。

· 不要添加烟花、火焰等照明特效。

· 将视频保存为32位、不压缩格式。

12.4.2 用COOL 3D制作动画

在此，我们重点介绍的是COOL 3D的透空输出，以及与会声会影结合应用的方法。因此，动画的制作就使用最为方便的组合项目套用的方法。

（1）选中百宝箱文件目录中的【组合】项。

（2）将如图12-61所示的预设组合项目拖曳到工作区。

（3）选择【查看】|【对象管理器】菜单命令，在工作区中显示【对象管理器】窗口。

（4）选择【Sub group0】|【COOL2】项，如图12-62所示。

（5）单击【对象】工具栏上的【编辑文字】按钮，在弹出的对话框中将"COOL"更改为"信息技术"，如图12-63所示。

（6）选中输入的文字，设置字体与字号大小，设置完成后，单击【确定】按钮，【COOL2】对应的文字修改完成。

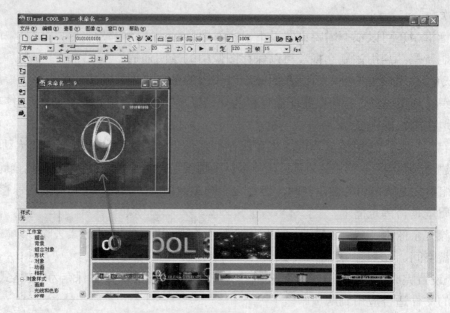

图12-61　将预设组合项目拖曳到工作区

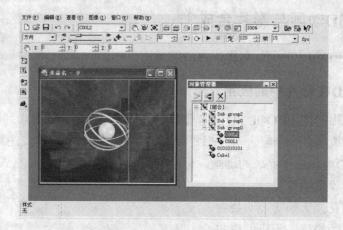

图12-62　选择的项目

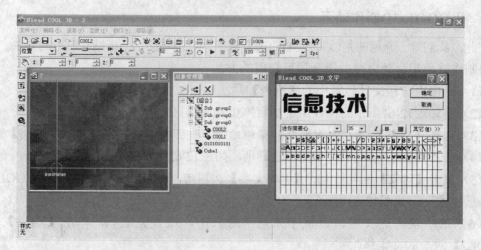

图12-63　修改标题内容

（7）选择【Sub group0】|【COOL1】，用同样的方法更改文字并设置字体与字号大小。

（8）单击【播放】按钮▶查看修改后的动画效果，如图12-64所示。

12.4.3　删除光晕效果

由于COOL 3D的透空输出不能很好地表现光晕特效，所以需要将原始动画中的光晕特效删除。

（1）选择【编辑】|【外挂特效】菜单命令。

（2）在【已应用的整体和照明特效】列表中选择【光晕】项，如图12-65所示。

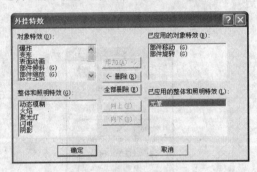

图12-64　修改标题内容后的效果　　　　　　图12-65　选中【光晕】特效

（3）单击【删除】按钮将其删除，然后单击【确定】按钮。

12.4.4　删除背景中的对象

由于我们需要在影片中将标题与视频叠加，因此需要删除原始动画中的背景。

（1）选择标准工具栏上的【移动对象】工具 。

（2）在背景对象上单击鼠标将其选中，在【对象管理器】中可以看到被选中的背景对象为【Cube1】，如图12-66所示。

（3）按快捷键【Ctrl+Delete】即可将所选的背景中的对象删除。

12.4.5　设置动画尺寸

由于最终要制作的影片为标准DVD（尺寸为720像素×576像素），为了保证动画在影片中不产生变形，需要将其调整为同样的尺寸。

（1）选择【图像】|【尺寸】菜单命令，打开【尺寸】对话框，如图12-67所示。

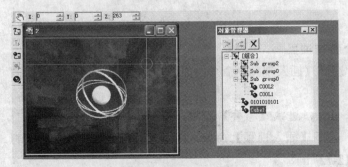

图12-66　选中要删除的背景对象　　　　　　图12-67　打开【尺寸】对话框

（2）将单位设置为【像素】，在【宽度】和【高度】文本框中分别输入"720"和"576"，然后单击【确定】按钮，如图12-68所示。

提示 由于COOL 3D创建的是矢量图形，因此，在这里改变尺寸不会导致输出文件的质量降低。

12.4.6　输出透空视频文件

（1）选择【文件】|【创建动画文件】|【视频文件】命令，如图12-69所示。

图12-68　设置新的画面尺寸

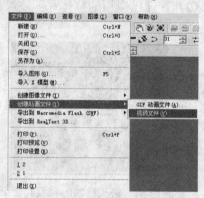

图12-69　选择【视频文件】菜单命令

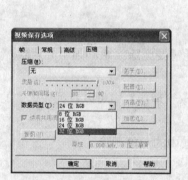

图12-70　设置压缩属性

（2）在弹出的对话框中指定保存的文件名称和路径。

（3）单击【选项】按钮可设置输出参数。再切换到【压缩】选项卡，将【压缩】设置为【无】，【数据类型】设置为【32位RGB】，如图12-70所示。

提示 这是最关键的设置，只有这样才可以输出透空视频。其他参数设置请根据相关的提示进行操作。

（4）单击【确定】按钮，返回【另存为视频文件】对话框。

（5）单击【保存】按钮，按照指定的格式保存动画文件。

12.4.7　在会声会影中合成影片

（1）启动会声会影，并创建一个新的项目。

（2）单击视频轨上方的■按钮，选择【插入视频】命令，如图12-71所示，将片头素材插入视频轨。

（3）单击步骤面板上的【覆叠】按钮，进入【覆叠】步骤。

（4）单击视频轨上方的■按钮，选择【插入视频】命令，将刚才在COOL 3D中输出的透空视频文件添加到覆叠轨上，如图12-72所示。

图12-71 选择【插入视频】命令

图12-72 将透空视频添加到覆叠轨

（5）在预览窗口中单击鼠标右键，从弹出的快捷菜单中选择【调整到屏幕大小】命令，使透空视频与屏幕尺寸一致，如图12-73所示。

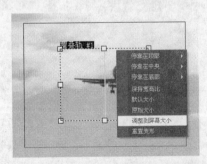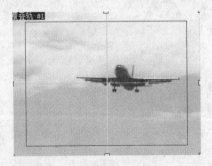

图12-73 调整透空视频的尺寸

（6）调整视频的长度并添加背景音乐。调整完成后，单击预览窗口下方的【播放】按钮，就可以看到视频素材与COOL 3D制作的动画片头合成的效果，如图12-74所示。

（7）按照前面章节所讲的方法输出影片。

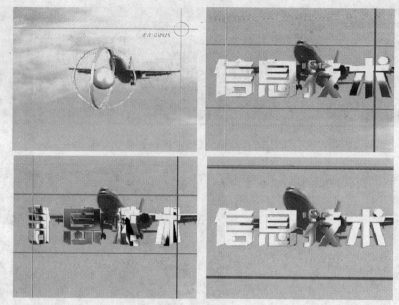

图12-74　影片的合成

12.5　本章小结

　　本章主要介绍了如何使用COOL 3D 3.5制作三维文字、动画以及动画与影片的合成。通过对本章的学习，用户可以将COOL 3D和会声会影相结合，制作出满意的影片。COOL 3D的效果多种多样，在制作过程中可以大胆尝试各种三维效果，制作出更加精美、生动的影片。

第**3**篇　综　合　篇

第**13**章　综合设计范例（一）——
制作多媒体旅游日记

　　如今人们都比较热爱旅游，而随着数码相机的普及，旅游爱好者都会将所看到的美景用相机拍摄下来，以留住每一个精彩的画面。通过会声会影X2可以将旅游时拍摄的素材制作成以旅行风光影片为主的多媒体旅游日记，作为永久的留念，让更多的亲朋好友来分享自己的旅游日记。

13.1　成品效果预览图

　　本范例的成品效果预览图如图13-1、图13-2所示。

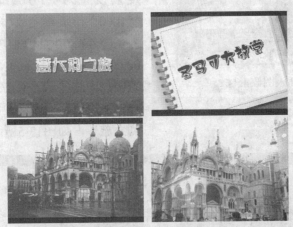

图13-1　影片的主场景1

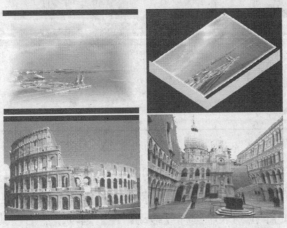

图13-2　影片的主场景2

13.2 范例制作

首先要将旅游时拍摄的图像素材进行筛选和修整。意大利是欧洲的一个文明古国，那里风景优美、古迹迷人。因此，在制作影片的时候要选择适合本主题的视频滤镜和转场效果，将意大利的古今文化特色表达出来。

13.2.1 制作影片的片头效果

（1）选择视频轨，按照前面章节所讲述的方法将图像素材Image_01插入到视频轨中，如图13-3所示，并设置其【区间】为"10s"。

图13-3　插入图像素材

（2）在选项面板上的【图像】选项卡中启用【摇动和缩放】复选框，单击【自定义】按钮，弹出如图13-4所示的【摇动和缩放】对话框。

（3）将【停靠】设置为左上角，【透明度】设置为"100"，【缩放率】设置为"1000"，设置完成后单击【确定】按钮。

（4）在时间轴中移动当前位置标记至00:00:02:10帧的位置上，选择标题轨，此时预览窗口中将显示"双击这里可以添加标题"字样。双击鼠标输入需要添加的标题字幕"意大利之旅"，如图13-5所示。

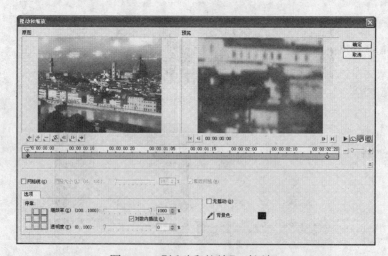

图13-4　【摇动和缩放】对话框

（5）在选项面板上设置字幕的字体、大小、角度等属性，如图13-6所示。

（6）然后在选项面板上的【动画】选项卡中启用【应用动画】复选框，单击【类型】右侧的下拉按钮，在弹出的下拉列表中选择【移动路径】选项，然后在其下方选择如图13-7所示的预设动画。

图13-5 输入标题字幕

图13-6 设置字幕的属性

（7）将标题字幕的结束帧设置在00:00:09:22帧的位置上，单击【播放】按钮，观看片头效果。

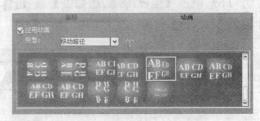

图13-7 选择的预设动画

13.2.2 制作镜头1——圣马可大教堂

（1）单击素材库右侧的下拉按钮，从下拉列表中选择【装饰】|【边框】选项，切换到【边框】素材库。

（2）将【F06】拖曳到视频轨上，如图13-8所示。

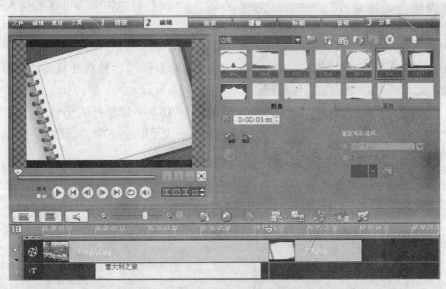

图13-8 将【F06】拖曳到视频轨上

（3）在Image_1与F06之间添加【飞行-过滤】转场效果。

（4）在时间轴中移动当前位置标记至00:00:10:06帧的位置上，选择标题轨，在预览窗口上双击鼠标输入需要添加的标题字幕"圣马可大教堂"，如图13-9所示。

（5）在选项面板上设置字幕的字体、大小、角度等属性，如图13-10所示。

图13-9　输入标题字幕

图13-10　设置字幕的属性

（6）单击【边框/阴影/透明度】按钮，在弹出的【边框/阴影/透明度】对话框中进行属性设置，如图13-11所示。

图13-11　【边框/阴影/透明度】对话框

图13-12　选择的预设动画

（7）然后在选项面板上的【动画】选项卡中启用【应用动画】复选框，单击【类型】右侧的下拉按钮，在弹出的下拉列表中选择【下降】选项，然后在其下方选择如图13-12所示的预设动画。

（8）将修整好的圣马可大教堂图像素材Image_2至Image_7依次添加到视频轨中，并将每一张图像素材的【区间】设置为"7s"，如图13-13所示。

图13-13　添加图像素材并设置区间

（9）单击步骤面板上的【效果】按钮，进入效果步骤。在F06与Image_7之间依次添加"翻页-底片、飞行折叠-三维、漩涡-三维、遮罩-过滤、溶解-过滤、分割-时钟"转场效果，并设置各个转场的属性，如图13-14所示。

图13-14 添加转场效果

转场效果设置好后，单击【素材库】右侧的下拉按钮，从下拉列表中选择【视频滤镜】|【全部】选项，为图像素材Image_2添加【情景模板】视频滤镜，单击【自定义滤镜】按钮，在弹出的【NewBlue情景模板】对话框中选择【60年代的回忆】预设滤镜，如图13-15所示。

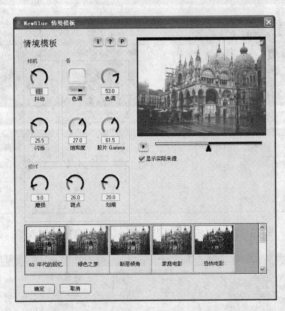

图13-15 添加【60年代的回忆】预设滤镜并设置属性

（10）为图像素材Image_3添加【漩涡】视频滤镜，单击【自定义滤镜】按钮，弹出【漩涡】滤镜对话框，在00:00:05:07处添加关键帧并将扭曲值设为1，将第一个关键帧的【扭曲】值设为"280"，如图13-16所示。最后一个关键帧的【扭曲】值设为"1"。

（11）为图像素材Image_4添加【镜头闪光】视频滤镜，在【镜头闪光】对话框中拖动【原图】窗口中的十字标记，可以调整镜头闪光的中心位置。在00:00:02:12处添加一个关键帧并将这一关键帧的【亮度】和【大小】设置为"0"，【额外强度】设置为"445"。将最后一个关键帧的【亮度】、【大小】和【额外强度】都设置为"0"，如图13-17所示。

（12）为图像素材Image_5添加【气泡】视频滤镜，在【气泡】对话框中，将第一个关键帧的【密度】设置为"10"，【大小】设置为"4"。将最后一个关键帧的【密度】设置为"7"，【大小】设置为"12"，如图13-18所示。

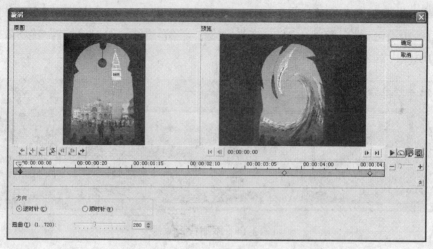

图13-16 添加【漩涡】视频滤镜并设置属性

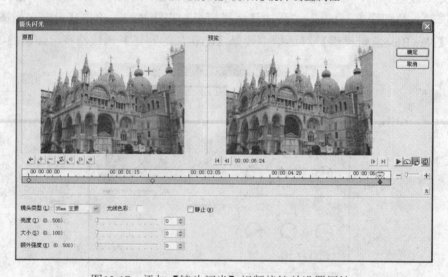

图13-17 添加【镜头闪光】视频滤镜并设置属性

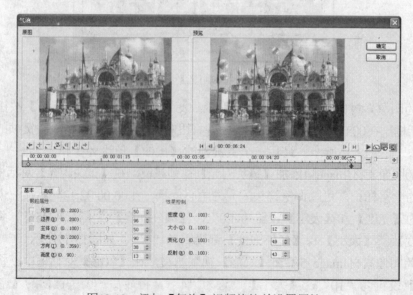

图13-18 添加【气泡】视频滤镜并设置属性

（13）为图像素材Image_6添加【缩放动作】视频滤镜，在【缩放动作】对话框中将第一个关键帧的【速度】设置为"1"，在00:00:02:10处添加一个关键帧并将【速度】设置为"60"，如图13-19所示。在00:00:04:20处添加一个关键帧并将【速度】设置为"1"，将最后一个关键帧的【速度】设置为"1"。

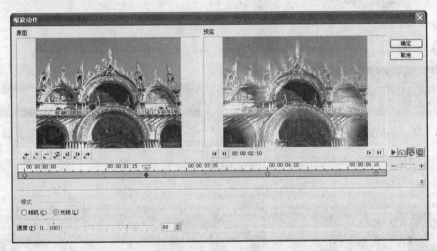

图13-19 添加【缩放动作】视频滤镜并设置属性

（14）为图像素材Image_7添加【涟漪】视频滤镜，在【涟漪】对话框中将第一个关键帧的【程度】设置为"300"，如图13-20所示。在00:00:02:17处添加一个关键帧并将【程度】设置为"1"，将最后一个关键帧的【程度】设置为"1"。

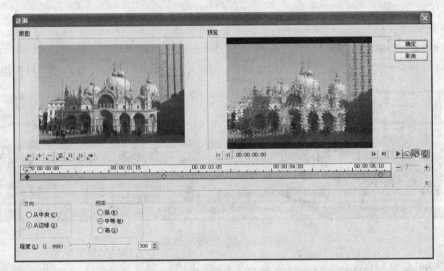

图13-20 添加【涟漪】视频滤镜并设置属性

13.2.3 制作镜头2—威尼斯

（1）单击素材库右侧的下拉按钮，从下拉列表中选择【装饰】|【边框】选项，切换到【边框】素材库。运用前面所讲述的方法为其添加边框和标题字幕，如图13-21所示。在Image_7与F06之间添加【翻转6-相册】转场效果，如图13-22所示。

图13-21　添加边框和标题字幕

图13-22　添加【翻转6-相册】转场效果

（2）用同样的方法添加图像素材Image_8至Image_13，并设置【区间】为"7s"，如图13-23所示。

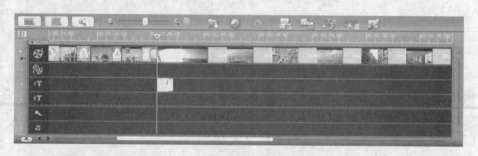

图13-23　添加图像素材并设置区间

（3）在F06与Image_13之间依次添加"遮罩E3-遮罩、淡化到黑-过滤、翻面-三维、挤压-三维、飞行翻转-三维、打开-过滤"转场效果，并设置各个转场的属性，如图13-24所示。

图13-24　添加转场效果

（4）为图像素材Image_8添加【双色调】视频滤镜，在【双色调】对话框中将第一个关键帧的【保留原始色彩】设置为"100"、【红色/橙色滤镜】设置为"0"。在00:00:02:06处添加一个关键帧并将【保留原始色彩】设置为"6"、【红色/橙色滤镜】设置为"40"，如图13-25所示。在00:00:04:12处添加一个关键帧并将【保留原始色彩】设置为"100"、【红色/橙色滤镜】设置为"0"。将最后一个关键帧的【保留原始色彩】设置为"100"、【红色/橙色滤镜】设置为"0"。

（5）为图像素材Image_9添加【改善光线】视频滤镜，在【改善光线】对话框中将第一个关键帧的【填充闪光】设置为"－100"、【改善阴影】设置为"100"，如图13-26所示。在

00:00:05:02处添加一个关键帧并将【填充闪光】设置为"1"、【改善阴影】设置为"－1"。将最后一个关键帧的【填充闪光】设置为"1"、【改善阴影】设置为"－1"。

图13-25 添加【双色调】视频滤镜并设置属性

图13-26 添加【改善光线】视频滤镜并设置属性

（6）为图像素材Image_10、Image_12、Image_13应用【摇动和缩放】效果，如图13-27所示。

（7）为图像素材Image_11添加【肖像画】视频滤镜，在【肖像画】对话框中将【形状】改为【矩形】，将第一个关键帧的【柔和度】设置为"57"，如图13-28所示。在00:00:03:10处添加一个关键帧并将【柔和度】设置为"22"。将最后一个关键帧的【柔和度】设置为"1"。

13.2.4 制作镜头3——科洛塞竞技场1

（1）按照前面所讲的方法为镜头3添加边框和标题字幕，如图13-29所示。在Image_13与F06之间添加【流动-擦拭】转场效果，如图13-30所示。

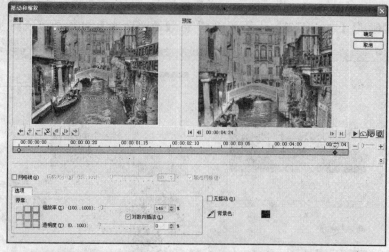

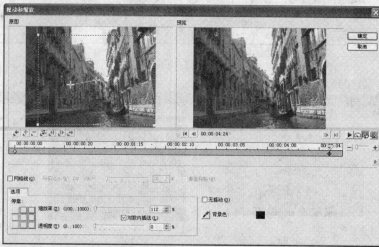

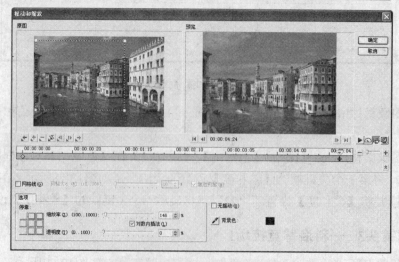

图13-27　应用摇动和缩放效果

（2）将修整好的科洛塞竞技场图像素材Image_14至Image_19导入到视频轨上并设置【区间】，如图13-31所示。

图13-28　添加【肖像画】视频滤镜并设置属性

图13-29　添加边框和标题字幕

图13-30　添加【流动-擦拭】转场效果

图13-31　导入图像素材并设置区间

（3）用同样的方法在F06至Image_19之间顺次添加"胶泥-擦拭、FB10-闪光、漩涡-三维、拍打A-胶片、翻转-相册、侧面-时钟"转场效果，并设置各个转场的属性，如图13-32所示。

图13-32　依次添加转场效果

（4）为图像素材Image_14添加【胶片损坏】和【摄像机】视频滤镜，在【胶片损坏】对话框中选择【水渍】预设滤镜；在【摄像机】对话框中选择【电子风暴】预设滤镜，如图13-33所示。

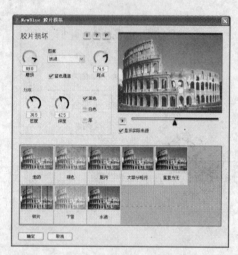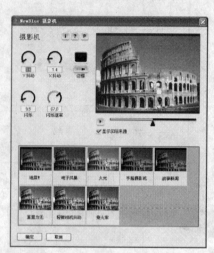

图13-33　添加【水渍】和【电子风暴】预设滤镜

（5）为图像素材Image_15和Image_17应用【摇动和缩放】效果，如图13-34所示。

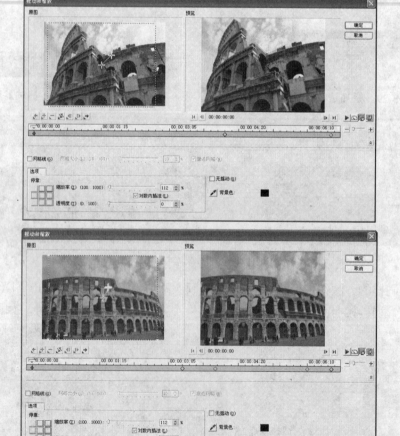

图13-34　应用摇动和缩放效果

（6）为图像素材Image_16添加【平均】视频滤镜，在【平均】对话框中将第一个关键帧的【方格大小】设置为"2"。在00:00:01:16处添加一个关键帧，设置【方格大小】为"20"，如图13-35所示。在00:00:03:05处添加一个关键帧，设置【方格大小】为"10"。在00:00:04:19处添加一个关键帧，设置【方格大小】为"2"。将最后一个关键帧的【方格大小】设置为"2"。

图13-35　添加【平均】视频滤镜并设置属性

（7）为图像素材Image_18添加【油画】视频滤镜，在【油画】对话框中将第一个关键帧的【笔划长度】设置为"8"、【程度】设置为"80"，如图13-36所示。在00:00:02:09处添加一个关键帧，【笔划长度】设置为"8"、【程度】设置为"40"。在00:00:04:20处添加一个关键帧，【笔划长度】设置为"8"、【程度】设置为"0"。将最后一个关键帧的【笔划长度】设置为"8"、【程度】设置为"40"。

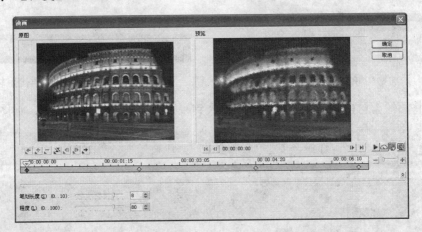

图13-36　添加【油画】视频滤镜并设置属性

（8）为图像素材Image_19添加【彩色笔】视频滤镜，在【彩色笔】对话框中将第一个关键帧的【程度】设置为"100"，如图13-37所示。在00:00:02:18处添加一个关键帧，【程度】设置为"55"。在00:00:05:15处添加一个关键帧，【程度】设置为"0"。将最后一个关键帧的【程度】设置为"0"。

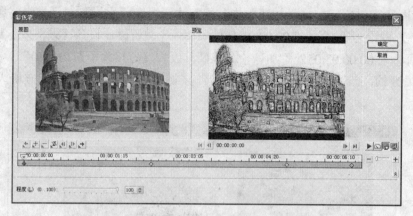

图13-37　添加【彩色笔】视频滤镜并设置属性

13.2.5　制作镜头4—科洛塞竞技场2

（1）按照上面介绍的方法添加边框和标题字幕，如图13-38所示。在Image_19与F06之间添加【交错-取代】转场效果，并将【柔化边缘】设置为中等，如图13-39所示。

图13-38　添加镜头4的边框与标题字幕

图13-39　添加【交错-取代】转场效果

（2）将图像素材Image_20至Image_25导入到视频轨上并设置【区间】，如图13-40所示。

图13-40　导入图像素材并设置区间

（3）在F06与Image_25之间顺次添加"遮罩A3-遮罩、扭曲-卷动、飞行方块-三维、旋转门-三维、对角线-取代、交叉淡化-过滤"转场效果，并设置各个转场的属性，如图13-41所示。

（4）为图像素材Image_20添加【胶片外观】和【情景模板】视频滤镜，在【胶片外观】对话框中选择【冷色】预设滤镜；在【情景模板】对话框中选择【绿色之梦】预设滤镜，如图13-42所示。

图13-41 添加转场效果与视频滤镜

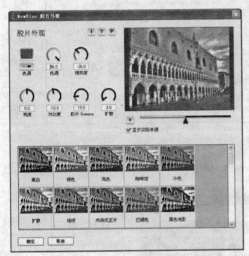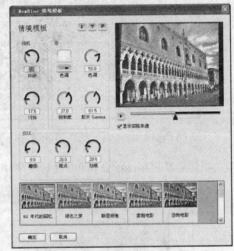

图13-42 添加【冷色】和【绿色之梦】视频滤镜

（5）为图像素材Image_21添加【往内挤压】视频滤镜，在【往内挤压】对话框中将第一个关键帧的【因子】设置为"10"。在00:00:02:10处添加一个关键帧，设置【因子】为"30"，如图13-43所示。在00:00:05:15处添加一个关键帧，设置【因子】为"1"。将最后一个关键帧的【因子】设置为"1"。

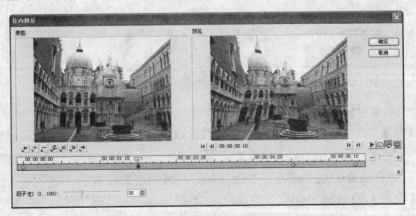

图13-43 添加【往内挤压】视频滤镜并设置属性

（6）为图像素材Image_22添加【雨点】视频滤镜，在【雨点】对话框中将第一个关键帧的【密度】设置为"390"、【长度】设置为"17"、【背景模糊】设置为"15"。将最后一个关键帧的【密度】设置为"500"、【长度】设置为"30'、【背景模糊】设置为"35"，如图13-44所示。

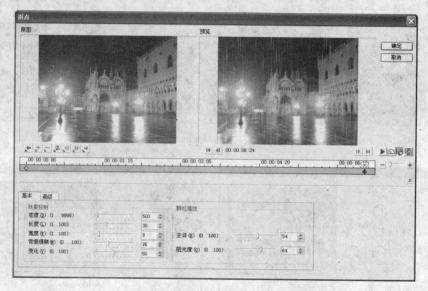

图13-44 添加【雨点】视频滤镜并设置属性

（7）为图像素材Image_23应用【摇动和缩放】效果，如图13-45所示。

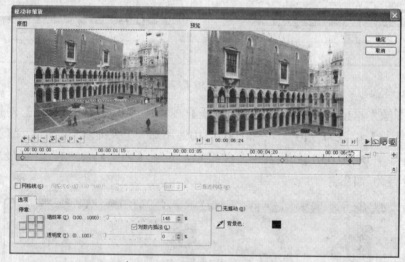

图13-45 应用摇动和缩放效果

（8）为图像素材Image_24添加【光线】视频滤镜，在【光线】对话框中将【光线色彩】设置为"#FFC8C8"；【外部色彩】设置为"#000000"；【距离】设置为【最远】；【曝光】设置为"长"。将第一个关键帧的【高度】设置为"25"、【倾斜】设置为"220"、【发散】设置为"15"。在00:00:02:02处添加一个关键帧，将【高度】设置为"25"、【倾斜】设置为"220"、【发散】设置为"40"。在00:00:04:23处添加一个关键帧，将【高度】设置为"25"、【倾斜】设置为"220"、【发散】设置为"80"。将最后一个关键帧的【高度】设置为"90"、【倾斜】设置为"359"、【发散】设置为"90"，如图13-46所示。

（9）为图像素材Image_25添加【水流】视频滤镜，在【水流】对话框中将第一个关键帧的【程度】设置为"10"。在00:00:01:03处添加一个关键帧，将【程度】设置为"25"，如图

13-47所示。在00:00:04:24处添加一个关键帧，将【程度】设置为"0"。将最后一个关键帧的
【程度】设置为"0"。

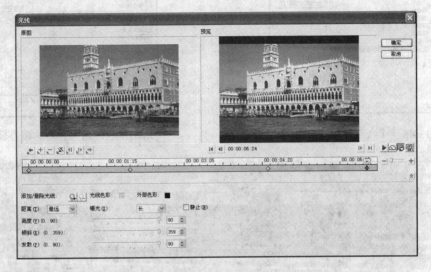

图13-46 添加【光线】视频滤镜并设置属性

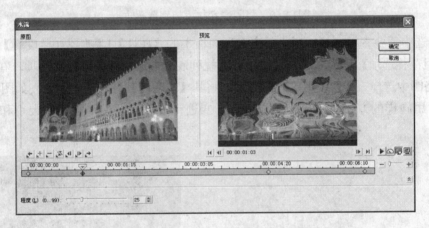

图13-47 添加【水流】视频滤镜并设置属性

13.2.6 制作影片的片尾效果

（1）将图像素材Image_26导入到视频轨上，并将它的【区间】设置为"15s"。

（2）在Image_25与Image_26之间添加【翻转5-相册】视频滤镜。

（3）单击时间轴上方的【轨道管理器】按钮，弹出如图13-48所示的【轨道管理器】对
话框。

（4）启用【覆叠轨 #2】、【覆叠轨 #3】复选框，如图13-49所示。设置完成后，单击
【确定】按钮。

（5）在时间轴中移动当前位置标记至00:02:46:05帧的位置，将图像素材Image_27、
Image_28、Image_29分别添加到【覆叠轨 #1】、【覆叠轨 #2】、【覆叠轨 #3】上，并将它
们的【区间】设置为"6s"，如图13-50所示。

图13-48　【轨道管理器】对话框

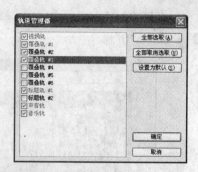

图13-49　启用需要的覆叠轨

图13-50　将图像素材添加到覆叠轨上

（6）选中覆叠素材 Image_27，单击选项面板上的【属性】|【遮罩和色度键】菜单命令，启用【应用覆叠选项】复选框，在【类型】下拉列表框中选择【遮罩帧】选项，在选项面板下方的遮罩略图中选择一个要使用的遮罩类型，将其【透明度】设置为"30"，如图13-51所示。

（7）用同样的方法对 Image_28 和 Image_29 进行设置，并调整它们的大小和位置，如图13-52所示。

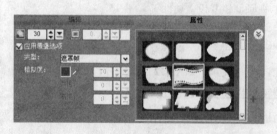

图13-51　设置透明度

图13-52　调整大小和位置

（8）单击覆叠素材，在【属性】面板上将它们的【方向/样式】设置为【从左边进入】和【从右边退出】，并且设置淡入、淡出动画效果，如图13-53所示。

（9）在时间轴中移动当前位置标记至00:02:52:10帧的位置，将图像素材 Image_30、Image_31 分别添加到【覆叠轨 #1】和【覆叠轨 #2】上，并将它们的【区间】设置为"6s"，如图13-54所示。

（10）按照上面介绍的方法设置遮罩类型与透明度，如图13-55所示。

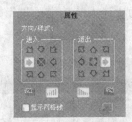

图13-53 设置【方向/样式】与淡入、淡出效果

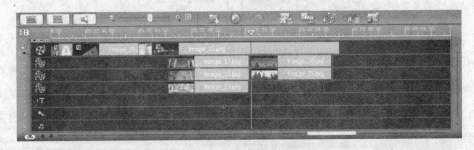

图13-54 将图像素材添加到覆叠轨上

（11）设置Image_30的【方向/样式】为【从右上方进入】、【从右下方退出】以及淡出效果。设置Image_31的【方向/样式】为【从左下方进入】、【从左上方退出】和淡出效果，如图13-56所示。

（12）单击菜单栏上的【标题】按钮，进入【标题】步骤。

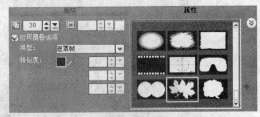

图13-55 设置遮罩类型与透明度

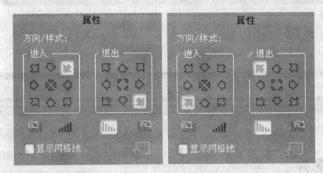

图13-56 设置【方向/样式】以及淡出效果

（13）将【My buty】预设标题拖曳至00:02:51:24帧处的标题轨上，如图13-57所示。

图13-57 将预设标题拖曳到标题轨上

（14）将预设标题的文字修改为"迷人的旅游胜地"，设置【文字大小】为"60"、【字体】为"叶根有蚕燕隶书（3500）"、【倾斜度】为"－30"。【边框/阴影/透明度】对话框的设置，如图13-58所示。

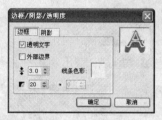

图13-58　【边框/阴影/透明度】对话框的设置

13.2.7　添加音乐文件

（1）选中音乐轨，单击鼠标右键，选择【插入音频】|【到音乐轨】，将音乐文件music_1添加到音乐轨上。

（2）保持插入的音频素材处于选中状态，在选项面板中设置其区间值为00:02:58:00。

（3）单击时间轴上方的【音频视图】按钮，切换到音频视图，如图13-59所示。

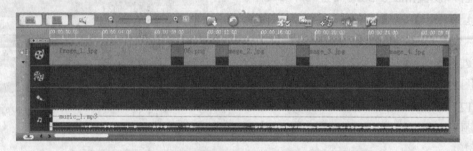

图13-59　切换到音频视图

（4）按照前面所讲的方法为音频素材设置淡出效果，如图13-60所示。

图13-60　为音频素材添加淡出效果

13.2.8　渲染输出影片

（1）单击菜单栏上的【分享】按钮，进入【分享】步骤。

（2）单击选项面板上的【创建视频文件】按钮，在弹出的下拉列表中选择【自定义】选项，弹出【创建视频文件】对话框。

（3）在此对话框中指定视频文件保存的名称、路径和格式。

（4）设置完成后，单击【保存】按钮。这时，预览窗口下方将显示渲染进度。渲染完成后，会声会影将自动播放所生成的视频文件。

13.3 范例小结

　　本章主要通过对静态图片进行编辑，制作出令人耳目一新的动感相册。本例主要是介绍意大利的特色风景，希望通过本例能使用户从中得到启发。会声会影X2提供的视频滤镜和转场效果多种多样，用户可以根据自己的素材风格进行设置，制作出风格多样、迷人的影片效果。

第14章 综合设计范例（二）——
制作生物世界影片

现代的都市生活节奏越来越快，作为大自然的一部分，闲暇之余我们可以领略一下自然美景，亲近一下和我们休戚相关的动植物们，为我们紧张的生活舒缓一下气氛。下面我们将用关于各种动植物的视频素材制作一部趣味盎然的生物世界影片。

14.1 成品效果预览图

本范例的成品效果预览图如图14-1、图14-2所示。

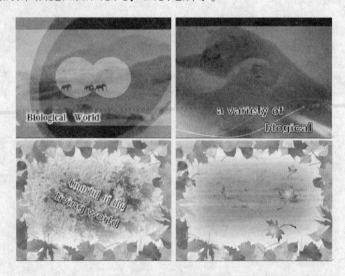

图14-1　影片的主场景1

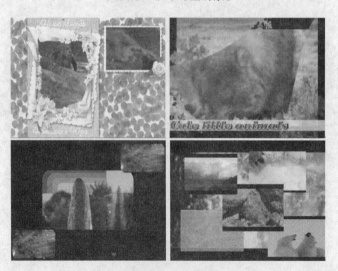

图14-2　影片的主场景2

14.2 范例制作

首先要将视频素材进行筛选、剪辑、修整。本范例要制作的是"生物世界"，在制作之前先要构思影片的大致效果，这样在制作的时候才不会出现画面混乱的现象。

14.2.1 制作影片的片头效果

（1）启动COOL 3D软件，选择【图像】|【尺寸】菜单命令，弹出【尺寸】对话框，如图14-3所示。

（2）选中【自定义】单选按钮，将【宽度】设置为"720"、【高度】设置为"576"，如图14-4所示。设置完成后单击【确定】按钮。

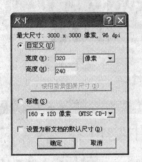 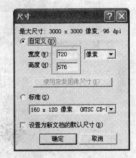

图14-3 打开【尺寸】对话框　　　　图14-4 设置尺寸参数

（3）单击鼠标选择百宝箱文件目录中的【工作室】|【组合】选项，如图14-5所示。

图14-5 选择【工作室】|【组合】选项

（4）将如图14-6所示的组合动画拖动到项目中。

（5）选择【查看】|【对象管理器】菜单命令，在工作区中显示【对象管理器】窗口。选中【COOL 3D】选项，如图14-7所示。

（6）单击【对象】工具栏上的【编辑文字】按钮，在弹出的对话框中将"COOL 3D"更改为"生物世界"，如图14-8所示。

（7）选中输入的文字，设置字体与字号大小，设置完成后，单击【确定】按钮。

（8）选择【文件】|【创建动画文件】|【视频文件】命令将影片输出。

14.2.2 制作镜头1

（1）将刚才制作好的片头与修整好的视频素材导入到会声会影的素材库中，如图14-9所示。

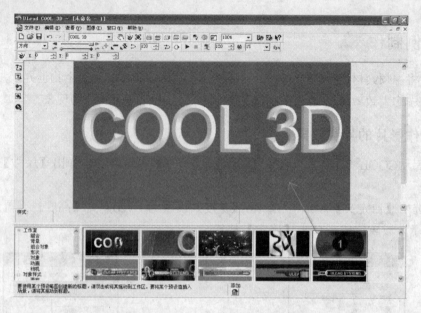

图14-6　将组合动画拖动到项目中

图14-7　选中要编辑的文字

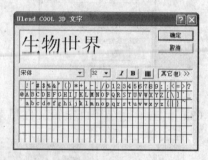

图14-8　修改标题内容

图14-9　导入视频素材

（2）将片头拖曳到视频轨上，在时间轴中移动当前位置标记至00:00:07:22帧的位置上，将素材1拖曳至视频轨中，如图14-10所示。

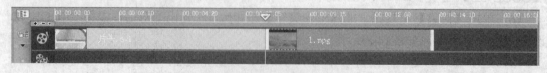

图14-10　将素材1拖曳至视频轨中

（3）在片头与素材1之间添加【溶解-过滤】转场效果，如图14-11所示。

（4）单击选项面板上的【覆叠】按钮，进入覆叠步骤。单击素材库右侧的下拉按钮，从下拉列表中选择【装饰】|【边框】选项，切换到【边框】素材库。

图14-11 添加【溶解-过滤】转场效果

（5）在时间轴中移动当前位置标记至00:00:07:13帧的位置上，将【F09】拖曳到覆叠轨上，为素材1添加覆叠效果，如图14-12所示。在【属性】面板上为【F09】设置淡入淡出效果。

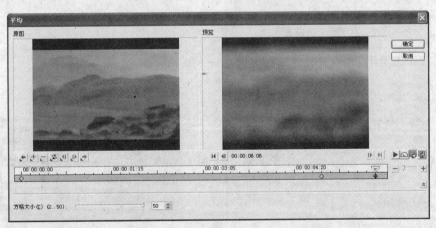

图14-12 添加覆叠效果

（6）选中素材1，为其添加【平均】视频滤镜。在【平均】对话框中将第一个关键帧的【方格大小】设置为"2"。在00:00:05:07处添加一个关键帧并将【方格大小】设置为"2"。将最后一个关键帧的【方格大小】设置为"50"，如图14-13所示。

图14-13 添加【平均】视频滤镜并设置属性

（7）单击时间轴上方的【轨道管理器】按钮，启用【覆叠轨#2】、【覆叠轨#3】、【覆叠轨#4】、【覆叠轨#5】，如图14-14所示。设置完成后，单击【确定】按钮。

（8）在时间轴中移动当前位置标记至00:00:07:13帧的位置上，将素材6添加到覆叠轨#2上，如图14-15所示。

图14-14　启用需要的复选框

图14-15　将素材6添加到覆叠轨#2上

（9）为素材6添加【胶片外观】视频滤镜，在【胶片外观】对话框中选择【黑白】预设滤镜，如图14-16所示。设置完成后，单击【确定】按钮。

（10）在【属性】面板上，为覆叠素材设置淡入淡出效果。单击【属性】面板上的【遮罩和色度键】按钮，启用【应用覆叠选项】复选框，在【类型】下拉列表框中选择【遮罩帧】选项，在选项面板下方的遮罩略图中选择一个要使用的遮罩类型，将其【透明度】设置为"50"，如图14-17所示。

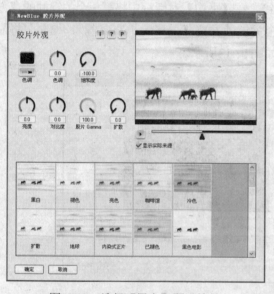

图14-16　选择【黑白】预设滤镜

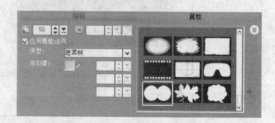

图14-17　设置透明度

（11）调整覆叠素材6的位置和大小，如图14-18所示。

14.2.3　制作镜头2

（1）将素材12拖曳至视频轨上，如图14-19所示。

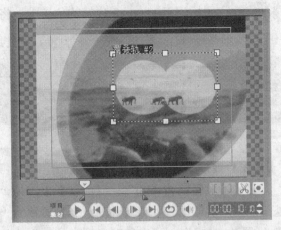

图14-18 调整位置和大小

图14-19 将素材12拖曳至视频轨上

（2）在素材1与素材12之间添加【菱形B-擦拭】转场效果，并将【柔化边缘】设置为强，如图14-20所示。

（3）单击选项面板上的【覆叠】按钮，进入覆叠步骤。单击素材库右侧的下拉按钮，从下拉列表中选择【装饰】|【Flash动画】选项，切换到【Flash动画】素材库。

（4）在时间轴中移动当前位置标记至00:00:13:02帧的位置上，将【MotionF47】拖曳到覆叠轨上，为素材12添加覆叠效果，如图14-21所示。在【属性】面板上为【MotionF47】设置淡入效果。

图14-20 将【柔化边缘】
设置为强

图14-21 添加覆叠效果

（5）在时间轴中移动当前位置标记至00:00:18:17帧的位置上，将素材5拖曳至视频轨上，如图14-22所示。

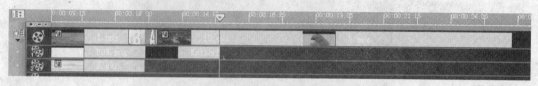

图14-22　将素材5拖曳至视频轨上

（6）为素材5添加【光线】视频滤镜，在【光线】对话框中，将第一个关键帧的【外部色彩】设置为"#FFFFFF"、【高度】设置为"90"、【倾斜】设置为"359"、【发散】设置为"90"。在00:00:06:10处添加一个关键帧，并将【外部色彩】设置为"#000000"、将【高度】设置为"40"、【倾斜】设置为"256"、【发散】设置为"35"，如图14-23所示。将最后一个关键帧的【高度】设置为"0"、【倾斜】设置为"0"、【发散】设置为"0"。

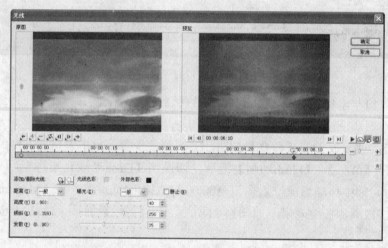

图14-23　添加【光线】视频滤镜并设置属性

（7）将【Flash动画】素材库中的【MotionF47】拖动四次至覆叠轨上，使其区间长度与视频素材的区间长度一致，并为最后一个【MotionF47】Flash动画设置淡出效果，如图14-24所示。

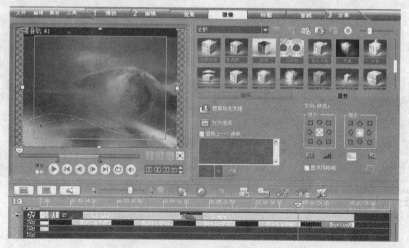

图14-24　为最后一个【MotionF47】Flash动画设置淡出效果

14.2.4　制作镜头3

（1）在时间轴中移动当前位置标记至00:00:26:05帧的位置上，将图像素材tu_1添加到视频轨上，并在素材5与素材tu_1之间添加【遮罩-遮罩C】转场效果。

（2）在时间轴中移动当前位置标记至00:00:26:05帧的位置上，将素材2拖曳至覆叠轨#1上，在预览窗口中将对象移动到合适的位置并调整大小，如图14-25所示。

（3）将素材2拖曳至覆叠轨#2上，并设置大小和位置，如图14-26所示。

图14-25　调整对象的大小和位置　　　　图14-26　为覆叠轨#2添加素材并设置大小和位置

（4）用同样的方法为覆叠轨#3、覆叠轨#4添加素材2，并设置大小和位置，如图14-27所示。

（5）将素材3拖曳至覆叠轨#5上，并设置其大小。选中覆叠轨#5上的素材3，在预览窗口中单击鼠标右键，从弹出的快捷菜单中选择【停靠在中央】|【居中】命令，如图14-28所示。

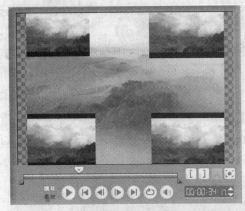

图14-27　为覆叠轨#3、覆叠轨#4添加素　　　图14-28　调整覆叠素材的位置
　　　　　材2，并设置大小和位置

（6）选中覆叠轨#1上的素材，设置它的【方向/样式】为【从右下方进入】、【从右边退出】，同时，按下、和、按钮，为进入和退出应用旋转效果以及淡入、淡出效果，如图14-29所示。

（7）选中覆叠轨#2上的素材，设置它的【方向/样式】为【从左下方进入】、【从左边退出】，同时，按下、和、按钮，为进入和退出应用旋转效果以及淡入、淡出效果，如图14-30所示。

图14-29 设置【方向/样式】、旋转
以及淡入、淡出效果

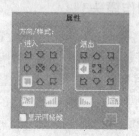

图14-30 设置覆叠轨#2上的素材

（8）选中覆叠轨#3上的素材，设置它的【方向/样式】为【从右上方进入】、【从右边退出】，同时，按下 、 和 、 按钮，为进入和退出应用旋转效果以及淡入、淡出效果，如图14-31所示。

（9）选中覆叠轨#4上的素材，设置它的【方向/样式】为【从左上方进入】、【从左边退出】，同时，按下 、 和 、 按钮，为进入和退出应用旋转效果以及淡入、淡出效果，如图14-32所示。

图14-31 设置覆叠轨#3上的素材

图14-32 设置覆叠轨#4上的素材

图14-33 设置覆叠轨#5上的素材

（10）选中覆叠轨#5上的素材，设置它的【方向/样式】为【静止】，并且设置淡入、淡出动画效果，如图14-33所示。单击【属性】面板上的【遮罩和色度键】按钮，启用【应用覆叠选项】复选框，在【类型】下拉列表框中选择【遮罩帧】选项，在选项面板下方的遮罩略图中选择一个要使用的遮罩类型，如图14-34所示。

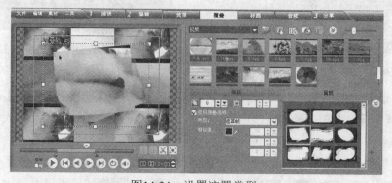

图14-34 设置遮罩类型

14.2.5　制作镜头4

（1）在时间轴中移动当前位置标记至00:00:45:04帧的位置上，将素材4拖曳至视频轨上，并且在tu_1与素材4之间添加【拉链-底片】转场效果。

（2）在时间轴中移动当前位置标记至00:00:45:04帧的位置上，选中覆叠轨#2，单击鼠标右键，在弹出的菜单中选择【插入图像】命令，如图14-35所示。

（3）接着在弹出的对话框中，选择hk_1，将素材hk_1添加到覆叠轨#2上，如图14-36所示。

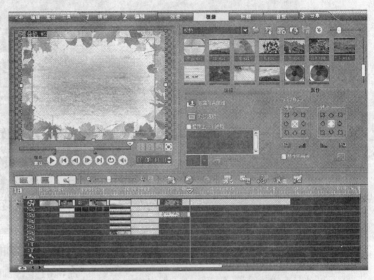

图14-35　选择【插入图像】命令　　　　图14-36　将素材hk_1添加到覆叠轨#2上

（4）设置覆叠素材的区间长度与视频素材的区间长度一致，如图14-37所示。

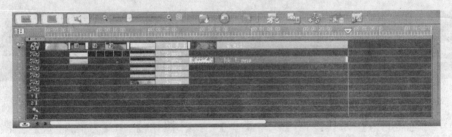

图14-37　设置覆叠素材的区间长度

（5）在时间轴中移动当前位置标记至00:00:51:10帧的位置上，将素材7拖曳至覆叠轨#1上，如图14-38所示。

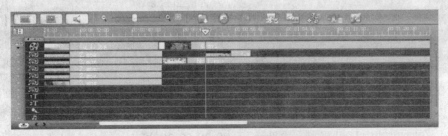

图14-38　将素材7拖曳至覆叠轨#1上

（6）选择【属性】面板上的【遮罩和色度键】按钮，启用【应用覆盖选项】复选框，在【类型】下拉列表框中选择【遮罩帧】选项，在选项面板下方的遮罩略图中选择一个要使用的遮罩类型，将其【透明度】设置为"30"，如图14-39所示。

图14-39　设置遮罩类型与透明度

图14-40　设置【方向/样式】以
及淡入淡出效果

（7）设置它的【方向/样式】为【从左下方进入】、【从右下方退出】，并设置淡入淡出效果。如图14-40所示。

（8）在时间轴中移动当前位置标记至00:01:11:13帧的位置上，再次将素材7拖曳至覆叠轨#1上，如图14-41所示。

（9）选中素材7，在编辑面板上启用【反转视频】复选框，如图14-42所示。

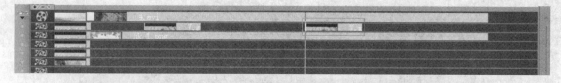

图14-41　再次将素材7拖曳至覆叠轨#1上

（10）用同样的方法为其设置【遮罩类型】、【透明度】和【方向/样式】、淡入淡出效果，如图14-43所示。

图14-42　选中【反转视频】按钮

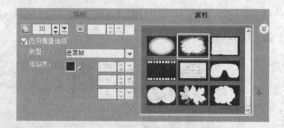

图14-43　设置遮罩类型、透明度和【方向/样式】、淡入淡出效果

（11）在时间轴中移动当前位置标记至00:00:57:20帧的位置上，将【Flash动画】中的【MotionD15】拖曳至覆叠轨#3上，如图14-44所示。

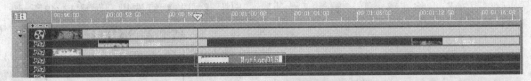

图14-44 添加【Flash动画】的【MotionD15】拖曳至覆叠轨#3上

（12）在时间轴中移动当前位置标记至00:01:20:15帧的位置上，将【Flash动画】中的【MotionF50】拖曳至覆叠轨#3上。

14.2.6 制作镜头5

（1）在时间轴中移动当前位置标记至00:01:34:04帧的位置上，将素材8拖曳至视频轨上。在素材4与素材8之间添加【翻转3-相册】转场效果。

（2）为素材8添加【视频摇动和缩放】视频滤镜，【视频摇动和缩放】对话框如图14-45所示。

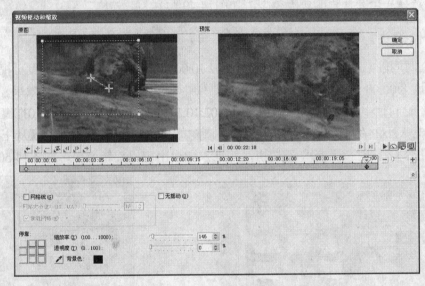

图14-45 【视频摇动和缩放】对话框

（3）在时间轴中移动当前位置标记至00:01:34:00帧的位置上，在覆叠轨#1上添加素材8，在覆叠轨#2上添加hk_2，如图14-46所示。将这两个覆叠素材的区间长度为00:00:21:00，如图14-47所示。

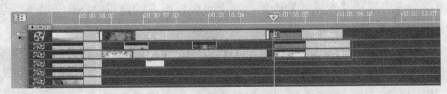

图14-46 添加覆叠素材

14.2.7 制作镜头6

（1）在时间轴中移动当前位置标记至00:01:55:23帧的位置上，将tu_2拖曳至视频轨上，设置其区间长度为00:00:15:08。在素材8与tu_2之间添加【遮罩-遮罩E】转场效果，并将【旋转】

设置为"－170"，将【路径】设置为【滑动】，启用【翻转】复选框，如图14-48所示。

图14-47　设置覆叠素材的区间长度　　　图14-48　对【遮罩E】转场效果进行设置

（2）在时间轴中移动当前位置标记至00:01:55:04帧的位置上，将素材9拖曳至覆叠轨#1上，并将它的大小调整为【调整到屏幕大小】。在【属性】面板上单击【遮罩和色度键】按钮，启用【应用覆叠选项】复选框，在【类型】下拉列表中选择【遮罩帧】选项，在选项面板下方的遮罩略图中选择一个要使用的遮罩类型，如图14-49所示。

14.2.8　制作镜头7

（1）在时间轴中移动当前位置标记至00:02:10:06帧的位置上，将tu_3拖曳至视频轨上，设置其区间长度为00:00:55:20。在tu_2与tu_3之间添加【淡化到黑 过滤】转场效果。

（2）在时间轴中移动当前位置标记至00:02:10:14帧的位置上，将素材10拖曳至覆叠轨#1上，并调整其大小。在【属性】面板上将覆叠素材的【方向/样式】设置为【从上方进入】、【从下方退出】，同时按下 和 按钮，为进入和退出应用旋转效果，如图14-50所示。

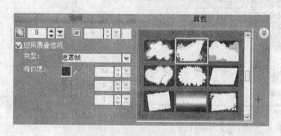

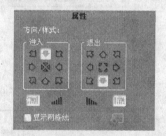

图14-49　设置遮罩类型　　　　　图14-50　设置【方向/样式】与旋转效果

（3）设置素材10的暂停区间，如图14-51所示。

（4）在【属性】面板上单击【遮罩和色度键】按钮，启用【应用覆叠选项】复选框，在【类型】下拉列表中选择【遮罩帧】选项，在选项面板下方的遮罩略图中选择一个要使用的遮罩类型，如图14-52所示。

（5）在时间轴中移动当前位置标记至00:02:24:16帧的位置上，将素材10拖曳至覆叠轨#1上，并调整其大小和位置，如图14-53所示。

（6）用同样的方法，为覆叠轨#3添加覆叠素材，如图14-54所示。

（7）将这两个覆叠素材的区间长度设置为00:00:34:00，启用【反转视频】复选框，如图14-55所示。

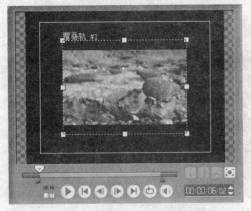

图14-51 设置素材10的暂停区间

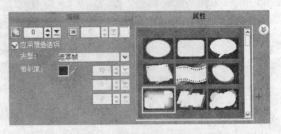

图14-52 设置遮罩类型

图14-53 调整覆叠素材10的大小和位置

图14-54 调整覆叠素材的大小和位置

（8）在【属性】面板上将覆叠轨#2上的素材的【方向/样式】设置为【从右上方进入】、【从右边退出】，同时按下 ▦ 和 ▦ 按钮，设置淡入淡出效果，如图14-56所示。

图14-55 选中【反转视频】按钮

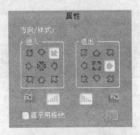

图14-56 设置【方向/样式】以及淡入淡出效果

（9）为覆叠轨#3上的素材设置【方向/样式】为【从左下方进入】、【从左边退出】，同时按下 ▦ 和 ▦ 按钮，设置淡入淡出效果，如图14-57所示。

（10）为覆叠轨#2和覆叠轨#3上的素材设置遮罩类型，如图14-58所示。

图14-57 设置【方向/样式】以及淡入淡出效果

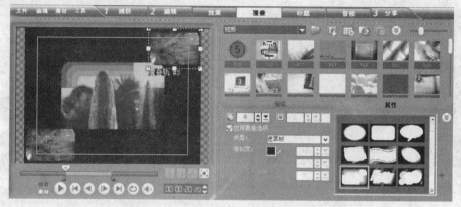

图14-58　为覆叠素材设置遮罩类型

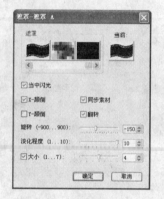

图14-59　对【遮罩A】转场
效果进行设置

14.2.9　制作影片的片尾效果

（1）在时间轴中移动当前位置标记至00:03:05:00帧的位置上，将素材11拖曳至视频轨上，在tu_3与素材11之间添加【遮罩-遮罩A】，如图14-59所示，并设置遮罩图形、旋转角度以及大小等。

（2）在时间轴中移动当前位置标记至00:03:05:05帧的位置上，将素材4添加到覆叠轨#1上，将素材6与素材5添加到覆叠轨#2上，将素材7与素材3添加到覆叠轨#3上，将素材1与素材9添加到覆叠轨#4上，将素材2添加到覆叠轨#5上，同时设置它们的区间长度，如图14-60所示。

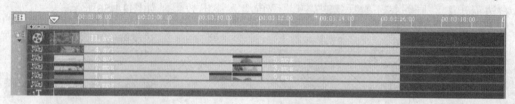

图14-60　添加覆叠素材并设置区间长度

图14-61　设置【方向/样式】
与淡入淡出效果

（3）选中覆叠轨#1上的素材4，在属性面板上为其设置淡入淡出效果。

（4）选中覆叠轨#2上的素材6，在属性面板上设置【方向/样式】为【从左边进入】、【静止】，以及为它设置淡入淡出效果，如图14-61所示。

（5）为覆叠轨#2上的素材5设置淡入淡出效果。

（6）选中覆叠轨#3上的素材7，同时按下▨、▨和▥、▥按钮，为进入和退出应用旋转效果以及淡入、淡出效果，如图14-62所示。

（7）为覆叠轨#3上的素材3设置【方向/样式】为【从下方进入】、【从左边退出】，如图14-63所示。

图14-62 设置素材7的【方向/样式】、
旋转以及淡入、淡出效果

图14-63 设置素材3的【方向/样式】

（8）选中覆叠轨#4上的素材1，在属性面板上设置【方向/样式】为【从左上方进入】、【从左边退出】，如图14-64所示。

（9）选中覆叠轨#4上的素材9，在属性面板上设置【方向/样式】为【从左边进入】、【从左边退出】，按下██和██按钮，为进入和退出应用旋转效果，如图14-65所示。

图14-64 设置素材1的【方向/样式】

图14-65 设置素材9的【方向/样式】与旋转效果

（10）选中覆叠轨#5上的素材2，在属性面板上设置【方向/样式】为【从右下方进入】、【从右下方退出】，同时按下██和██按钮，为进入和退出应用淡入、淡出效果，如图14-66所示。

（11）在时间轴中移动当前位置标记至00:03:16:16帧的位置上，将tu_3拖曳至视频轨上，在素材11与tu_3之间添加【淡化到黑色-过滤】转场效果，如图14-67所示。

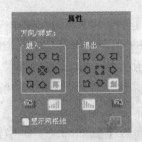
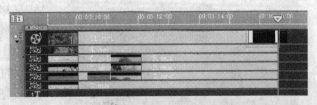

图14-66 设置素材2的【方向/样式】
与淡入淡出效果

图14-67 添加转场效果

14.2.10 制作字幕

（1）在时间轴中移动当前位置标记至00:00:08:04帧的位置上，选择标题轨，在预览窗口上双击鼠标输入需要添加的标题字幕"Biological World"。在选项面板上设置字幕的字体、大小等属性，如图14-68所示。

图14-68　添加字幕并设置属性

（2）在选项面板上的【动画】选项卡中启用【应用动画】复选框，单击【类型】右侧的下拉按钮，在其下拉列表中选择【移动路径】选项，然后在其下方选择如图14-69所示的预设动画。

（3）调整字幕的暂停区间，如图14-70所示。

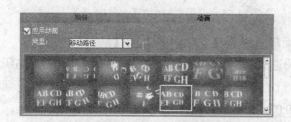

图14-69　选择的预设动画

图14-70　调整字幕的暂停区间

图14-71　添加字幕并设置属性

（4）在时间轴中移动当前位置标记至00:00:13:17帧的位置上，在预览窗口上双击鼠标输入需要添加的标题字幕"PREGNANT"。在选项面板上设置字幕的字体、大小等属性，如图14-71所示。

（5）在选项面板上❑后的文本框中输入"-15"，调整文字的旋转角度，如图14-72所示。

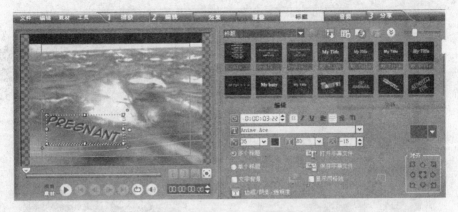

图14-72 调整文字的旋转角度

（6）在选项面板上的【动画】选项卡中启用【应用动画】复选框，单击【类型】右侧的下拉按钮，在其下拉列表中选择【移动路径】选项，然后在其下方选择如图14-73所示的预设动画，同时调整暂停区间，如图14-74所示。

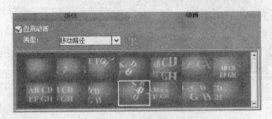

图14-73 选择预设动画

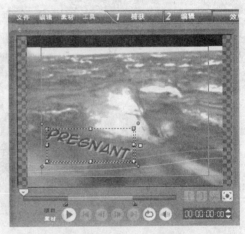

图14-74 调整字幕的暂停区间

（7）单击菜单栏上的【标题】按钮，进入【标题】步骤，在时间轴中移动当前位置标记至00:00:17:23帧的位置上，将【Good Times】标题模板拖曳到【标题轨】上，如图14-75所示。

（8）选中添加的标题，修改文字内容，并在选项面板上设置标题的字体、样式和对齐方式等属性，将文字背景去掉，如图14-76所示。

（9）在时间轴中移动当前位置标记至00:00:48:18帧的位置上，在预览窗口上双击鼠标输入需要添加的标题字幕"Colorful of the"。在选项面板上设置字幕的字体、大小、倾斜度等属性，如图14-77所示。

（10）用同样的方法在00:00:49:00处将字幕"living world"添加到【标题轨#2】上，如图14-78所示。

（11）在时间轴中移动当前位置标记至00:00:48:18帧的位置上，在预览窗口上双击鼠标输入需要添加的标题字幕"Cute little animals"。然后在选项面板上设置字幕的区间长度、字体、大小、背景等属性，如图14-79所示。

图14-75　将标题模板拖曳至标题轨上

图14-76　编辑预设标题

图14-77　添加标题字幕并设置属性

　　（12）在选项面板上的【动画】选项卡中启用【应用动画】复选框，单击【类型】右侧的下拉按钮，在其下拉列表中选择【翻转】选项，然后在其下方选择预设动画，同时调整暂停区间，如图14-80所示。

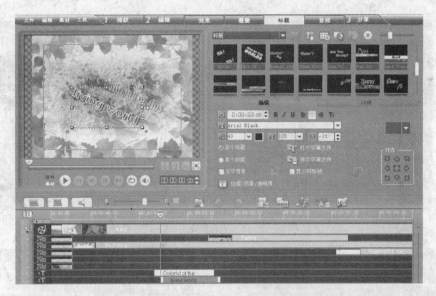

图14-78 在【标题轨#2】上添加字幕并设置属性

图14-79 添加字幕并设置属性

图14-80 选择预设动画并调整暂停区间

（13）在时间轴中移动当前位置标记至00:02:18:03帧的位置上，在预览窗口上双击鼠标输入需要添加的标题字幕"Biological World"。在选项面板上设置字幕的区间长度、字体、大小、背景等属性，如图14-81所示。

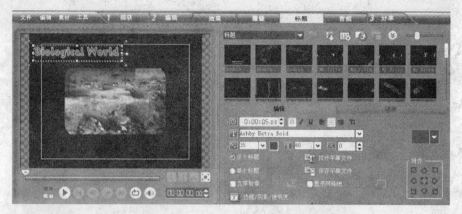

图14-81　添加字幕并设置属性

图14-82　选择预设动画

（14）在选项面板上的【动画】选项卡中启用【应用动画】复选框，单击【类型】右侧的下拉按钮，在其下拉列表中选择【移动路径】选项，然后在其下方选择如图14-82所示预设动画，同时调整暂停区间。

（15）用同样的方法在00:02:19:21处将字幕"Ever-changing"添加到【标题轨#2】上，设置区间长度为00:00:04:20，如图14-83所示。

图14-83　在【标题轨#2】添加字幕并设置属性

14.2.11　添加音乐文件

（1）选中音乐轨，在弹出的菜单中选择【插入音频】|【到音乐轨】命令，将音乐文件music1添加到音乐轨上。

（2）保持插入的音频素材处于选中状态，在选项面板中设置其区间值为00:03:16:20。

（3）单击时间轴上方的【音频视图】按钮，切换到音频视图，如图14-84所示。

（4）按照11.10.1节所讲的方法为音频素材的开头设置淡入效果，结尾设置淡出效果，如图14-85所示。

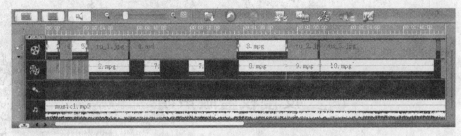

图14-84 切换到音频视图

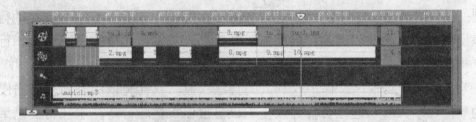

图14-85 为音频素材设置淡入淡出效果

14.2.12 渲染输出影片

（1）单击菜单栏上的【分享】按钮，进入【分享】步骤。

（2）单击选项面板上的【创建视频文件】按钮，在弹出的下拉列表中选择【自定义】选项，弹出【创建视频文件】对话框。

（3）在此对话框中指定视频文件保存的名称、路径和格式。

（4）设置完成后，单击【保存】按钮。这时，预览窗口下方将显示渲染进度。渲染完成后，会声会影会自动播放所生成的视频文件。

14.3 范例小结

本例主要通过对视频素材进行编辑，结合COOL 3D制作视频影片。希望通过本例能使用户从中学习到制作视频影片的方法。在制作多轨覆叠的影片时，需要考虑画面之间的相对位置、运动方式等。用户在影片制作过程中，用多轨覆叠的方式可以将影片画面的层次感很好地体现出来。

反侵权盗版声明

电子工业出版社依法对本作品享有专有出版权。任何未经权利人书面许可，复制、销售或通过信息网络传播本作品的行为；歪曲、篡改、剽窃本作品的行为，均违反《中华人民共和国著作权法》，其行为人应承担相应的民事责任和行政责任，构成犯罪的，将被依法追究刑事责任。

为了维护市场秩序，保护权利人的合法权益，我社将依法查处和打击侵权盗版的单位和个人。欢迎社会各界人士积极举报侵权盗版行为，本社将奖励举报有功人员，并保证举报人的信息不被泄露。

举报电话：（010）88254396；（010）88258888

传　　真：（010）88254397

E-mail：　dbqq@phei.com.cn

通信地址：北京市万寿路173信箱
　　　　　电子工业出版社总编办公室

邮　　编：100036

欢迎与我们联系

为了方便与我们联系，我们已开通了网站（www.medias.com.cn）。您可以在本网站上了解我们的新书介绍，并可通过读者留言簿直接与我们沟通，欢迎您向我们提出您的想法和建议。也可以通过电话与我们联系：

电话号码：（010）68252397。

邮件地址：webmaster@medias.com.cn